내신 성적을 쑥쑥~ 올리는!!

내공의 ★힘

중등 수학
1·2

STRUCTURE 구성과 특징

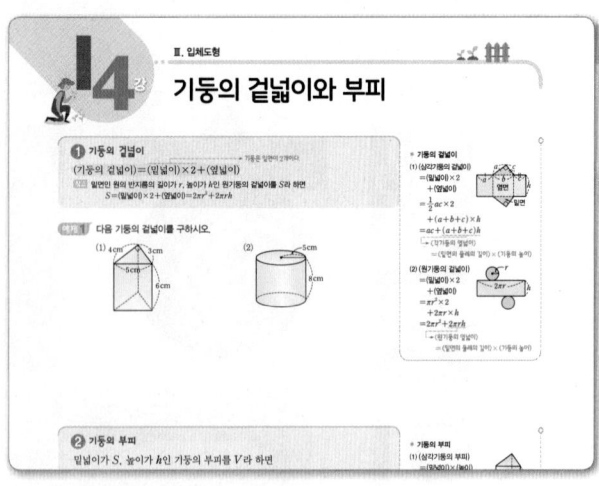

내공 ① 단계 | 개념 정리 + 예제

핵심 개념과 대표 문제를 함께 구성하여 시험 전에 중요 내용만을 한눈에 정리할 수 있다.

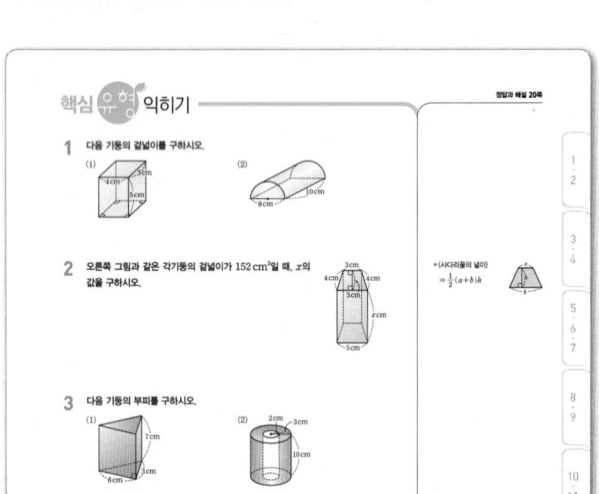

내공 ② 단계 | 핵심 유형 익히기

각 유형마다 자주 출제되는 핵심 유형만을 모아 구성하였다.

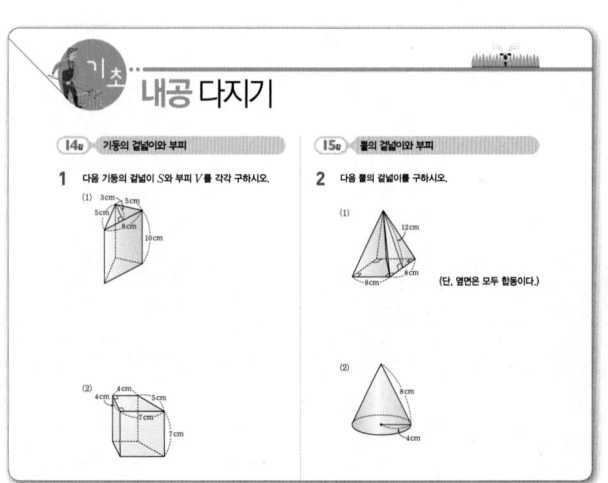

내공 ③ 단계 | 기초 내공 다지기

계산 또는 기초 개념에 대한 유사 문제를 반복 연습할 수 있다.

다시 보는 핵심 문제 │ 내공 **5** 단계

중단원의 핵심 문제들로 최종 실전 점검을 할 수 있다.

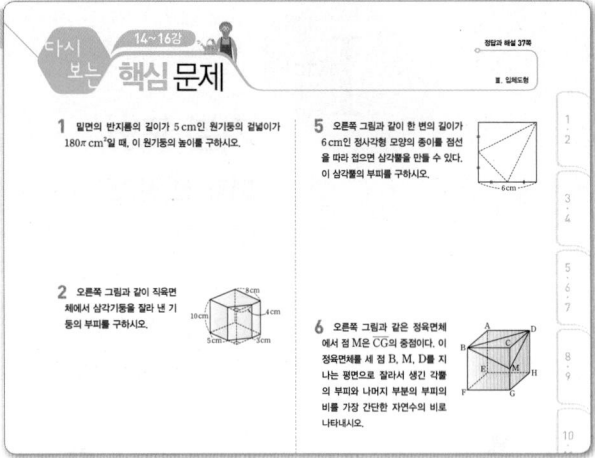

내공 쌓는 족집게 문제 │ 내공 **4** 단계

최근 기출 문제를 난이도와 출제율로 구분하여 시험에 완벽하게 대비할 수 있다.

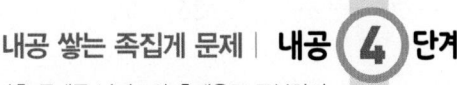

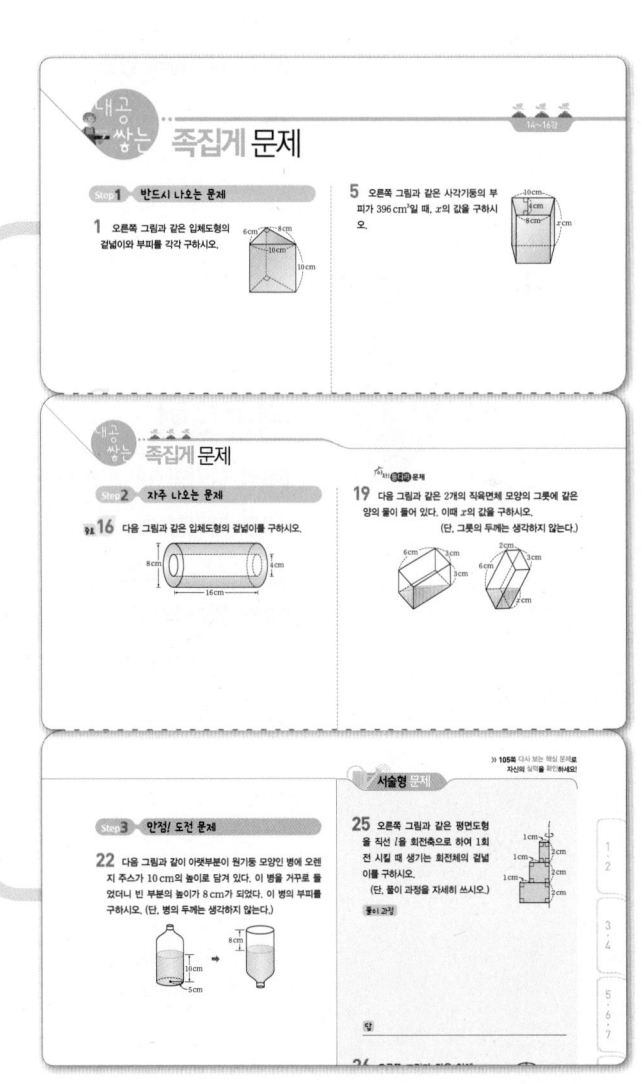

CONTENTS 차례

CONTENTS

01강 점, 선, 면

❶ 점, 선, 면

(1) 점, 선, 면은 도형의 기본 요소이다.

(2) 점이 움직인 자리는 선이 되고, 선이 움직인 자리는 면이 된다.

(3) 교점과 교선

    ① 교점: 선과 선 또는 선과 면이 만나서 생기는 점

    ② 교선: 면과 면이 만나서 생기는 선 → 교선은 직선 또는 곡선이다.

> ＊ 교점과 교선
>
>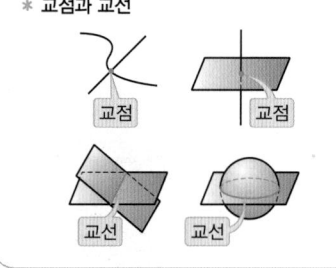

예제 1 오른쪽 그림과 같은 직육면체에서 다음을 구하시오.

    (1) 교점의 개수

    (2) 교선의 개수

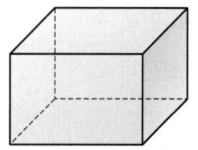

❷ 직선, 반직선, 선분

(1) 직선 AB($\overleftrightarrow{AB}$): 두 점 A, B를 지나는 직선

(2) 반직선 AB($\overrightarrow{AB}$): 직선 AB 위의 한 점 A에서 시작하여 점 B의 방향으로 한없이 뻗어 나가는 직선 AB의 부분

    시작점 ↗ ↖ 방향

(3) 선분 AB($\overline{AB}$): 직선 AB 위의 두 점 A, B를 포함하여 점 A에서 점 B까지의 부분

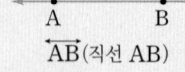   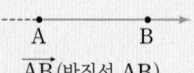   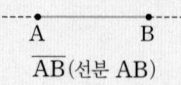

$\overleftrightarrow{AB}$(직선 AB) $\overrightarrow{AB}$(반직선 AB) $\overline{AB}$(선분 AB)

> 참고 $\overleftrightarrow{AB}=\overleftrightarrow{BA}$, $\overline{AB}=\overline{BA}$, $\overrightarrow{AB}\neq\overrightarrow{BA}$

> ＊ 직선의 결정
>
> 한 점을 지나는 직선은 무수히 많지만 서로 다른 두 점을 지나는 직선은 오직 하나뿐이다.
>
> ➡ 서로 다른 두 점은 직선 하나를 결정한다.
>
>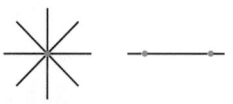

> ＊ 같은 반직선이기 위한 조건
>
> 두 반직선이 서로 같으려면
>
> (1) 시작점이 같아야 한다.
>
> (2) 뻗어 나가는 방향이 같아야 한다.

예제 2 오른쪽 그림과 같이 직선 l 위에 네 점 A, B, C, D가 있을 때, $\overrightarrow{AC}$와 같은 것을 모두 고르면? (정답 2개)

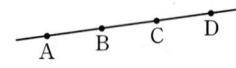

  ① $\overrightarrow{AB}$ ② $\overrightarrow{AD}$ ③ $\overrightarrow{BC}$

  ④ $\overrightarrow{CA}$ ⑤ $\overrightarrow{AC}$

❸ 두 점 A, B 사이의 거리

(1) 두 점 A, B 사이의 거리: 서로 다른 두 점 A, B를 잇는 무수히 많은 선 중에서 길이가 가장 짧은 선인 선분 AB의 길이

> 참고 $\overline{AB}$는 선분을 나타내기도 하고, 그 선분의 길이를 나타내기도 한다.

(2) 선분 AB의 중점: 선분 AB 위의 한 점 M에 대하여 $\overline{AM}=\overline{MB}$일 때, 점 M을 선분 AB의 중점이라 한다.

    즉, $\overline{AM}=\overline{MB}=\dfrac{1}{2}\overline{AB}$

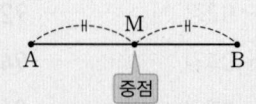

선분을 이등분하는 점

> ＊ 두 점 사이의 거리와 선분의 중점
>
> (1) 두 점 A, B 사이의 거리
>
>   ➡ $\overline{AB}$
>
>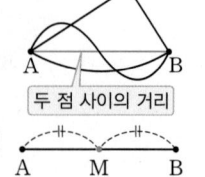
>
> 두 점 사이의 거리
>
> (2) 점 M이 $\overline{AB}$의 중점이고 $\overline{AB}=8$ cm일 때,
>
> $\overline{AM}=\overline{MB}=\dfrac{1}{2}\overline{AB}=4$(cm)

예제 3 오른쪽 그림에서 두 점 M, N은 각각 $\overline{AB}$, $\overline{BC}$의 중점이다. $\overline{AB}=6$ cm, $\overline{BC}=10$ cm일 때, $\overline{MN}$의 길이를 구하시오.

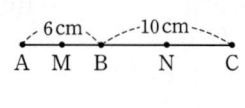

1 오른쪽 그림과 같은 입체도형에서 교점의 개수를 a개, 교선의 개수를 b개라 할 때, $a+b$의 값을 구하시오.

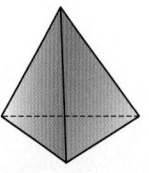

2 오른쪽 그림과 같이 직선 l 위에 네 점 A, B, C, D가 있을 때, 다음 중 옳지 <u>않은</u> 것은?

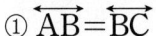

① $\overrightarrow{AB}=\overrightarrow{BC}$ ② $\overrightarrow{AC}=\overrightarrow{CD}$ ③ $\overleftrightarrow{AB}=\overleftrightarrow{AD}$
④ $\overline{BC}=\overline{CB}$ ⑤ $\overrightarrow{AC}=\overrightarrow{CA}$

• 두 반직선이 서로 같으려면 시작점과 뻗어 나가는 방향이 모두 같아야 한다.

3 다음 보기의 설명 중 옳지 <u>않은</u> 것을 모두 고르시오.

┌─ 보기 ─
ㄱ. 한 점을 지나는 직선은 무수히 많다.
ㄴ. 서로 다른 두 점을 지나는 직선은 두 개이다.
ㄷ. 뻗은 방향이 같은 두 반직선은 같은 반직선이다.
ㄹ. $\overrightarrow{AB}$와 $\overrightarrow{BA}$의 공통 부분은 $\overrightarrow{AB}$이다.
└──────

• 직선의 결정
① 한 점을 지나는 직선은 무수히 많다.
② 서로 다른 두 점을 지나는 직선은 오직 하나뿐이다.

4 오른쪽 그림과 같이 어느 세 점도 한 직선 위에 있지 않은 네 점 A, B, C, D가 있을 때, 이 중 두 점을 이어서 만들 수 있는 서로 다른 반직선의 개수를 구하시오.

D•
A•
B•
C•

• 어느 세 점도 한 직선 위에 있지 않은 n개의 점에 대하여 두 점을 이어서 만들 수 있는 서로 다른 직선, 선분, 반직선의 개수는
① 직선, 선분의 개수: $\dfrac{n(n-1)}{2}$개
② 반직선의 개수: $n(n-1)$개

5 오른쪽 그림에서 $\overline{AB}$의 중점을 M, $\overline{BC}$의 중점을 N이라 하자. $\overline{AC}=18\,\mathrm{cm}$일 때, $\overline{MN}$의 길이를 구하시오.

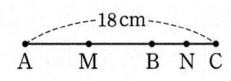

• 점 M이 선분 AB의 중점이면 $\overline{AM}=\overline{MB}=\dfrac{1}{2}\overline{AB}$

6 오른쪽 그림에서 점 M은 $\overline{AB}$의 중점이고, 점 N은 $\overline{AM}$의 중점이다. $\overline{AB}=24\,\mathrm{cm}$일 때, $\overline{NB}$의 길이를 구하시오.

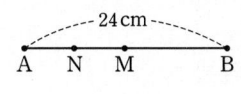

02강 각

❶ 각

(1) 각 AOB: 한 점 O에서 시작하는 두 반직선 OA, OB로 이루어진 도형　기호　∠AOB, ∠BOA, ∠O

　　참고　∠AOB는 각을 나타내기도 하고, 그 각의 크기를 나타내기도 한다.

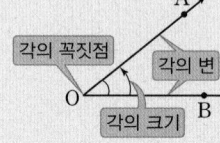

(2) 각의 분류

① 평각: 크기가 180°인 각

② 직각: 크기가 90°인 각

③ 예각: 크기가 0°보다 크고 90°보다 작은 각

④ 둔각: 크기가 90°보다 크고 180°보다 작은 각

* 각의 크기

각의 꼭짓점 O를 중심으로 변 OB가 변 OA까지 회전한 양을 ∠AOB의 크기라 한다.

* 각의 분류

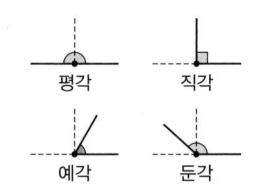

예제 1 다음 각을 예각, 직각, 둔각, 평각으로 분류하시오.

(1) $30°$　　(2) $115°$　　(3) $90°$　　(4) $180°$

❷ 맞꼭지각

(1) 교각: 두 직선이 한 점에서 만날 때 생기는 네 각

(2) 맞꼭지각: 교각 중에서 서로 마주 보는 각

(3) 맞꼭지각의 성질: 맞꼭지각의 크기는 서로 같다.

* 맞꼭지각의 성질

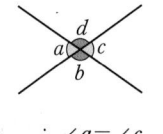

$\angle a + \angle b = 180°$,
$\angle b + \angle c = 180°$
이므로
$\angle a + \angle b = \angle b + \angle c$　∴ $\angle a = \angle c$
같은 방법으로 $\angle b = \angle d$

예제 2 오른쪽 그림에서 ∠x, ∠y의 크기를 각각 구하시오.

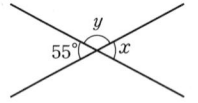

❸ 직교와 수선

(1) 직교: 두 직선 AB와 CD의 교각이 직각일 때, 이 두 직선은 직교한다고 한다.　기호　$\overleftrightarrow{AB} \perp \overleftrightarrow{CD}$

(2) 수직과 수선: 직교하는 두 직선을 서로 수직이라 하고, 한 직선을 다른 직선의 수선이라 한다.

(3) 수직이등분선: 선분 AB의 중점 M을 지나고 선분 AB에 수직인 직선 l을 선분 AB의 수직이등분선이라 한다.

(4) 수선의 발: 직선 l 위에 있지 않은 점 P에서 직선 l에 수선을 그어 생기는 교점 H를 점 P에서 직선 l에 내린 수선의 발이라 한다.

(5) 점 P와 직선 l 사이의 거리: 점 P에서 직선 l에 내린 수선의 발 H까지의 거리, 즉 $\overline{PH}$의 길이

* 수직이등분선

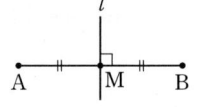

직선 l이 선분 AB의 수직이등분선이면
$l \perp \overline{AB}$, $\overline{AM} = \overline{MB}$

* 점과 직선 사이의 거리

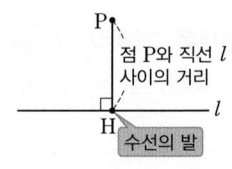

점 P와 직선 l 사이의 거리

예제 3 오른쪽 그림과 같은 사각형 ABCD에서 다음을 구하시오.

(1) $\overline{AB}$와 수직인 변

(2) 점 A에서 $\overline{BC}$에 내린 수선의 발

(3) 점 D와 $\overline{BC}$ 사이의 거리

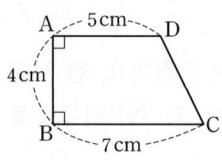

1 다음 중 예각인 것은?

① 55°   ② 90°   ③ 100°   ④ 135°   ⑤ 180°

2 오른쪽 그림에서 ∠AOC : ∠BOD=3 : 2일 때, ∠AOC의 크기는?

① 32°   ② 36°   ③ 40°

④ 48°   ⑤ 54°

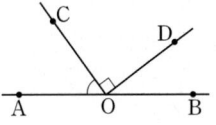

• 평각의 크기가 180°임을 이용하여 식을 세운다.

3 오른쪽 그림에서 ∠a, ∠b, ∠c의 크기를 각각 구하시오.

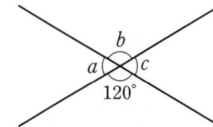

• 맞꼭지각의 크기는 서로 같다.

4 오른쪽 그림에서 x의 값을 구하시오.

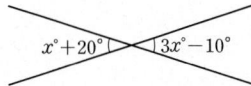

5 오른쪽 그림에서 점 M이 $\overline{AB}$의 중점이고 $\overline{PH}\perp\overline{AB}$ 일 때, 점 P와 직선 l 사이의 거리를 나타내는 선분은?

① $\overline{AM}$ ② $\overline{PA}$ ③ $\overline{PB}$

④ $\overline{PH}$ ⑤ $\overline{PM}$

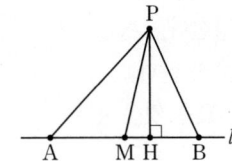

1·2

3·4

5·6·7

8·9

10·11

12·13

14·15·16

17·18

19·20

1 오른쪽 그림과 같은 사각뿔에서 교선의 개수를 a개, 교점의 개수를 b개라 할 때, $a+b$의 값을 구하시오.

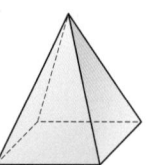

중요 2 오른쪽 그림과 같이 직선 l 위에 네 점 A, B, C, D가 있을 때, 다음 보기에서 같은 것끼리 짝 지은 것을 모두 고르시오.

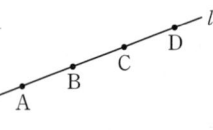

• 보기 •

ㄱ. $\overrightarrow{AB}$와 $\overrightarrow{BD}$ ㄴ. $\overrightarrow{BA}$와 $\overrightarrow{BC}$

ㄷ. $\overrightarrow{CB}$와 $\overrightarrow{CA}$ ㄹ. $\overline{AB}$와 $\overline{BA}$

3 다음 설명 중 옳은 것은?

① 시작점이 같은 두 반직선은 서로 같다.

② 한 점을 지나는 선분은 오직 하나뿐이다.

③ 서로 다른 세 점은 하나의 직선을 결정한다.

④ 서로 다른 두 점을 지나는 직선은 무수히 많다.

⑤ 두 점을 잇는 선 중에서 길이가 가장 짧은 것은 선분이다.

4 오른쪽 그림과 같이 5개의 점이 한 원 위에 있을 때, 이 중 두 점을 지나는 서로 다른 직선은 모두 몇 개를 그을 수 있는지 구하시오.

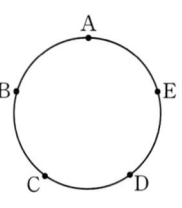

아차! 돌다리 문제

5 다음 그림에서 $\overline{AB}$의 중점을 M, $\overline{BC}$의 중점을 N이라 하자. $\overline{MN}=14\,\text{cm}$일 때, $\overline{AC}$의 길이를 구하시오.

6 다음 그림에서 두 점 M, N은 각각 $\overline{AB}$, $\overline{MB}$의 중점이다. $\overline{AB}=12\,\text{cm}$일 때, $\overline{AN}$의 길이를 구하시오.

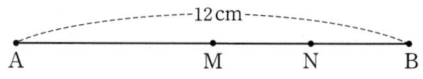

전국 중학교의 기출문제와 새로운 교육과정의 문제를
종합, 분석하여 핵심 문제만을 모았습니다.

7 오른쪽 그림에서
$\angle y - \angle x$의 값을 구하시오.

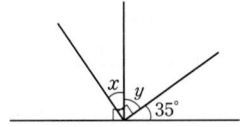

10 오른쪽 그림에서 $\angle a$, $\angle b$
의 크기를 각각 구하시오.

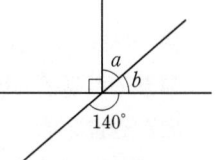

중요 **8** 오른쪽 그림에서
$\angle x : \angle y : \angle z = 1 : 3 : 2$
일 때, $\angle z$의 크기는?

① 45°　　② 50°　　③ 55°
④ 60°　　⑤ 65°

중요 **11** 오른쪽 그림에서 x의 값을 구
하시오.

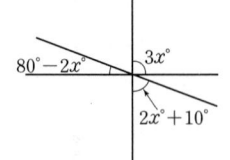

9 오른쪽 그림에서
$\angle a + \angle b + \angle c$의 값을 구하
시오.

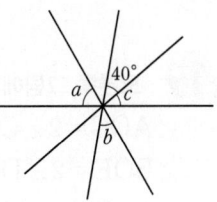

12 오른쪽 좌표평면 위의 네 점
A, B, C, D에 대하여 x축과의
거리가 가장 먼 점과 y축과의 거리
가 가장 가까운 점을 차례로 나열
하시오.

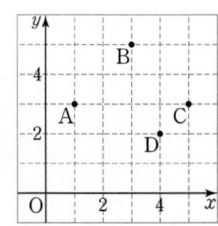

13 오른쪽 그림에서 직선 l은 선분
AB의 수직이등분선이다.
$\overline{AB} = 10\,\text{cm}$, $\overline{BP} = 6\,\text{cm}$,
$\overline{BQ} = 8\,\text{cm}$일 때, 점 B에서 직선
l까지의 거리를 구하시오.

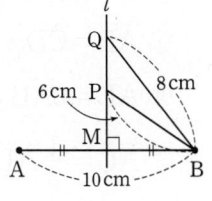

14 다음 중 오른쪽 그림과 같은 직사각형 ABCD에 대한 설명으로 옳은 것을 모두 고르면? (정답 2개)

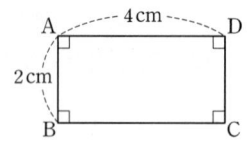

① $\overline{AB}$와 $\overline{CD}$는 만난다.
② $\overline{AD}$의 수선은 $\overline{BC}$이다.
③ $\overline{DC}$와 $\overline{BC}$는 직교한다.
④ 점 A와 $\overline{BC}$ 사이의 거리는 $4\,cm$이다.
⑤ 점 C에서 $\overline{AD}$에 내린 수선의 발은 점 D이다.

Step 2 자주 나오는 문제

아차! 울타리 문제

15 오른쪽 그림과 같이 한 직선 위에 세 점 A, B, C가 있다. 이 중 두 점을 이어서 만들 수 있는 서로 다른 직선, 반직선, 선분의 개수를 각각 x개, y개, z개라 할 때, $x+y+z$의 값을 구하시오.

16 오른쪽 그림에서 두 점 B, C가 $\overline{AD}$를 삼등분할 때, 다음 중 옳지 <u>않은</u> 것은?

① $\overline{AB}=\overline{CD}$
② $\overline{AC}=\overline{BD}$
③ $\overline{AD}=3\overline{AB}$
④ $\overline{AB}=\dfrac{1}{2}\overline{BD}$
⑤ $\overline{AC}=\dfrac{1}{3}\overline{AD}$

17 다음 그림에서 $\overline{AD}=18\,cm$이고 $2\overline{AB}=\overline{BD}$, $3\overline{BC}=\overline{CD}$일 때, $\overline{BC}$의 길이를 구하시오.

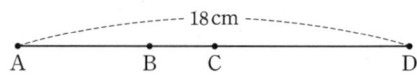

18 오른쪽 그림에서 둔각인 것을 다음 보기에서 모두 고르시오.

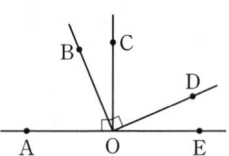

● 보기 ●

ㄱ. ∠AOB   ㄴ. ∠AOD   ㄷ. ∠BOD
ㄹ. ∠BOE   ㅁ. ∠COE   ㅂ. ∠DOE

중요 19 오른쪽 그림에서 ∠AOC=2∠COD이고 ∠BOE=2∠DOE일 때, ∠COE의 크기를 구하시오.

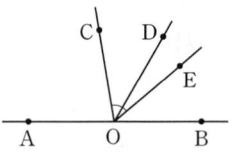

>> 92쪽 다시 보는 핵심 문제로
자신의 실력을 확인하세요!

서술형 문제

Step3 만점! 도전 문제

20 세 점 A, B, C가 차례로 한 직선 위에 있다.
$\overline{AB} : \overline{BC} = 4 : 3$이고 $\overline{AB}$의 중점을 M, $\overline{BC}$의 중점을
N이라 하자. 이때 $\overline{MN} : \overline{BC}$를 가장 간단한 자연수의 비
로 나타내시오.

21 오른쪽 그림에서 $\overline{AB} \perp \overline{CO}$
이고 $\angle AOD = 6\angle COD$,
$\angle BOD = 4\angle DOE$일 때,
$\angle COE$의 크기를 구하시오.

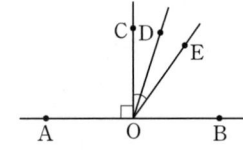

 돌다리 문제

22 오른쪽 그림과 같이 시계가 6시
40분을 가리킬 때, 시침과 분침이 이
루는 각 중 작은 쪽의 각의 크기는?

① 38.5°   ② 40°

③ 41.5°   ④ 43°

⑤ 43.5°

23 다음 그림에서 $\overline{AB} = 30$ cm, $\overline{AM} = \overline{MC}$,
$\overline{CN} : \overline{NB} = 2 : 1$, $\overline{AC} : \overline{CB} = 2 : 3$일 때, $\overline{MN}$의 길
이를 구하시오. (단, 풀이 과정을 자세히 쓰시오.)

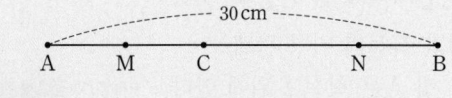

풀이 과정

답 _____

24 오른쪽 그림에서
$\overline{OA} \perp \overline{OC}$, $\overline{OB} \perp \overline{OD}$이고
$\angle AOB + \angle COD = 60°$일
때, $\angle BOC$의 크기를 구하시
오. (단, 풀이 과정을 자세히 쓰시오.)

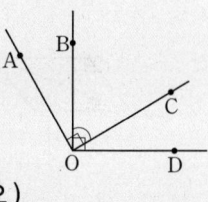

풀이 과정

답 _____

03강 점, 직선, 평면의 위치 관계

① 평면에서의 위치 관계

(1) 점과 직선의 위치 관계

① 점 A는 직선 l 위에 있다. → 직선 l이 점 A를 지난다.

② 점 B는 직선 l 위에 있지 않다. → 직선 l이 점 B를 지나지 않는다.

(2) 두 직선의 위치 관계

한 평면 위의 두 직선 l, m이 서로 만나지 않을 때, 두 직선 l, m은 서로 평행하다고 한다. [기호] $l /\!/ m$

① 한 점에서 만난다.　② 평행하다.　③ 일치한다.

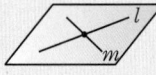　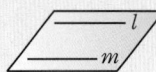　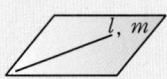

* **평면에서 두 직선의 위치 관계**
(1) 한 점에서 만난다. ┐ 만난다.
(2) 일치한다. ┘
(3) 평행하다. ── 만나지 않는다.

* **평행선**
평행한 두 직선을 평행선이라 한다.

[예제 1] 오른쪽 그림에서 다음을 구하시오.

(1) 직선 l 위에 있는 점

(2) 직선 m 위에 있지 않은 점

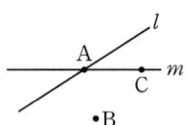

---

② 공간에서의 위치 관계

(1) 두 직선의 위치 관계

① 한 점에서 만난다.　② 일치한다.　③ 평행하다.　④ 꼬인 위치에 있다.

→ 만나지 않는다.　→ 만나지도 않고 평행하지도 않다.

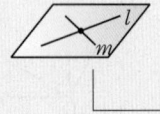　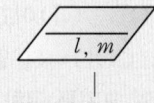　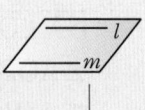　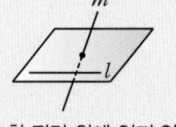

└──── 한 평면 위에 있다. ────┘　　한 평면 위에 있지 않다.

(2) 직선과 평면의 위치 관계

① 포함된다.　② 한 점에서 만난다.　③ 평행하다.($l /\!/ P$)

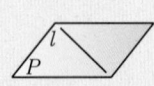　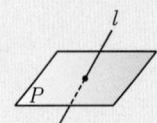　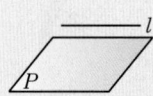

(3) 두 평면의 위치 관계

① 일치한다.　② 한 직선에서 만난다.　③ 평행하다.($P /\!/ Q$)

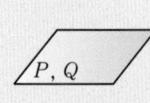　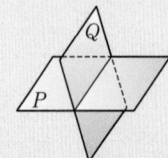　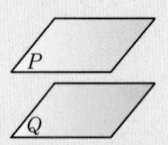

* **직선과 평면의 수직**
직선 l과 평면 P의 교점을 지나는 평면 P 위의 모든 직선이 직선 l과 수직일 때
➡ $l \perp P$

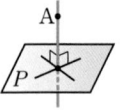

* **공간에서 두 평면의 위치 관계**
(1) 일치한다. ┐ 만난다.
(2) 한 직선에서 만난다. ┘
(3) 평행하다. ── 만나지 않는다.

[예제 2] 오른쪽 그림과 같은 직육면체에서 다음을 구하시오.

(1) 모서리 AB와 평행한 모서리

(2) 모서리 AB와 꼬인 위치에 있는 모서리

(3) 면 ABCD와 평행한 모서리

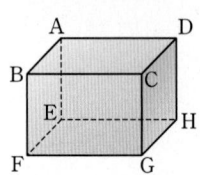

핵심 유형 익히기

1 오른쪽 그림에 대한 다음 설명 중 옳지 <u>않은</u> 것은?

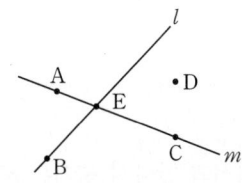

① 직선 l은 점 A를 지나지 않는다.
② 직선 m은 점 E를 지난다.
③ 점 C는 직선 m 위에 있다.
④ 점 E는 직선 l 위에 있지 않다.
⑤ 점 D는 두 직선 l, m 위에 있지 않다.

2 다음 중 한 평면 위에 있는 두 직선의 위치 관계가 될 수 <u>없는</u> 것은?

① 일치한다.   ② 평행하다.   ③ 한 점에서 만난다.
④ 꼬인 위치에 있다.   ⑤ 수직이다.

3 오른쪽 그림과 같은 삼각기둥에서 다음을 구하시오.

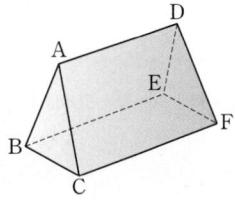

(1) 모서리 AD와 한 점에서 만나는 모서리
(2) 모서리 DE와 평행한 모서리
(3) 모서리 AB와 꼬인 위치에 있는 모서리

• 도형에서 두 직선의 위치 관계를 파악할 때, 변 또는 모서리를 직선으로 연장하여 생각한다.

4 오른쪽 그림과 같은 직육면체에서 모서리 BC에 대하여 다음의 위치 관계에 있는 면을 모두 구하시오.

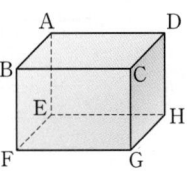

(1) 포함된다.
(2) 한 점에서 만난다.
(3) 평행하다.

5 공간에서 서로 다른 세 직선 l, m, n에 대한 다음 설명 중 옳은 것은?

① $l \parallel m$, $l \parallel n$이면 $m \parallel n$이다.   ② $l \parallel m$, $l \parallel n$이면 $m \perp n$이다.
③ $l \perp m$, $l \perp n$이면 $m \perp n$이다.   ④ $l \perp m$, $l \perp n$이면 $m \parallel n$이다.
⑤ $l \parallel m$, $l \perp n$이면 $m \parallel n$이다.

• 조건에 맞게 그림을 그려서 위치 관계를 파악한다.

6 오른쪽 그림과 같은 직육면체에 대한 다음 설명 중 옳은 것은?

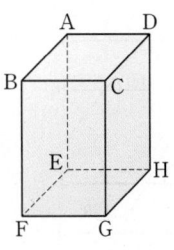

① 모서리 AB와 모서리 CG는 평행하다.
② 모서리 AB와 모서리 BF는 꼬인 위치에 있다.
③ 모서리 BF와 면 ABCD는 한 점에서 만난다.
④ 면 ABCD와 면 CGHD는 평행하다.
⑤ 면 ABCD와 면 EFGH는 한 직선에서 만난다.

• 직선과 평면의 위치 관계
① $l \parallel P$
⇨ 직선 l과 평면 P는 평행하다.
② $l \perp P$
⇨ 직선 l과 평면 P는 서로 수직이다.
직선 l과 평면 P는 수교한다.
직선 l은 평면 P의 수선이다.

04강 평행선의 성질

❶ 동위각과 엇각

한 평면 위에서 두 직선이 다른 한 직선과 만나서 생기는 8개의 각 중에서
(1) 동위각: 같은 위치에 있는 각
(2) 엇각: 엇갈린 위치에 있는 각

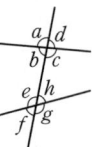

* 동위각과 엇각 찾기
(1) 동위각:
   ∠a와 ∠e, ∠b와 ∠f
   ∠c와 ∠g, ∠d와 ∠h
(2) 엇각:
   ∠b와 ∠h, ∠c와 ∠e

예제 1 오른쪽 그림에서 다음을 구하시오.

(1) ∠a의 동위각
(2) ∠d의 엇각

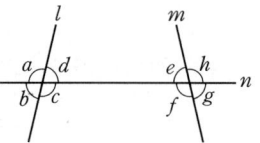

❷ 평행선의 성질

서로 다른 두 직선이 다른 한 직선과 만날 때 두 직선이 평행하면
(1) 동위각의 크기는 서로 같다.
(2) 엇각의 크기는 서로 같다.

▶ 맞꼭지각의 크기는 항상 같지만 동위각, 엇각의 크기는 두 직선이 평행할 때만 같다.

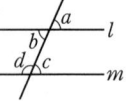

* 평행선의 성질
l // m이면
(1) ∠a=∠c (동위각)
(2) ∠b=∠c (엇각)
[참고] l // m이면
   ∠b+∠d=180°

예제 2 다음 그림에서 l // m일 때, ∠x, ∠y의 크기를 각각 구하시오.

(1)
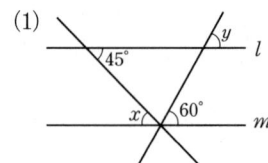

(2)
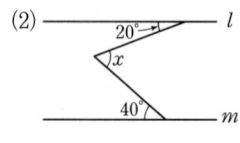

❸ 두 직선이 평행할 조건

서로 다른 두 직선이 다른 한 직선과 만날 때
(1) 동위각의 크기가 같으면 두 직선은 평행하다.
(2) 엇각의 크기가 같으면 두 직선은 평행하다.

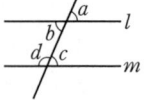

* 두 직선이 평행할 조건
(1) ∠a=∠c (동위각)
   이면 l // m
(2) ∠b=∠c (엇각)
   이면 l // m

예제 3 다음 중 두 직선 l, m이 평행한 것은?

①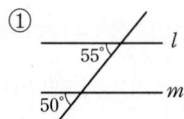
②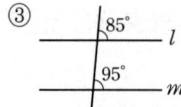
③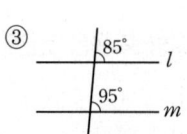

④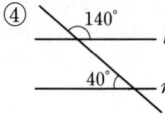
⑤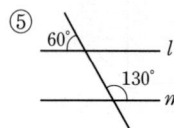

1 오른쪽 그림에서 $\angle a$의 동위각을 모두 구한 것은?

① $\angle b$, $\angle g$ ② $\angle c$, $\angle f$ ③ $\angle c$, $\angle e$
④ $\angle d$, $\angle i$ ⑤ $\angle e$, $\angle h$

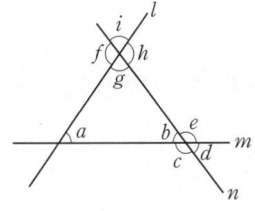

• 두 직선 l, n이 직선 m과 만나는 경우와 두 직선 m, n이 직선 l과 만나는 경우로 나누어 생각해 본다.

2 오른쪽 그림에서 $l /\!/ m$일 때, $\angle a$, $\angle b$, $\angle c$의 크기를 각각 구하시오.

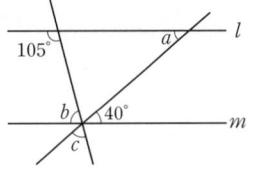

• 두 직선이 평행할 때 동위각, 엇각의 크기가 각각 같음을 이용한다.

3 다음 그림에서 $l /\!/ m$일 때, $\angle x$의 크기를 구하시오.

(1)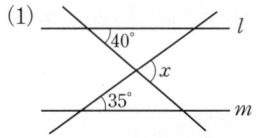

(2)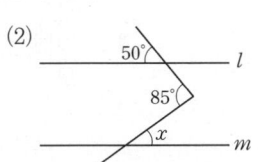

• 꺾인 부분을 지나면서 주어진 평행선과 평행한 직선을 그어 각의 크기를 구한다.

4 다음 그림에서 $l /\!/ m$일 때, $\angle x$의 크기를 구하시오.

(1)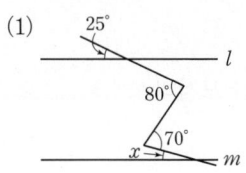

(2)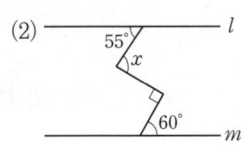

5 오른쪽 그림에서 평행한 두 직선을 모두 찾아 기호 $/\!/$ 를 사용하여 나타내시오.

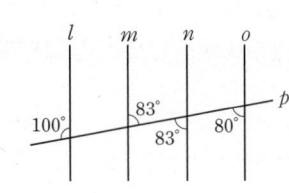

• 서로 다른 두 직선 l, m이 다른 한 직선과 만날 때
① 동위각의 크기가 같거나
② 엇각의 크기가 같으면
⇨ $l /\!/ m$

03강 점, 직선, 평면의 위치 관계

1 아래 그림에서 다음을 모두 구하시오.

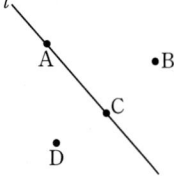

(1) 직선 l 위에 있는 점

(2) 직선 l 위에 있지 않은 점

2 아래 그림과 같은 직사각형 ABCD에서 다음을 모두 구하시오.

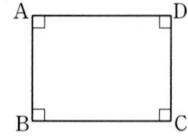

(1) 변 AB와 한 점에서 만나는 변

(2) 변 AD와 수직으로 만나는 변

(3) 변 CD와 평행한 변

3 아래 그림에서 다음을 모두 구하시오.

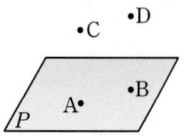

(1) 평면 P 위에 있는 점

(2) 평면 P 위에 있지 않은 점

4 아래 그림과 같은 삼각뿔에서 다음을 모두 구하시오.

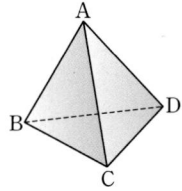

(1) 면 ABD에 포함되는 모서리

(2) 모서리 AB와 한 점에서 만나는 모서리

(3) 모서리 AD와 꼬인 위치에 있는 모서리

5 아래 그림과 같은 정오각기둥에서 다음을 모두 구하시오.

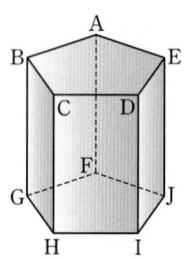

(1) 면 AFJE에 포함되는 모서리

(2) 면 BGHC와 평행한 모서리

(3) 면 FGHIJ와 수직인 모서리

(4) 모서리 CD를 포함하는 면

(5) 모서리 AB와 평행한 면

(6) 모서리 DI와 수직인 면

6 아래 그림에서 다음을 구하시오.

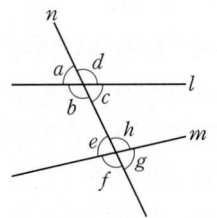

(1) ∠a의 동위각

(2) ∠f의 동위각

(3) ∠e의 엇각

(4) ∠h의 엇각

7 아래 그림에서 다음을 구하시오.

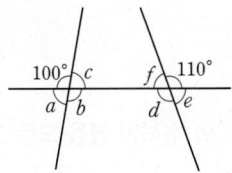

(1) ∠a의 동위각의 크기

(2) ∠f의 동위각의 크기

(3) ∠b의 엇각의 크기

(4) ∠d의 엇각의 크기

8 다음 그림에서 $l /\!/ m$일 때, ∠x, ∠y의 크기를 각각 구하시오.

(1)

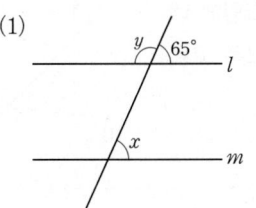

(2)

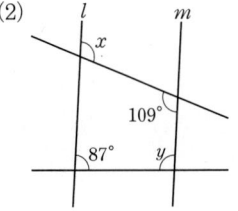

(3)

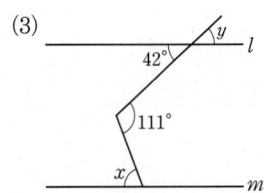

9 다음 그림에서 평행한 두 직선을 모두 찾아 기호 $/\!/$ 를 사용하여 나타내시오.

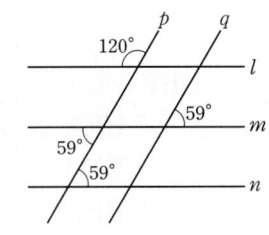

내공 쌓는 족집게 문제

1 다음 보기 중 오른쪽 그림에 대한 설명으로 옳은 것을 모두 고르시오.

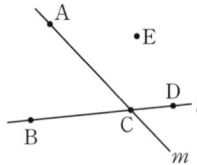

• 보기 •

ㄱ. 직선 m은 점 D를 지나지 않는다.

ㄴ. 직선 l은 점 A를 지난다.

ㄷ. 점 E는 직선 l 위에 있다.

ㄹ. 두 점 A, B는 같은 직선 위에 있지 않다.

2 다음 중 직선과 평면의 위치 관계가 <u>아닌</u> 것을 모두 고르면? (정답 2개)

① 포함된다.　　　　② 꼬인 위치에 있다.

③ 한 점에서 만난다.　④ 평행하다.

⑤ 일치한다.

3 오른쪽 그림과 같은 삼각기둥에 대한 다음 설명 중 옳지 <u>않은</u> 것은?

① 모서리 AB와 평행한 모서리는 DE이다.

② 모서리 BC와 평행한 면은 면 DEF이다.

③ 모서리 BE와 면 ABC는 한 점에서 만난다.

④ 모서리 DF와 꼬인 위치에 있는 모서리는 2개이다.

⑤ 모서리 EF는 면 BEFC에 포함된다.

4 공간에서 직선과 평면에 대한 다음 설명 중 옳은 것을 모두 고르면? (정답 2개)

① 한 직선에 평행한 서로 다른 두 직선은 항상 평행하다.

② 한 직선에 수직인 서로 다른 두 직선은 항상 평행하다.

③ 한 평면에 평행한 서로 다른 두 직선은 항상 평행하다.

④ 한 평면에 수직인 서로 다른 두 직선은 항상 평행하다.

⑤ 한 평면에 수직인 서로 다른 두 평면은 항상 평행하다.

[5~6] 오른쪽 그림과 같은 직육면체에 대하여 다음 물음에 답하시오.

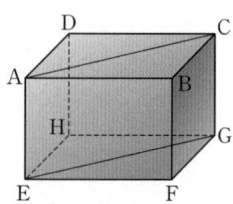

중요 5 $\overline{EG}$와 꼬인 위치에 있는 모서리의 개수를 구하시오.

6 면 AEGC와 수직인 면을 모두 고르면? (정답 2개)

① 면 ABCD　　② 면 AEFB

③ 면 BFGC　　④ 면 DHGC

⑤ 면 EFGH

전국 중학교의 기출문제와 새로운 교육과정의 문제를
종합, 분석하여 핵심 문제만을 모았습니다.

7 오른쪽 그림에 대한 다음 설명
중 옳지 <u>않은</u> 것을 모두 고르면?

(정답 2개)

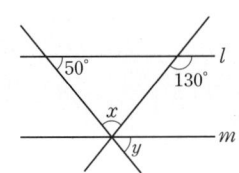

① $\angle a$와 $\angle d$는 동위각이다.

② $\angle b$의 동위각의 크기는
105°이다.

③ $\angle d$의 엇각의 크기는 65°이다.

④ $\angle f$의 엇각의 크기는 65°이다.

⑤ $\angle a$와 $\angle e$의 크기는 서로 같다.

중요 **8** 오른쪽 그림에서 $l /\!/ m$일 때,
$\angle x + \angle y$의 값을 구하시오.

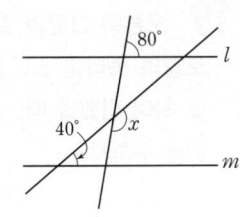

9 오른쪽 그림에서 $l /\!/ m$일 때,
$\angle x$의 크기를 구하시오.

중요 **10** 오른쪽 그림에서 $l /\!/ m$일
때, $\angle x$의 크기를 구하시오.

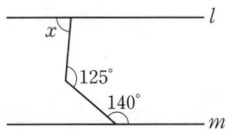

11 오른쪽 그림에서 $l /\!/ m$일
때, $\angle x$의 크기를 구하시오.

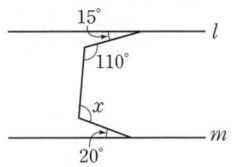

중요 **12** 다음 그림은 직사각형 모양의 종이를 $\angle BEG = 80°$
가 되도록 접은 것이다. 이때 $\angle GFE$의 크기를 구하시오.

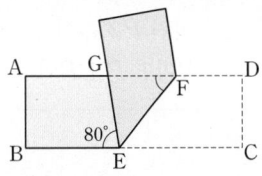

아차! 돌다리 문제

13 오른쪽 그림에서 평행한 직선
끼리 바르게 짝 지은 것은?

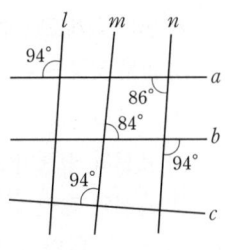

① $l /\!/ m$, $b /\!/ c$

② $l /\!/ n$, $a /\!/ c$

③ $l /\!/ n$, $a /\!/ b$

④ $m /\!/ n$, $a /\!/ b$

⑤ $m /\!/ n$, $b /\!/ c$

1 · 2

3 · 4

5 · 6 · 7

8 · 9

10 · 11

12 · 13

14 · 15 · 16

17 · 18

19 · 20

Step 2 자주 나오는 문제

14 공간에서 직선과 평면에 대한 다음 설명 중 옳지 <u>않은</u> 것을 모두 고르면? (정답 2개)

① 평면에서 만나지 않는 서로 다른 두 직선은 평행하다.
② 평면에서 한 직선에 수직인 서로 다른 두 직선은 평행하다.
③ 공간에서 직선과 평면이 만나지 않으면 평행하다.
④ 공간에서 만나지 않는 서로 다른 두 직선은 꼬인 위치에 있다.
⑤ 공간에서 한 직선에 평행한 서로 다른 두 평면은 한 직선에서 만난다.

아차! 돌다리 문제

중요 **15** 공간에서 서로 다른 세 직선 l, m, n과 서로 다른 세 평면 P, Q, R에 대한 다음 보기의 설명 중 옳은 것을 모두 고르시오.

• 보기 •
ㄱ. $l /\!/ P$, $m /\!/ P$이면 $l /\!/ m$이다.
ㄴ. $l /\!/ m$, $l \perp n$이면 $m /\!/ n$이다.
ㄷ. $l \perp P$, $l \perp Q$이면 $P /\!/ Q$이다.
ㄹ. $P \perp Q$, $Q \perp R$이면 $P \perp R$이다.

아차! 돌다리 문제

16 오른쪽 그림은 정육면체를 세 꼭짓점 B, F, C를 지나는 평면으로 잘라서 만든 입체도형이다. 다음 설명 중 옳지 <u>않은</u> 것을 모두 고르면? (정답 2개)

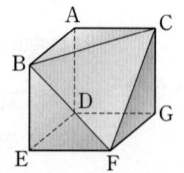

① $\overline{AB}$와 만나는 모서리는 5개이다.
② $\overline{AB}$와 평행한 모서리는 2개이다.
③ $\overline{AB}$와 꼬인 위치에 있는 모서리는 2개이다.
④ 면 CFG와 수직인 모서리는 4개이다.
⑤ 면 CFG와 수직인 면은 4개이다.

17 오른쪽 그림에서 $l /\!/ m$일 때, $\angle x$의 크기는?

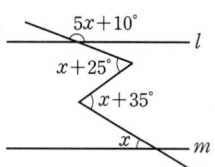

① 28° ② 30°
③ 32° ④ 34°
⑤ 36°

18 오른쪽 그림에서 $l /\!/ m$일 때, $\angle x + \angle y$의 값을 구하시오.

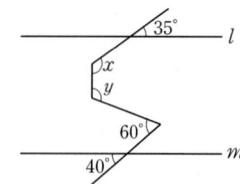

19 오른쪽 그림과 같이 직사각형 모양의 종이를 $\overline{EC}$를 접는 선으로 하여 접었을 때, $\angle x + \angle y$의 값을 구하시오.

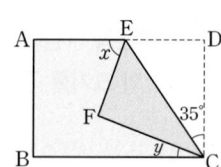

Step 3 만점! 도전 문제

20 다음 전개도로 만들어지는 정육면체에서 모서리 JG와 꼬인 위치에 있는 모서리가 <u>아닌</u> 것은?

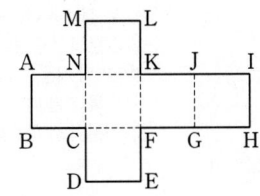

① $\overline{AN}$ ② $\overline{BC}$ ③ $\overline{CF}$
④ $\overline{ML}$ ⑤ $\overline{NK}$

21 오른쪽 그림에서 $l /\!/ m$이고

$\angle PAC = \dfrac{1}{4}\angle PAB,$

$\angle CBQ = \dfrac{1}{4}\angle ABQ$일 때,

$\angle ACB$의 크기를 구하시오.

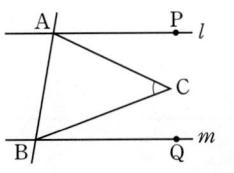

22 오른쪽 그림에서 $l /\!/ m$일 때, $\angle a + \angle b + \angle c + \angle d$의 값을 구하시오.

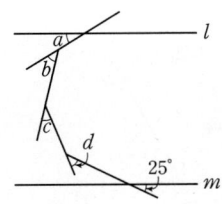

23 다음 그림과 같이 직사각형 모양의 종이를 접었을 때, $\angle x$, $\angle y$, $\angle z$의 크기를 각각 구하시오.

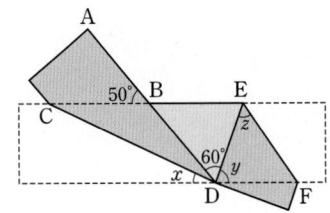

24 오른쪽 그림과 같은 사각기둥의 밑면은 $\overline{EH} /\!/ \overline{FG}$인 사다리꼴이다. $\overline{AE}$와 꼬인 위치에 있는 모서리의 개수를 a개, $\overline{BC}$와 평행한 면의 개수를 b개라 할 때, $a-b$의 값을 구하시오. (단, 풀이 과정을 자세히 쓰시오.)

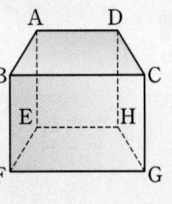

풀이 과정

답

25 오른쪽 그림에서 삼각형 ABC는 정삼각형이고 $l /\!/ m$ 일 때, $\angle x$, $\angle y$의 크기를 각각 구하시오.
(단, 풀이 과정을 자세히 쓰시오.)

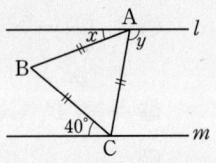

풀이 과정

답

05강 간단한 도형의 작도

① 간단한 도형의 작도

(1) 작도: 눈금 없는 자와 컴퍼스만을 사용하여 도형을 그리는 것

(2) 길이가 같은 선분의 작도

오른쪽 그림의 선분 AB와 길이가 같은 선분 CD를 작도하는 방법은 다음과 같다.

❶ 눈금 없는 자를 사용하여 직선 l을 그리고, 직선 l 위에 점 C를 잡는다.

❷ 컴퍼스를 사용하여 $\overline{AB}$의 길이를 잰다.

❸ 점 C를 중심으로 $\overline{AB}$의 길이를 반지름으로 하는 원을 그려 직선 l과의 교점을 D라 하면 $\overline{CD}=\overline{AB}$이다.

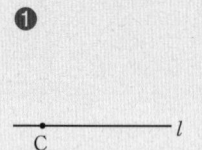 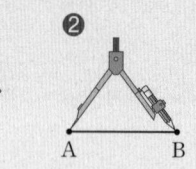 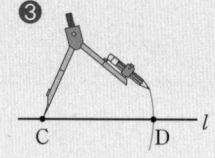

(3) 크기가 같은 각의 작도

오른쪽 그림의 ∠AOB와 크기가 같은 ∠CPD를 반직선 PQ를 한 변으로 하여 작도하는 방법은 다음과 같다.

❶ 점 O를 중심으로 적당한 반지름을 갖는 원을 그려 $\overrightarrow{OA}$, $\overrightarrow{OB}$와의 교점을 각각 X, Y라 한다.

❷ 점 P를 중심으로 $\overline{OX}$의 길이를 반지름으로 하는 원을 그려 $\overrightarrow{PQ}$와의 교점을 D라 한다.

❸ 점 D를 중심으로 $\overline{XY}$의 길이를 반지름으로 하는 원을 그려 ❷의 원과의 교점을 C라 한다.

❹ 두 점 P, C를 지나는 $\overrightarrow{PC}$를 그리면 ∠CPD=∠AOB이다.

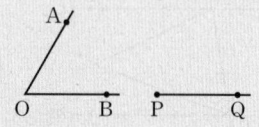

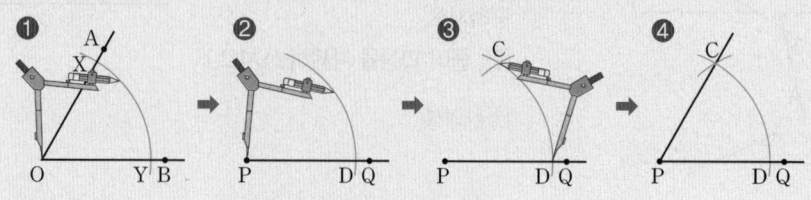

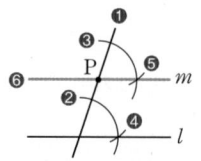
예제 1 다음 중 작도에 대한 설명으로 옳지 <u>않은</u> 것은?

① 눈금 없는 자와 컴퍼스만을 사용한다.

② 선분의 길이를 잴 때 자를 사용한다.

③ 원을 그릴 때 컴퍼스를 사용한다.

④ 두 점을 선분으로 이을 때 자를 사용한다.

⑤ 선분의 길이를 옮길 때 컴퍼스를 사용한다.

예제 2 오른쪽 그림은 ∠AOB와 크기가 같은 각을 반직선 O′B′을 한 변으로 하여 작도한 것이다. 작도 순서를 알맞게 나열하시오.

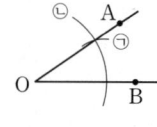 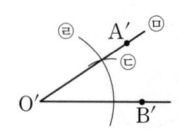

 핵심 유형 익히기

1 다음 중 작도에 대한 설명으로 옳은 것을 모두 고르면? (정답 2개)

① 선분을 연장할 때는 자를 사용한다.
② 두 선분의 길이를 비교할 때는 컴퍼스를 사용한다.
③ 선분의 길이를 다른 직선 위로 옮길 때는 자를 사용한다.
④ 눈금 있는 자와 컴퍼스만을 사용하여 도형을 그리는 것을 작도라 한다.
⑤ 주어진 점으로부터 일정한 거리에 있는 점들을 그릴 때는 자를 사용한다.

2 컴퍼스를 사용하여 다음 수직선 위에 −5와 2에 대응하는 점을 각각 작도하시오.

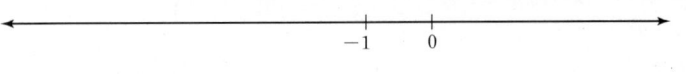

● 컴퍼스를 사용하여 선분의 길이를 옮길 수 있다.

3 오른쪽 그림은 ∠XOY와 크기가 같은 각을 반직선 PQ를 한 변으로 하여 작도한 것이다. 다음 중 옳지 <u>않은</u> 것은?

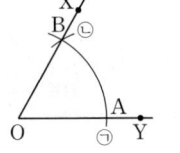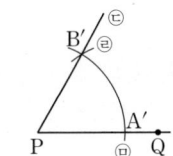

① $\overline{OA}=\overline{OB}$ ② $\overline{OB}=\overline{PA'}$
③ $\overline{AB}=\overline{A'B'}$ ④ $\overline{OY}=\overline{PQ}$
⑤ 작도 순서는 ㉠ → ㉤ → ㉡ → ㉣ → ㉢이다.

[4~5] 오른쪽 그림은 직선 l 밖에 점 P가 있을 때, 점 P를 지나며 직선 l에 평행한 직선을 작도한 것이다. 다음 물음에 답하시오.

4 다음 중 작도 순서로 옳은 것은?

① ㉡ → ㉠ → ㉢ → ㉣ → ㉤ → ㉥
② ㉣ → ㉠ → ㉡ → ㉢ → ㉥ → ㉤
③ ㉣ → ㉢ → ㉠ → ㉡ → ㉥ → ㉤
④ ㉥ → ㉠ → ㉣ → ㉡ → ㉢ → ㉤
⑤ ㉥ → ㉣ → ㉠ → ㉢ → ㉡ → ㉤

5 다음 □ 안에 알맞은 것을 쓰시오.

이 작도는 □□□의 크기가 같으면 두 직선이 평행함을 이용한 것이다.

● 평행선의 작도는 크기가 같은 각의 작도를 이용한다.

06강 삼각형의 작도

① 삼각형

(1) 삼각형 ABC [기호] △ABC

  ① 대변: 한 각과 마주 보는 변

  ② 대각: 한 변과 마주 보는 각

(2) 삼각형의 세 변의 길이 사이의 관계

  삼각형에서 한 변의 길이는 나머지 두 변의 길이의 합보다 작다.

  ➡ (가장 긴 변의 길이)<(나머지 두 변의 길이의 합)

  └─ 위의 삼각형에서 항상 $\overline{BC}<\overline{AB}+\overline{AC}$이다.

(3) 삼각형의 작도

  다음의 각 경우에 삼각형을 하나로 작도할 수 있다.

  ① 세 변의 길이가 주어질 때 → 길이가 같은 선분의 작도 이용

  ② 두 변의 길이와 그 끼인각의 크기가 주어질 때 ┐ 길이가 같은 선분의 작도와

  ③ 한 변의 길이와 그 양 끝 각의 크기가 주어질 때 ┘ 크기가 같은 각의 작도 이용

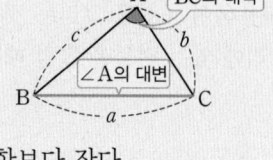

* 삼각형의 작도

(1) 세 변의 길이가 주어질 때

(2) 두 변의 길이와 그 끼인각의 크기가 주어질 때

(3) 한 변의 길이와 그 양 끝 각의 크기가 주어질 때

예제 1 다음 중 오른쪽 그림과 같은 삼각형 ABC에 대한 설명으로 옳지 <u>않은</u> 것은?

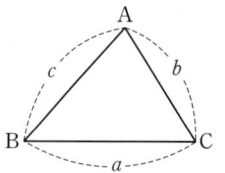

  ① 삼각형 ABC는 기호로 △ABC와 같이 나타낸다.

  ② ∠A의 대변은 $\overline{AB}$이다.

  ③ $\overline{AC}$의 대각은 ∠B이다.

  ④ $a<b+c$이다.

  ⑤ ∠A+∠B+∠C=180°이다.

예제 2 다음 중 삼각형의 세 변의 길이가 될 수 <u>없는</u> 것은?

  ① 2, 3, 4   ② 3, 4, 5   ③ 3, 4, 6

  ④ 4, 5, 7   ⑤ 4, 5, 9

② 삼각형이 하나로 정해지는 경우

일반적으로 다음의 세 가지 경우에 삼각형은 하나로 정해진다.

  └─ 크기와 모양이 오직 하나인 삼각형이 만들어진다.

(1) 세 변의 길이를 알 때

(2) 두 변의 길이와 그 끼인각의 크기를 알 때

(3) 한 변의 길이와 그 양 끝 각의 크기를 알 때

* 삼각형이 하나로 정해지지 않는 경우

(1) 두 변의 길이의 합이 나머지 한 변의 길이보다 작거나 같을 때

  ➡ 삼각형이 그려지지 않는다.

(2) 두 변의 길이와 그 끼인각이 아닌 다른 한 각의 크기가 주어질 때

  ➡ 삼각형이 그려지지 않거나 1개 또는 2개로 그려진다.

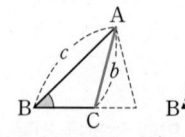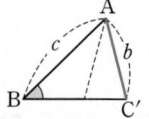

(3) 세 각의 크기가 주어질 때

  ➡ 모양이 같고 크기가 다른 삼각형이 무수히 많이 그려진다.

예제 3 다음 중 삼각형 ABC에서 $\overline{AB}$의 길이와 다음 조건이 주어졌을 때, 삼각형이 하나로 정해지지 <u>않는</u> 것은?

  ① ∠A, ∠B의 크기   ② ∠A의 크기, $\overline{AC}$의 길이

  ③ ∠B의 크기, $\overline{BC}$의 길이   ④ ∠C의 크기, $\overline{AC}$의 길이

  ⑤ $\overline{AC}$, $\overline{BC}$의 길이

 핵심 유형 익히기

1 두 변의 길이가 각각 4 cm, 8 cm인 삼각형이 있다. 다음에 주어진 길이 중에서 이 삼각형의 나머지 한 변의 길이로 알맞은 것을 모두 고르시오.

> 2 cm,   4 cm,   5 cm,   11 cm,   13 cm

• 가장 긴 변의 길이가 나머지 두 변의 길이의 합보다 작아야 한다.

2 삼각형의 세 변의 길이가 각각 3, 4, a일 때, a의 값의 범위를 구하시오.

• 다음의 경우로 나누어 a의 값의 범위를 구한다.
(i) 가장 긴 변의 길이가 4일 때
(ii) 가장 긴 변의 길이가 a일 때

3 △ABC를 작도하려고 한다. $\overline{AB}$, $\overline{BC}$의 길이와 ∠B의 크기가 주어졌을 때, △ABC의 작도 순서 중 맨 마지막에 해당하는 것은?

① $\overline{AB}$를 긋는다.   ② $\overline{BC}$를 긋는다.   ③ ∠B를 그린다.
④ $\overline{AC}$를 긋는다.   ⑤ ∠C를 그린다.

4 다음 중 △ABC가 하나로 정해지는 것을 모두 고르면? (정답 2개)
① $\overline{AB}=5$, $\overline{BC}=12$, $\overline{CA}=5$
② $\overline{AB}=4$, ∠B=50°, $\overline{BC}=8$
③ ∠A=30°, ∠B=60°, ∠C=90°
④ ∠A=40°, $\overline{BC}=5$, ∠C=50°
⑤ ∠A=30°, $\overline{AB}=6$, $\overline{BC}=4$

• 삼각형이 하나로 정해지는 경우를 생각해 본다.

5 다음 중 삼각형 ABC에서 $\overline{AB}$의 길이가 주어졌을 때, 삼각형이 하나로 정해지기 위해 필요한 것은?
① $\overline{AC}$의 길이   ② ∠B의 크기   ③ ∠C의 크기
④ ∠A, ∠C의 크기   ⑤ $\overline{BC}$의 길이, ∠A의 크기

07강 삼각형의 합동

❶ 합동

(1) 합동: 한 도형을 모양과 크기를 바꾸지 않고 다른 도형에 완전히 포갤 수 있을 때, 이 두 도형을 서로 합동이라 한다.

기호 △ABC≡△A′B′C′ → 두 도형의 대응점의 순서를 맞추어 쓴다.

(2) 대응: 합동인 두 도형에서 서로 포개어지는 꼭짓점과 꼭짓점, 변과 변, 각과 각은 서로 대응한다고 한다.

(3) 합동인 도형의 성질
　① 대응변의 길이는 서로 같다.
　② 대응각의 크기는 서로 같다.

* 대응점, 대응변, 대응각
△ABC≡△A′B′C′일 때

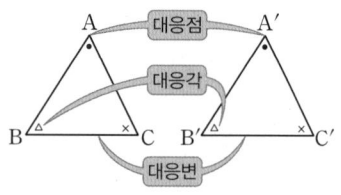

(1) 대응점
　점 A와 A′, 점 B와 B′, 점 C와 C′
(2) 대응변
　$\overline{AB}$와 $\overline{A′B′}$, $\overline{AC}$와 $\overline{A′C′}$,
　$\overline{BC}$와 $\overline{B′C′}$
(3) 대응각
　∠A와 ∠A′, ∠B와 ∠B′,
　∠C와 ∠C′

➡ 서로 합동인 두 도형은 대응변의 길이와 대응각의 크기가 각각 같다.

예제 1 오른쪽 그림에서 △ABC≡△PQR일 때, 다음을 구하시오.
(1) $\overline{PQ}$의 길이
(2) ∠R의 크기

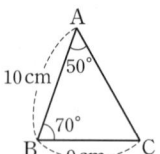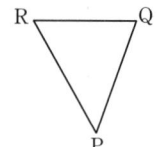

❷ 삼각형의 합동 조건

다음의 각 경우에 두 삼각형은 서로 합동이다.
(1) 대응하는 세 변의 길이가 각각 같을 때 ➡ SSS 합동
(2) 대응하는 두 변의 길이가 각각 같고,
　그 끼인각의 크기가 같을 때 ➡ SAS 합동
(3) 대응하는 한 변의 길이가 같고,
　그 양 끝 각의 크기가 각각 같을 때 ➡ ASA 합동

* 삼각형의 합동 조건
(1) SSS 합동
　➡ $\overline{AB}=\overline{DE}$, $\overline{BC}=\overline{EF}$, $\overline{AC}=\overline{DF}$

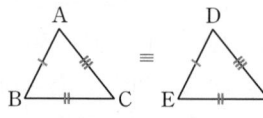

(2) SAS 합동
　➡ $\overline{AB}=\overline{DE}$, $\overline{BC}=\overline{EF}$, ∠B=∠E

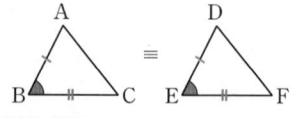

(3) ASA 합동
　➡ $\overline{BC}=\overline{EF}$, ∠B=∠E, ∠C=∠F

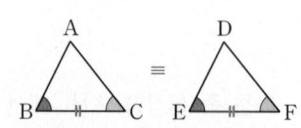

참고 삼각형의 합동 조건에서 S는 Side(변), A는 Angle(각)의 첫 글자이다.

예제 2 다음 중 보기의 삼각형과 서로 합동인 것은?

보기
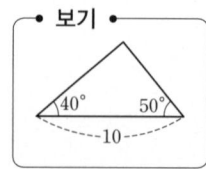

①
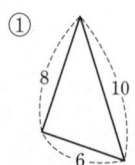

②
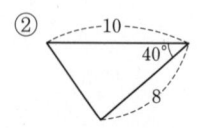

③
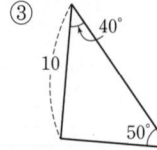

④
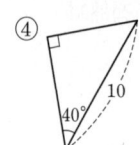

⑤
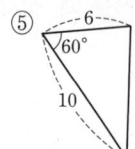

 익히기

1 다음 중 두 도형이 서로 합동이라고 할 수 없는 것은?

① 반지름의 길이가 같은 두 원
② 둘레의 길이가 같은 두 정삼각형
③ 넓이가 같은 두 정사각형
④ 넓이가 같은 두 직사각형
⑤ 한 변의 길이가 같은 두 정오각형

2 오른쪽 그림에서 $\triangle ABC \equiv \triangle DEF$가 되는 조건이 <u>아닌</u> 것은?

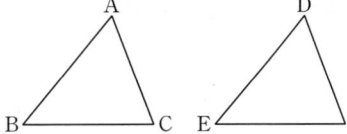

① $\overline{AB}=\overline{DE}$, $\overline{BC}=\overline{EF}$, $\angle B=\angle E$
② $\overline{AB}=\overline{DE}$, $\overline{BC}=\overline{EF}$, $\overline{AC}=\overline{DF}$
③ $\overline{AB}=\overline{DE}$, $\angle A=\angle D$, $\angle B=\angle E$
④ $\angle A=\angle D$, $\angle B=\angle E$, $\angle C=\angle F$
⑤ $\overline{BC}=\overline{EF}$, $\angle A=\angle D$, $\angle B=\angle E$

• 두 각의 크기를 알면 삼각형의 세 내각의 크기의 합이 $180°$이므로 나머지한 각의 크기를 알 수 있다.

3 $\triangle ABC$와 $\triangle DEF$에서 $\overline{AB}=\overline{DE}$, $\overline{BC}=\overline{EF}$일 때, 다음 보기 중 $\triangle ABC \equiv \triangle DEF$가 되기 위한 조건을 모두 고르시오.

┌ 보기 ┐
ㄱ. $\angle A=\angle D$ ㄴ. $\angle B=\angle E$ ㄷ. $\angle C=\angle F$ ㄹ. $\overline{AC}=\overline{DF}$

4 오른쪽 그림에서 $\overline{AC}$와 $\overline{BD}$의 교점이 O이고 $\overline{AO}=\overline{CO}$, $\overline{BO}=\overline{DO}$일 때, $\triangle ABO \equiv \triangle CDO$이다. 합동 조건을 말하시오.

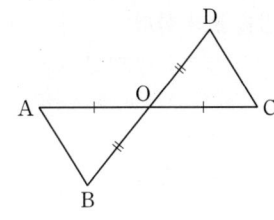

• 문제에 주어진 조건과 그림에서 각 또는 변을 종합하여 두 삼각형이 서로 합동이 되는 세 가지 조건을 찾는다.

5 오른쪽 그림에서 $\overline{AB}=\overline{AD}$, $\angle ABC=\angle ADE$일 때, $\triangle ABC$와 합동인 삼각형을 찾고, 합동 조건을 말하시오.

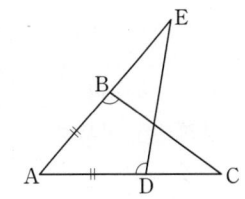

• 두 도형의 합동을 기호를 사용하여 나타낼 때는 대응점의 순서를 맞추어 쓴다.

1
2

3
4

5
6
7

8
9

10
11

12
13

14
15
16

17
18

19
20

내공 쌓는 족집게 문제

1 다음 그림은 한 변의 길이가 a인 정삼각형을 작도한 것이다. □ 안에 알맞은 것을 쓰시오.

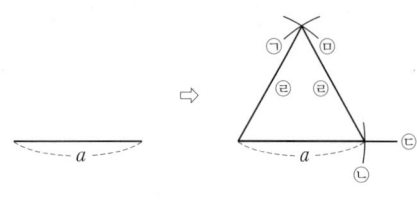

작도 순서: ㉢ → □ → □ → ㉤ → □

2 다음 그림에서 $\angle AOB$와 크기가 같은 각을 반직선 PQ 위에 작도하려고 한다. 보기의 작도 순서를 알맞게 나열하시오.

A
O B P Q

• 보기 •

ㄱ. $\overrightarrow{\text{PS}}$를 긋는다.

ㄴ. 점 R를 중심으로 $\overline{\text{CD}}$의 길이를 반지름으로 하는 원을 그려 점 P를 중심으로 그린 원과의 교점을 S라 한다.

ㄷ. 점 O를 중심으로 적당한 반지름을 갖는 원을 그려 두 반직선 OA, OB와 만나는 점을 각각 C, D라 한다.

ㄹ. 컴퍼스를 사용하여 $\overline{\text{CD}}$의 길이를 잰다.

ㅁ. 점 P를 중심으로 $\overline{\text{OC}}$의 길이를 반지름으로 하는 원을 그려 반직선 PQ와 만나는 점을 R라 한다.

중요 **3** 오른쪽 그림은 직선 l 밖의 한 점 P를 지나면서 직선 l에 평행한 직선을 작도한 것이다. 다음 중 옳지 <u>않은</u> 것은?

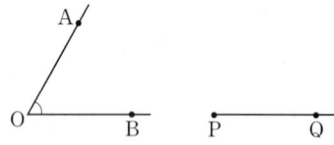

① $\overline{\text{AC}} = \overline{\text{PQ}}$

② $\overline{\text{BC}} = \overline{\text{QR}}$

③ 크기가 같은 각의 작도를 이용한다.

④ 작도 순서는 ㉡ → ㉢ → ㉣ → ㉤ → ㉠ → ㉥이다.

⑤ 동위각의 크기가 같으면 두 직선은 평행함을 이용한 것이다.

4 세 변의 길이가 다음과 같이 주어졌을 때, 삼각형을 작도할 수 <u>없는</u> 것은?

① 5 cm, 7 cm, 10 cm

② 6 cm, 8 cm, 10 cm

③ 8 cm, 9 cm, 17 cm

④ 12 cm, 12 cm, 12 cm

⑤ 20 cm, 26 cm, 45 cm

5 삼각형의 세 변의 길이가 각각 $x-2$, $x+1$, $x+5$일 때, 다음 중 x의 값이 될 수 <u>없는</u> 것은?

① 6   ② 7   ③ 8

④ 9   ⑤ 10

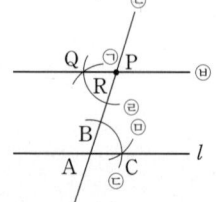

6 $\overline{\text{AB}}=6$, $\overline{\text{BC}}=2$일 때, 다음 중 $\triangle \text{ABC}$가 하나로 작도되기 위해 필요한 조건이 <u>아닌</u> 것을 모두 고르면?

(정답 2개)

① $\angle \text{A}=45°$ ② $\angle \text{B}=50°$

③ $\overline{\text{AC}}=4$ ④ $\overline{\text{AC}}=5$

⑤ $\overline{\text{AC}}=7$

전국 중학교의 기출문제와 새로운 교육과정의 문제를
종합, 분석하여 핵심 문제만을 모았습니다.

중요 7 다음 중 △ABC가 하나로 정해지는 것은?

① $\overline{AB}=4\,\text{cm}$, $\overline{AC}=3\,\text{cm}$, $\angle B=40°$
② $\overline{AB}=4\,\text{cm}$, $\overline{BC}=5\,\text{cm}$, $\overline{CA}=10\,\text{cm}$
③ $\overline{AB}=6\,\text{cm}$, $\overline{BC}=4\,\text{cm}$, $\angle A=60°$
④ $\overline{AB}=6\,\text{cm}$, $\angle A=45°$, $\angle B=70°$
⑤ $\angle A=45°$, $\angle B=45°$, $\angle C=90°$

8 다음 그림에서 △ABC≡△DFE일 때, ∠D의 크기를 구하시오.

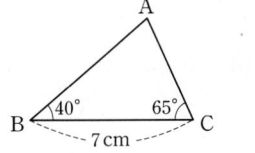 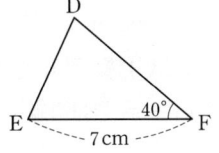

9 다음 보기 중 서로 합동인 삼각형을 바르게 짝 지은 것은?

• 보기 •

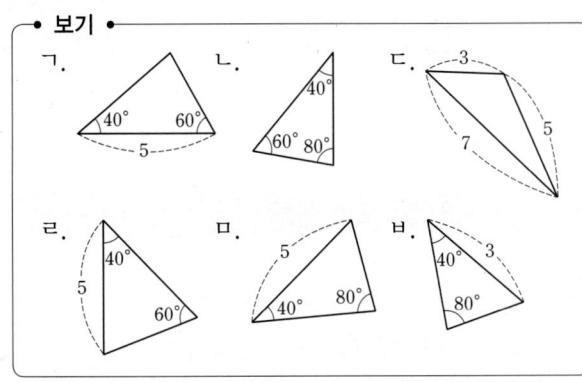

① ㄱ과 ㅁ
② ㄴ과 ㄹ
③ ㄴ과 ㅁ
④ ㄷ과 ㅂ
⑤ ㄹ과 ㅂ

중요 10 오른쪽 그림에서 $\overline{AB}=\overline{AD}=3$, ∠ACB=∠AED이다. 이때 △ABC≡△ADE임을 설명하는 데 필요한 조건은?

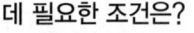

① $\overline{AB}=\overline{AD}$, $\overline{AC}=\overline{AE}$, $\overline{BC}=\overline{DE}$
② $\overline{AB}=\overline{AD}$, $\overline{AC}=\overline{AE}$, ∠A는 공통
③ $\overline{AB}=\overline{AD}$, ∠ABC=∠ADE, ∠A는 공통
④ $\overline{BC}=\overline{DE}$, $\overline{AC}=\overline{AE}$, ∠A는 공통
⑤ ∠ACB=∠AED, ∠ABC=∠ADE, ∠A는 공통

11 오른쪽 그림에서 $\overline{OA}=\overline{OC}$, $\overline{AB}=\overline{CD}$일 때, △OAD와 합동인 삼각형과 합동 조건을 바르게 짝 지은 것은?

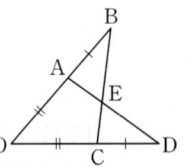

① △OCB, SSS 합동
② △OCB, SAS 합동
③ △OCB, ASA 합동
④ △AEB, SAS 합동
⑤ △ECD, ASA 합동

12 오른쪽 그림과 같은 사각형 모양의 광장이 있다. 광장의 각 꼭짓점을 A, B, C, D라 할 때, $\overline{AB}\,/\!/\,\overline{DC}$, $\overline{AD}\,/\!/\,\overline{BC}$이다.

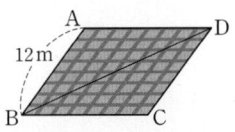

점 C와 점 D 사이의 거리를 구하고, 이때 이용된 삼각형의 합동 조건을 말하시오.

1
2

3 · 4

5 · 6 · 7

8 · 9

10 · 11

12 · 13

14 · 15 · 16

17 · 18

19 · 20

Step 2 자주 나오는 문제

13 다음 그림은 크기가 같은 각의 작도를 이용하여 반직선 PQ 위에 각의 크기가 ∠AOB의 크기의 2배인 ∠CPD를 작도한 것이다. 작도 순서로 알맞은 것은?

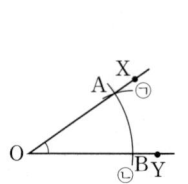 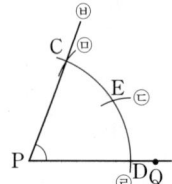

① ㉡ → ㉠ → ㉢ → ㉣ → ㉤ → ㉥
② ㉡ → ㉢ → ㉣ → ㉤ → ㉠ → ㉥
③ ㉡ → ㉣ → ㉠ → ㉢ → ㉤ → ㉥
④ ㉣ → ㉠ → ㉡ → ㉢ → ㉤ → ㉥
⑤ ㉣ → ㉡ → ㉢ → ㉠ → ㉤ → ㉥

14 삼각형의 세 변의 길이가 각각 a, $a+3$, $a+8$일 때, a의 값의 범위를 구하시오.

🎯 돌다리 문제

15 오른쪽 그림에서 △ABC와 △ADE는 정삼각형이다. $\overline{AB}=5\,cm$, $\overline{CD}=3\,cm$, $\overline{AE}=7\,cm$일 때, $\overline{CE}$의 길이를 구하시오.

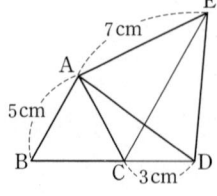

중요 16 오른쪽 그림과 같이 $\overline{AB}=\overline{AC}$인 직각이등변삼각형 ABC의 꼭짓점 A를 지나는 직선 l이 있다. 두 점 B, C에서 직선 l에 내린 수선의 발을 각각 D, E라 하고, $\overline{BD}=9\,cm$, $\overline{EC}=3\,cm$일 때, △ABD와 합동인 삼각형을 찾고, $\overline{DE}$의 길이를 구하시오.

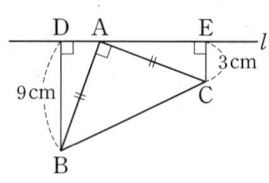

17 오른쪽 그림과 같이 선분 AB 위에 한 점 C를 잡아 $\overline{AC}$, $\overline{CB}$를 각각 한 변으로 하는 두 정삼각형 ACD, CBE를 각각 그렸다. 다음 중 옳지 않은 것은?

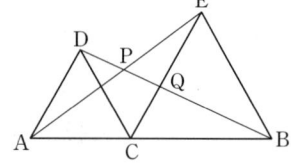

① $\overline{AE}=\overline{DB}$
② ∠ACE$=120°$
③ ∠ACE$=$∠DCB
④ △ACE≡△DCB
⑤ △APD≡△EPQ

Step 3 만점! 도전 문제

18 오른쪽 그림과 같이 두 선분의 길이가 각각 a, b일 때, 직선 l 위에 길이가 $2a-b$인 선분을 작도하시오.

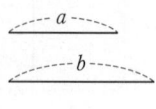

>> **96쪽** 다시 보는 핵심 문제로
자신의 실력을 확인하세요!

서술형 문제

🐿️ 돌다리 문제

19 길이가 각각 4, 5, 6, 8, 10인 5개의 선분 중 3개를 골라 만들 수 있는 서로 다른 삼각형의 개수를 구하시오.

22 삼각형의 세 변의 길이가 각각 4, 7, x일 때, 자연수 x의 개수를 구하시오.
(단, 풀이 과정을 자세히 쓰시오.)

풀이 과정

답 _____

중요 **20** 오른쪽 그림에서 △ABC는 정삼각형이고 $\overline{AD}=\overline{BE}=\overline{CF}$일 때, 다음 보기 중 옳은 것을 모두 고르시오.

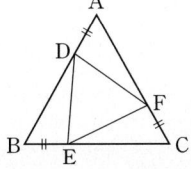

• 보기 •
ㄱ. $\overline{BD}=\overline{CE}=\overline{AF}$
ㄴ. $\overline{AF}=\overline{DF}$
ㄷ. ∠DEF=60°
ㄹ. ∠BED+∠FEC=120°

23 오른쪽 그림과 같은 정사각형 ABCD에서 $\overline{BE}=\overline{CF}$일 때, ∠APF의 크기를 구하시오.
(단, 풀이 과정을 자세히 쓰시오.)

풀이 과정

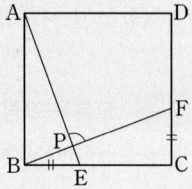

21 오른쪽 그림과 같이 한 변의 길이가 10 cm인 두 정사각형이 있다. 한 정사각형의 대각선의 교점 O에 다른 정사각형의 한 꼭짓점이 일치하도록 붙였을 때, 사각형 OMCN의 넓이를 구하시오.

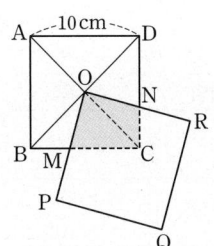

답 _____

08강 다각형 (1)

① 다각형

(1) 다각형: 세 개 이상의 선분으로 둘러싸인 평면도형으로 선분의 개수가 n개인 다각형을 n각형이라 한다.

　예　삼각형, 사각형, 오각형, …

　참고　다각형의 각 선분을 다각형의 변, 변과 변이 만나는 점을 다각형의 꼭짓점이라 한다.

(2) 정다각형: 모든 변의 길이가 같고, 모든 내각의 크기가 같은 다각형

　예　정삼각형, 정사각형, 정오각형, …

＊ 정다각형이 되기 위한 조건

(1) 모든 변의 길이만 같으면 정다각형이다.
(×)
: 삼각형인 경우에는 세 변의 길이만 같아도 정삼각형이 되지만 사각형, 오각형, …에서는 성립하지 않는다.

(2) 모든 각의 크기만 같으면 정다각형이다.
(×)
: 삼각형인 경우에는 세 각의 크기만 같아도 정삼각형이 되지만 사각형, 오각형, …에서는 성립하지 않는다.

➡ 모든 변의 길이가 같고 모든 내각의 크기가 같아야 정다각형이다.

예제 1 다음 조건을 모두 만족시키는 다각형을 말하시오.

┌ 조건 ●
㉮ 6개의 선분으로 둘러싸여 있다.
㉯ 모든 변의 길이가 같고 모든 내각의 크기가 같다.

② 다각형의 내각과 외각

(1) 내각: 다각형의 이웃하는 두 변으로 이루어진 각 중에서 안쪽에 있는 각
(2) 외각: 다각형의 각 꼭짓점에 이웃하는 두 변 중에서 한 변과 다른 한 변의 연장선이 이루는 각

예제 2 오른쪽 그림과 같은 사각형 ABCD에서 다음을 구하시오.

(1) 변 BC와 변 CD로 이루어진 내각
(2) ∠C의 외각

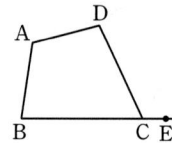

＊ 내각과 외각

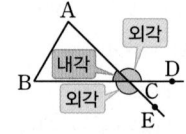

(1) 내각: ∠A, ∠B, ∠C(= ∠ACB)
(2) ∠C의 외각: ∠ACD(또는 ∠BCE)
(3) 한 꼭짓점에서 내각과 외각의 크기의 합은 180°이다.

③ 다각형의 대각선의 개수

(1) 대각선: 다각형의 한 꼭짓점에서 이웃하지 않는 다른 한 꼭짓점을 이은 선분
(2) n각형의 한 꼭짓점에서 그을 수 있는 대각선의 개수는 $(n-3)$개이다.
(3) n각형의 대각선의 개수는 $\dfrac{n(n-3)}{2}$개이다.

＊ 대각선의 개수

오각형에서
(1) 한 꼭짓점에서 그을 수 있는 대각선의 개수
$5-3=2$(개)

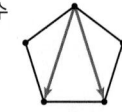

(2) 대각선의 개수

꼭짓점의 개수 ┐　┌ 한 꼭짓점에서 그을 수 있는 대각선의 개수

$\dfrac{5\times(5-3)}{2}=5$(개)

└ 한 대각선을 중복하여 센 횟수

예제 3 다음 표의 빈칸을 알맞게 채우시오.

다각형	사각형	육각형	팔각형	십각형
한 꼭짓점에서 그을 수 있는 대각선의 개수				
대각선의 개수				

1 다음 중 다각형에 대한 설명으로 옳지 <u>않은</u> 것을 모두 고르면? (정답 2개)

① 최소한의 변으로 이루어진 다각형은 삼각형이다.
② 다각형에서 변의 개수와 꼭짓점의 개수는 항상 같다.
③ 네 변의 길이가 모두 같은 사각형은 정사각형이다.
④ 다섯 개의 선분으로 둘러싸인 다각형은 오각형이다.
⑤ 다각형의 두 꼭짓점을 이은 선분을 대각선이라 한다.

● 여러 개의 선분으로 둘러싸인 평면도형을 다각형이라 한다.

2 다음 □ 안에 알맞은 것을 쓰시오.

> 다각형의 이웃하는 두 변으로 이루어진 각 중에서 안쪽에 있는 각을 ☐ 이라 하고, 각 꼭짓점에 이웃하는 두 변 중에서 한 변과 다른 한 변의 연장선이 이루는 각을 ☐ 이라 한다.

3 오른쪽 그림과 같은 △ABC에서 ∠A의 외각의 크기와 ∠B의 외각의 크기의 합을 구하시오.

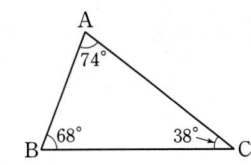

● 한 꼭짓점에서
(내각의 크기)+(외각의 크기)
=180°

4 다음 중 한 꼭짓점에서 9개의 대각선을 그을 수 있는 다각형은?

① 팔각형 　　② 구각형 　　③ 십각형 　　④ 십일각형 　　⑤ 십이각형

● 구하는 다각형을 n각형이라 하고 n의 값을 구한다.

5 십일각형의 대각선의 개수를 구하시오.

09강 II. 평면도형

다각형 (2)

❶ 삼각형의 내각과 외각

(1) 삼각형의 세 내각의 크기의 합은 $180°$이다.

즉, $\triangle ABC$에서 $\angle A + \angle B + \angle C = 180°$이다.

(2) 삼각형의 한 외각의 크기는 그와 이웃하지 않는 두 내각의 크기의 합과 같다.

즉, $\triangle ABC$에서 $\angle ACD = \angle A + \angle B$이다.

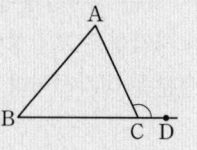

> **＊ 삼각형의 내각과 외각**
> 오른쪽 그림과 같이 $\overline{AB}$
> 와 평행한 $\overrightarrow{CE}$를 그어 평
> 행선의 성질을 이용하면
> $\angle A = \angle ACE$ (엇각)
> $\angle B = \angle ECD$ (동위각)
> (1) $\angle A + \angle B + \angle C$
> $\quad = \angle ACE + \angle ECD + \angle C$
> $\quad = 180°$
> (2) $\angle ACD = \angle ACE + \angle ECD$
> $\quad = \angle A + \angle B$

예제 1 다음 그림에서 $\angle x$의 크기를 구하시오.

(1)
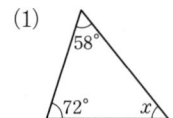

(2)
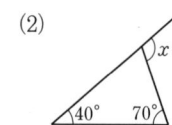

❷ 다각형의 내각의 크기

(1) (n각형의 내각의 크기의 합) $= 180° \times (n-2)$ ← 한 꼭짓점에서 대각선을 모두 그었을 때 만들어지는 삼각형의 개수

(2) (정n각형의 한 내각의 크기) $= \dfrac{(정 n각형의 \ 내각의 \ 크기의 \ 합)}{n}$

$\qquad\qquad\qquad\qquad\qquad = \dfrac{180° \times (n-2)}{n}$

> **＊ 다각형의 내각의 크기**
>
> | 다각형 | 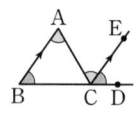 | | |
> |---|---|---|---|
> | 삼각형의 개수 | 2개 | 3개 | 4개 |
> | 내각의 크기의 합 | $180° \times 2$ | $180° \times 3$ | $180° \times 4$ |
>
> (1) n각형의 한 꼭짓점에서 그은 대각선에 의해 $(n-2)$개의 삼각형이 만들어진다.
> ➡ (n각형의 내각의 크기의 합) $= 180° \times (n-2)$
> 예 오각형의 내각의 크기의 합: $180° \times (5-2) = 540°$
> (2) 정십각형의 한 내각의 크기: $\dfrac{180° \times (10-2)}{10} = \dfrac{1440°}{10} = 144°$

예제 2 다음 다각형의 내각의 크기의 합을 구하시오.

(1) 칠각형   (2) 십사각형

예제 3 정팔각형의 한 내각의 크기를 구하시오.

❸ 다각형의 외각의 크기

(1) (n각형의 외각의 크기의 합) $= 360°$

(2) (정n각형의 한 외각의 크기) $= \dfrac{(정 n각형의 \ 외각의 \ 크기의 \ 합)}{n} = \dfrac{360°}{n}$

> **＊ 다각형의 외각의 크기**
> (1) (n각형의 외각의 크기의 합)
> $\quad = (한 내각과 \ 그 \ 외각의 \ 크기의 \ 합) \times n$
> $\qquad - (내각의 \ 크기의 \ 합)$
> $\quad = 180° \times n - 180° \times (n-2)$
> $\quad = 360°$
> 예 오각형의 외각의 크기의 합: $360°$
> (2) 정십각형의 한 외각의 크기:
> $\dfrac{360°}{10} = 36°$

예제 4 오른쪽 그림에서 $\angle x$의 크기를 구하시오.

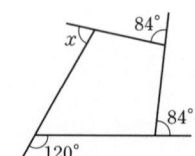

예제 5 정팔각형의 한 외각의 크기를 구하시오.

핵심 유형 익히기

1 오른쪽 그림과 같은 △ABC에서 ∠BAD=∠CAD일 때, ∠x의 크기를 구하시오.

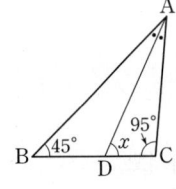

• 삼각형의 세 내각의 크기의 합은 180°이다.

2 오른쪽 그림에서 x의 값을 구하시오.

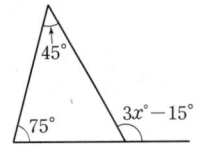

• 삼각형의 한 외각의 크기는 그와 이웃하지 않는 두 내각의 크기의 합과 같다.

3 다음 중 내각의 크기의 합이 1620°인 다각형은?

① 팔각형 ② 구각형 ③ 십각형 ④ 십일각형 ⑤ 십이각형

4 한 내각의 크기가 140°인 정다각형의 한 꼭짓점에서 그을 수 있는 대각선의 개수를 구하시오.

• n각형의 한 꼭짓점에서 그을 수 있는 대각선의 개수는 $(n-3)$개이다.

5 오른쪽 그림에서 ∠x의 크기를 구하시오.

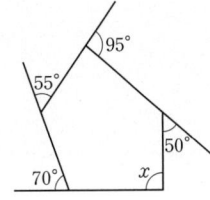

• 다각형의 외각의 크기의 합은 360°이다.

6 다음 중 정십이각형에 대한 설명으로 옳은 것을 모두 고르면? (정답 2개)

① 내각의 크기의 합은 1620°이다.

② 한 내각의 크기는 150°이다.

③ 외각의 크기의 합은 360°이다.

④ 한 외각의 크기는 36°이다.

⑤ 한 꼭짓점에서의 내각과 외각의 크기의 합은 360°이다.

08강 다각형 (1)

1 다음 다각형의 대각선의 개수를 구하시오.

(1) 오각형

(2) 구각형

(3) 십이각형

(4) 십오각형

2 대각선의 개수가 다음과 같은 다각형을 구하시오.

(1) 9개

(2) 14개

(3) 35개

(4) 65개

09강 다각형 (2)

3 다음 그림에서 $\angle x$의 크기를 구하시오.

(1)
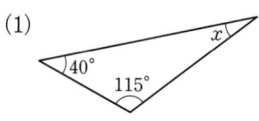

(2)
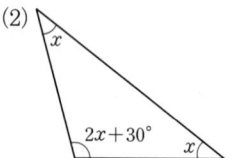

(3)
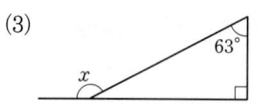

(4)
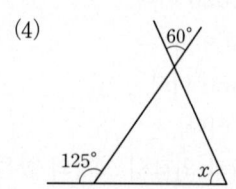

4 다음 그림에서 ∠x의 크기를 구하시오.

(1)
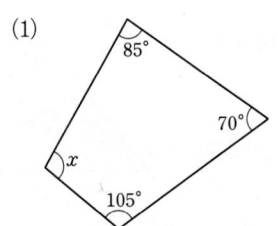

(2)
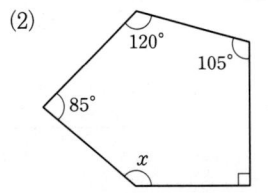

(3)
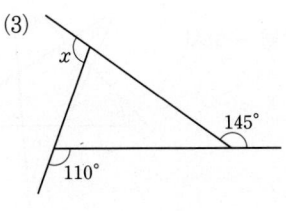

(4)
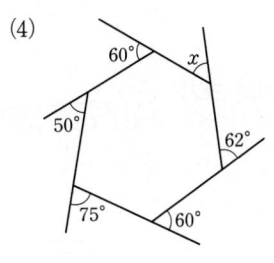

5 다음 정다각형의 한 내각의 크기를 구하시오.

(1) 정육각형

(2) 정구각형

(3) 정십각형

(4) 정십이각형

6 다음 정다각형의 한 외각의 크기를 구하시오.

(1) 정육각형

(2) 정구각형

(3) 정십각형

(4) 정십이각형

내공 쌓는 족집게 문제

Step **1** 반드시 나오는 문제

1 다음 중 다각형이 <u>아닌</u> 것은?

① 정사각형   ② 마름모   ③ 원
④ 육각형   ⑤ 직사각형

2 다음 조건을 모두 만족시키는 다각형의 이름을 말하시오.

> ─── 조건 ●
> ㈎ 모든 변의 길이가 같고 모든 내각의 크기가 같다.
> ㈏ 한 꼭짓점에서 그을 수 있는 대각선의 개수가 10개 이다.

3 이십각형의 대각선의 개수는?

① 140개   ② 150개   ③ 160개
④ 170개   ⑤ 180개

주요 **4** 한 꼭짓점에서 그을 수 있는 대각선의 개수가 12개인 다각형의 대각선의 개수를 구하시오.

5 오른쪽 그림에서 ∠x의 크기를 구하시오.

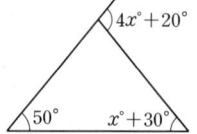

6 오른쪽 그림에서 x의 값은?

① 20   ② 24
③ 28   ④ 32
⑤ 36

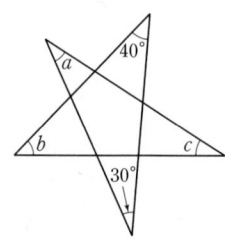

아차! **돌다리** 문제

7 오른쪽 그림에서 ∠a+∠b+∠c의 값을 구하시오.

8 오른쪽 그림에서 ∠x의 크기를 구하시오.

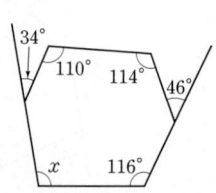

9 오른쪽 그림에서 ∠x의 크기를
구하시오.

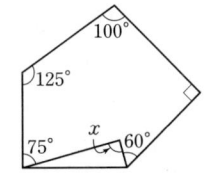

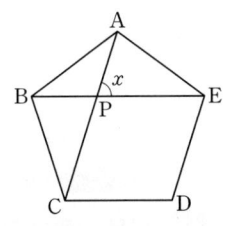

아차! 돌다리 문제

10 오른쪽 그림과 같은 정오각형
에서 $\overline{AC}$와 $\overline{BE}$의 교점을 P라
할 때, ∠x의 크기를 구하시오.

11 다음에서 설명하는 다각형 중 몇 각형인지 알 수 <u>없는</u>
것은?

① 꼭짓점의 개수가 6개이다.
② 대각선의 개수가 20개이다.
③ 내각의 크기의 합은 720°이다.
④ 외각의 크기의 합이 360°이다.
⑤ 한 꼭짓점에서 그을 수 있는 대각선의 개수가 5개이다.

중요 **12** 오른쪽 그림에서 ∠x의 크기
를 구하시오.

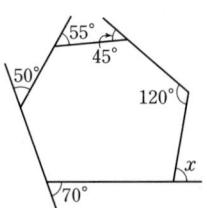

13 다음 중 한 내각의 크기와 한 외각의 크기의 비가 3 : 1
인 정다각형은?

① 정사각형   ② 정오각형   ③ 정육각형
④ 정칠각형   ⑤ 정팔각형

Step **2**   자주 나오는 문제

14 한 꼭짓점에서 그은 대각선에 의해 7개의 삼각형으로
나누어지는 다각형의 대각선의 개수는?

① 14개   ② 20개   ③ 27개
④ 35개   ⑤ 44개

15 삼각형이 아닌 어떤 다각형의 한 꼭짓점에서 그을 수
있는 대각선의 개수를 a개라 하고, 이때 만들어지는 삼각
형의 개수를 b개라 할 때, $a-b$의 값을 구하시오.

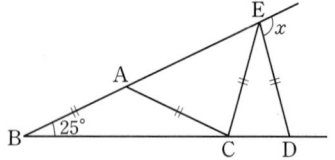

16 다음 그림에서 $\overline{AB}=\overline{AC}=\overline{CE}=\overline{DE}$일 때, $\angle x$의 크기를 구하시오.

중요 17 오른쪽 그림과 같은 △ABC에서 ∠B의 이등분선과 ∠C의 외각의 이등분선의 교점을 D라 하자. ∠A=60°일 때, $\angle x$의 크기를 구하시오.

18 다음 그림에서 $\angle a+\angle b+\angle c+\angle d+\angle e+\angle f$의 값을 구하시오.

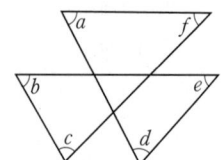

19 다음 그림에서 $\angle a+\angle b+\angle c+\angle d+\angle e+\angle f+\angle g$의 값은?

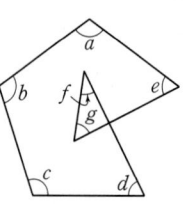

① 480°　　② 500°　　③ 520°
④ 540°　　⑤ 560°

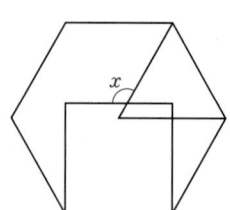

20 다음 그림과 같이 정육각형의 내부에 정삼각형과 정사각형을 각각 그렸을 때, $\angle x$의 크기를 구하시오.

21 다음 보기의 설명 중 옳은 것을 모두 고르시오.

• 보기 •

ㄱ. 내각의 크기의 합이 1800°인 다각형의 대각선의 개수는 54개이다.

ㄴ. 한 내각의 크기가 144°인 정다각형은 정십이각형이다.

ㄷ. 한 외각의 크기가 45°인 정다각형의 변의 개수는 7개이다.

ㄹ. 한 꼭짓점에서 그을 수 있는 대각선의 개수가 6개인 다각형의 내각의 크기의 합은 1260°이다.

서술형 **문제**

Step3 만점! 도전 문제

22 오른쪽 그림과 같이 원탁에 10
명의 학생이 앉아 있다. 자신의 왼
쪽과 오른쪽에 앉은 두 학생을 제외
한 모든 학생들과 서로 한 번씩 악
수를 할 때, 전체 악수의 횟수를 구
하시오.

23 오른쪽 그림에서
$\angle A = 50°$,
$\angle CBP = \angle DBP$,
$\angle BCP = \angle ECP$일 때, $\angle x$
의 크기를 구하시오.

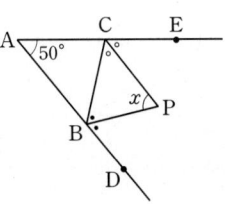

ᵃ챠! 돌다리 문제

24 다음 그림에서
$\angle a + \angle b + \angle c + \angle d + \angle e + \angle f + \angle g$의 값을 구
하시오.

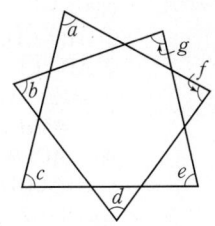

25 대각선의 개수가 90개인 다각형의 한 꼭짓점에서
그을 수 있는 대각선의 개수를 구하시오.

(단, 풀이 과정을 자세히 쓰시오.)

풀이 과정

답 _____

26 다음 그림은 한 변의 길이가 같은 정오각형과 정육
각형의 한 변을 서로 붙여 놓은 것이다. 이때 $\angle x$의 크
기를 구하시오. (단, 풀이 과정을 자세히 쓰시오.)

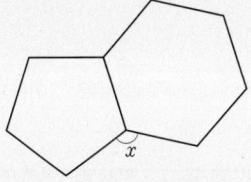

풀이 과정

답 _____

10강 원과 부채꼴 (1)

① 원과 부채꼴

→ 원의 중심   → 반지름의 길이

평면 위의 한 점 O에서 일정한 거리에 있는 모든 점으로 이루어진 도형을 원이라 하고, 이 원을 원 O로 나타낸다.

(1) 호 AB: 원 위의 두 점 A, B를 양 끝 점으로 하는 원의 일부분   [기호] $\overparen{AB}$

(2) 할선: 원 위의 두 점을 지나는 직선

(3) 현 CD: 원 위의 두 점 C, D를 이은 선분

(4) 부채꼴 AOB: 원 O에서 호 AB와 두 반지름 OA, OB로 이루어진 도형

(5) 중심각: 부채꼴 AOB에서 ∠AOB를 호 AB에 대한 중심각 또는 부채꼴 AOB의 중심각이라 한다.

(6) 활꼴: 현 CD와 호 CD로 이루어진 도형

* 원과 부채꼴

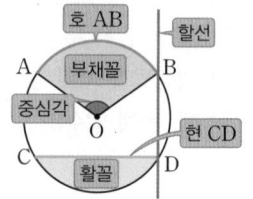

(1) 한 원에서 길이가 가장 긴 현은 원의 중심을 지난다. 즉, 원의 지름이 그 원에서 가장 긴 현이다.

(2) 반원은 활꼴인 동시에 부채꼴이다. 이때 부채꼴의 중심각의 크기는 180°이다.

예제 1 오른쪽 그림과 같은 원 O에서 다음을 기호로 나타내시오.

(1) $\overparen{BC}$에 대한 중심각

(2) ∠AOC에 대한 호

(3) 부채꼴 BOD의 중심각

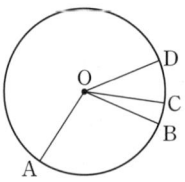

예제 2 다음 □ 안에 알맞은 것을 쓰시오.

(1) 한 원에서 길이가 가장 긴 현은 그 원의 □□이다.

(2) 한 원에서 부채꼴과 활꼴이 같아질 때의 부채꼴의 중심각의 크기는 □□이다.

② 부채꼴의 성질

한 원 또는 합동인 두 원에서

(1) 중심각의 크기가 같은 두 부채꼴의 호의 길이와 넓이는 각각 같다.

(2) 호의 길이와 넓이가 각각 같은 두 부채꼴의 중심각의 크기는 같다.

(3) 부채꼴의 호의 길이와 넓이는 각각 중심각의 크기에 정비례한다.

(4) 중심각의 크기가 같은 두 부채꼴의 현의 길이는 같다.

(5) 길이가 같은 두 현에 대한 중심각의 크기는 같다.

[주의] 현의 길이는 중심각의 크기에 정비례하지 않는다.

* 부채꼴의 중심각의 크기와 호의 길이, 넓이 사이의 관계

(1) ∠AOB=∠COD 이면

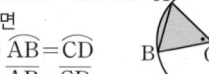

① $\overparen{AB}=\overparen{CD}$
② $\overline{AB}=\overline{CD}$
③ (부채꼴 AOB의 넓이) =(부채꼴 COD의 넓이)
④ (△AOB의 넓이) =(△COD의 넓이)

(2) ∠COD=2∠AOB 이면

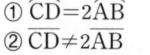

① $\overparen{CD}=2\overparen{AB}$
② $\overline{CD}\neq2\overline{AB}$
③ (부채꼴 COD의 넓이) =2×(부채꼴 AOB의 넓이)
④ (△COD의 넓이) ≠2×(△AOB의 넓이)

예제 3 다음 그림에서 x의 값을 구하시오.

(1)

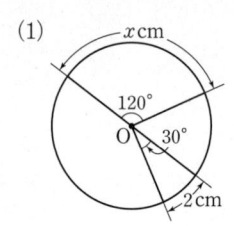

(2)

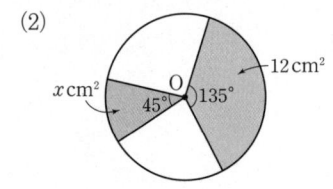

핵심 유형 익히기

1 다음 중 오른쪽 그림과 같은 원 O에 대한 설명으로 옳지 <u>않은</u> 것은?

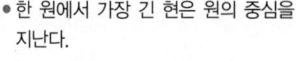

① $\overline{OA}=\overline{OB}=\overline{OC}$
② $\angle BOC$는 $\overset{\frown}{BC}$에 대한 중심각이다.
③ $\overline{AB}$와 $\overset{\frown}{AB}$로 이루어진 도형을 활꼴이라 한다.
④ $\overline{BC}$와 $\overline{OB}$, $\overline{OC}$로 이루어진 도형을 부채꼴이라 한다.
⑤ 부채꼴과 활꼴의 모양이 같아지는 경우는 반원일 때이다.

2 반지름의 길이가 $5\,cm$인 원에서 가장 긴 현의 길이를 구하시오.

● 한 원에서 가장 긴 현은 원의 중심을 지난다.

3 오른쪽 그림과 같은 원 O에서 $\angle AOB=60°$이고 부채꼴 AOB의 넓이가 $5\,cm^2$일 때, 원 O의 넓이를 구하시오.

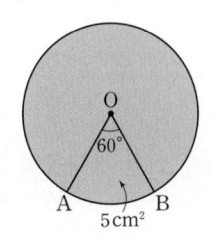

● 한 원에서 부채꼴의 넓이는 중심각의 크기에 정비례한다.

4 오른쪽 그림과 같은 원 O에서 $\overline{AC}$는 원 O의 지름일 때, 다음 중 옳지 <u>않은</u> 것을 모두 고르면? (정답 2개)

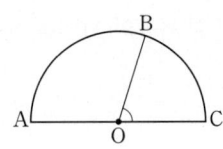

① $\overset{\frown}{AB}=\overset{\frown}{BC}$
② $\overset{\frown}{AB}=3\overset{\frown}{CD}$
③ $\overline{AB}=3\overline{CD}$
④ $(\triangle AOB의 넓이)=3\times(\triangle COD의 넓이)$
⑤ $(부채꼴 AOB의 넓이)=3\times(부채꼴 COD의 넓이)$

● 현의 길이는 중심각의 크기에 정비례하지 않는다.

5 오른쪽 그림과 같은 반원 O에서 $\overset{\frown}{AB}:\overset{\frown}{BC}=3:2$일 때, $\angle BOC$의 크기를 구하시오.

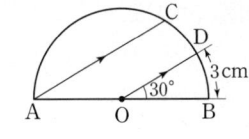

6 오른쪽 그림과 같은 반원 O에서 $\overline{AC}/\!/\overline{OD}$이고 $\angle BOD=30°$, $\overset{\frown}{BD}=3\,cm$일 때, $\overset{\frown}{AC}$의 길이를 구하시오.

강

원과 부채꼴 (2)

---

① 원의 둘레의 길이와 넓이

반지름의 길이가 r인 원의 둘레의 길이를 l, 넓이를 S라 하면

(1) $l = 2 \times$ (반지름의 길이) $\times$ (원주율) $= 2 \times r \times \pi = 2\pi r$

(2) $S =$ (반지름의 길이) $\times$ (반지름의 길이) $\times$ (원주율) $= r \times r \times \pi = \pi r^2$

> ✻ 원주율 π(파이)
>
> (1) (원주율) $= \dfrac{(\text{원의 둘레의 길이})}{(\text{원의 지름의 길이})}$
>
> (2) 원주율(π)은 원의 크기에 관계없이 항상 일정하고, 정확한 값은 3.141592…와 같이 한없이 계속되는 것으로 알려졌다.

예제 1 반지름의 길이가 5 cm인 원의 둘레의 길이 l과 넓이 S를 각각 구하시오.

예제 2 오른쪽 그림에서 색칠한 부분의 둘레의 길이 l과 넓이 S를 각각 구하시오.

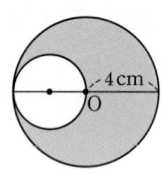

---

② 부채꼴의 호의 길이와 넓이

반지름의 길이가 r, 중심각의 크기가 $x°$인 부채꼴의 호의 길이를 l, 넓이를 S라 하면

(1) $l = 2\pi r \times \dfrac{x}{360}$ 　　　　　(2) $S = \pi r^2 \times \dfrac{x}{360}$ ← 중심각의 크기를 알 때

> ✻ 부채꼴의 호의 길이와 넓이
>
> 한 원에서 부채꼴의 호의 길이와 넓이는 각각 중심각의 크기에 정비례하므로
>
> (1) $l : 2\pi r = x° : 360°$
>
> ∴ $l = 2\pi r \times \dfrac{x}{360}$
>
> (2) $S : \pi r^2 = x° : 360°$
>
> ∴ $S = \pi r^2 \times \dfrac{x}{360}$

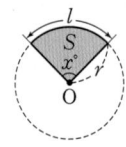

예제 3 중심각의 크기가 60°이고, 반지름의 길이가 6 cm인 부채꼴의 호의 길이 l과 넓이 S를 각각 구하시오.

예제 4 오른쪽 그림과 같은 부채꼴의 호의 길이 l과 넓이 S를 각각 구하시오.

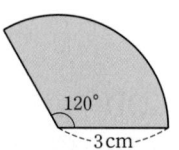

---

③ 부채꼴의 호의 길이와 넓이 사이의 관계

반지름의 길이가 r, 호의 길이가 l인 부채꼴의 넓이를 S라 하면

$S = \dfrac{1}{2} lr$ ← 호의 길이를 알 때

> ✻ 호의 길이를 알 때 부채꼴의 넓이 구하기
>
> $l = 2\pi r \times \dfrac{x}{360}$ 이므로
>
> $S = \pi r^2 \times \dfrac{x}{360}$
>
> $\quad = \dfrac{1}{2} \times \left(2\pi r \times \dfrac{x}{360}\right) \times r$
>
> $\quad = \dfrac{1}{2} lr$

예제 5 반지름의 길이가 10 cm이고, 호의 길이가 3π cm인 부채꼴의 넓이를 구하시오.

예제 6 오른쪽 그림과 같은 부채꼴의 넓이를 구하시오.

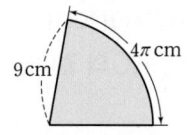

핵심  익히기

1 둘레의 길이가 14π cm인 원의 넓이를 구하시오.

● 반지름의 길이가 r인 원에서
① 둘레의 길이 ⇨ $2\pi r$
② 넓이 ⇨ πr^2

2 오른쪽 그림에서 색칠한 부분의 둘레의 길이 l과 넓이 S
를 각각 구하시오.

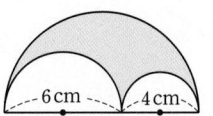

● 각각의 반원에서 반지름의 길이를 찾아본다.

3 다음 그림에서 색칠한 부분의 둘레의 길이 l과 넓이 S를 각각 구하시오.

(1)
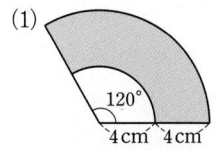

(2)
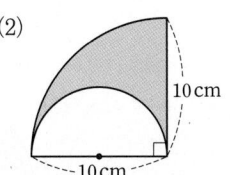

● 반지름의 길이가 r, 중심각의 크기가 $x°$인 부채꼴에서
① 호의 길이 ⇨ $2\pi r \times \dfrac{x}{360}$
② 넓이 ⇨ $\pi r^2 \times \dfrac{x}{360}$

4 오른쪽 그림과 같이 한 변의 길이가 6 cm인 정사각형에서 색칠한 부분의 둘레의 길이 l과 넓이 S를 각각 구하시오.

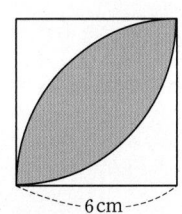

● 주어진 도형을 넓이를 구할 수 있는 도형으로 적당히 나누어 본다.

5 호의 길이가 6π cm이고, 넓이가 21π cm²인 부채꼴의 반지름의 길이는?

① 5 cm   ② 6 cm   ③ 7 cm
④ 8 cm   ⑤ 9 cm

● 부채꼴에서 중심각의 크기가 주어지지 않아도 반지름의 길이와 호의 길이가 주어지면 부채꼴의 넓이를 구할 수 있다.

6 반지름의 길이가 12 cm이고, 넓이가 18π cm²인 부채꼴의 호의 길이를 구하시오.

기초 내공 다지기

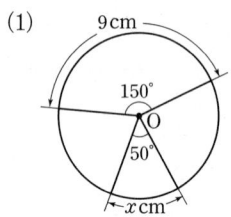

10강 원과 부채꼴 (1)

1 다음 그림에서 x의 값을 구하시오.

(1)
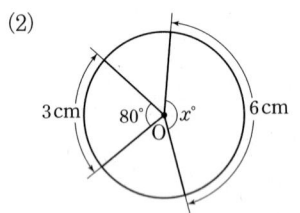

(2)

(3)
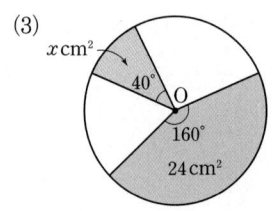

(4)
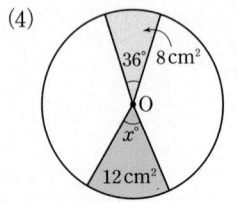

11강 원과 부채꼴 (2)

2 다음 그림에서 원의 둘레의 길이 l과 넓이 S를 각각 구하시오.

(1)
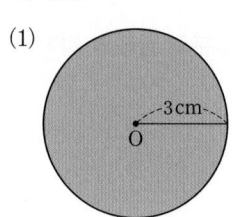

(2)
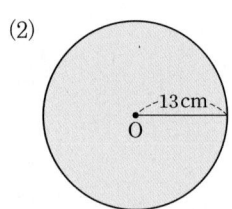

(3)
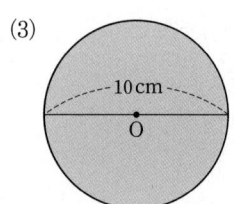

(4)
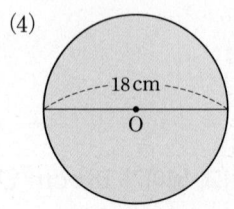

3 다음 그림에서 부채꼴의 호의 길이 l과 넓이 S를 각각 구하시오.

(1)

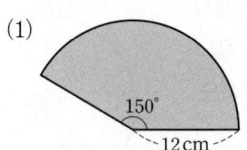

(2)

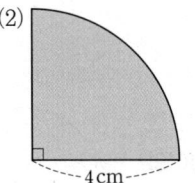

4 다음 그림에서 부채꼴의 넓이를 구하시오.

(1)

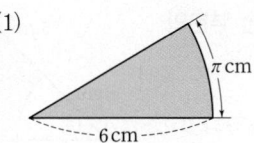

(2)

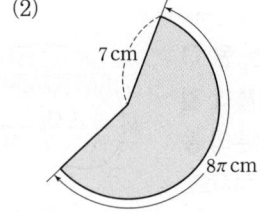

5 다음 그림에서 색칠한 부분의 둘레의 길이 l과 넓이 S를 각각 구하시오.

(1)

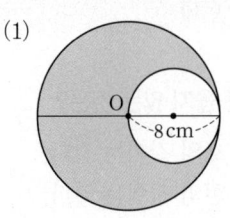

(2)

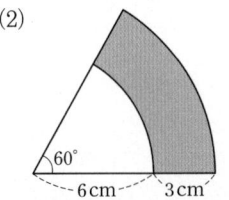

(3)

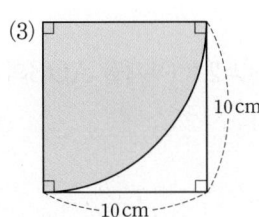

(4)

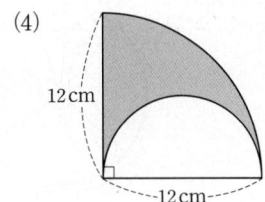

내공 쌓는 족집게 문제

Step 1 반드시 나오는 문제

1 한 원에 대한 다음 설명 중 옳지 <u>않은</u> 것은?

① 중심각의 크기가 같으면 호의 길이는 같다.
② 중심각의 크기가 같으면 현의 길이는 같다.
③ 부채꼴의 호의 길이는 중심각의 크기에 정비례한다.
④ 현의 길이는 중심각의 크기에 정비례한다.
⑤ 중심각의 크기가 180°인 부채꼴은 활꼴이 된다.

4 오른쪽 그림과 같은 원 O에서 $\widehat{AB}:\widehat{BC}:\widehat{CA}=5:4:3$일 때, ∠AOB의 크기를 구하시오.

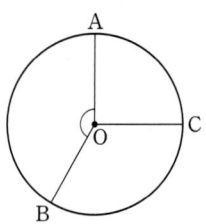

5 오른쪽 그림과 같은 원 O에서 현 AB의 길이는 원의 반지름의 길이와 같고, $\overline{AB}=4$ cm일 때, $\widehat{AB}$의 길이를 구하시오.

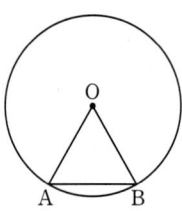

중요 2 오른쪽 그림과 같은 원 O에서 $\overline{AB}=\overline{BC}$일 때, 다음 중 옳지 <u>않은</u> 것은?

① $\widehat{AB}=\dfrac{1}{2}\widehat{AC}$
② $\overline{AC}=2\overline{AB}$
③ ∠AOB=∠BOC
④ △AOB≡△BOC
⑤ (부채꼴 AOC의 넓이)=2×(부채꼴 AOB의 넓이)

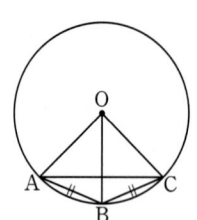

중요 6 오른쪽 그림에서 색칠한 부분의 둘레의 길이를 구하시오.

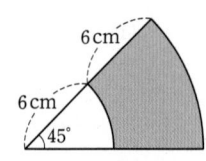

중요 3 오른쪽 그림과 같은 원 O에서 x, y의 값을 각각 구하시오.

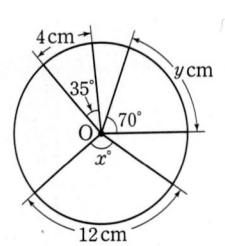

하차 돌다리 문제

7 오른쪽 그림에서 $\overline{AB}$는 원 O의 지름이고 원 O의 반지름의 길이가 8 cm일 때, 색칠한 부분의 둘레의 길이와 넓이를 각각 구하시오.

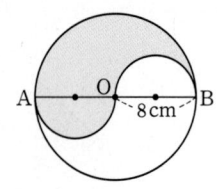

중요 8 오른쪽 그림에서 색칠한 부분의
넓이는?

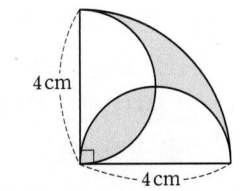

① $(4\pi-8)\,cm^2$
② $(4\pi-4)\,cm^2$
③ $4\pi\,cm^2$
④ $(8\pi-16)\,cm^2$
⑤ $(8\pi-8)\,cm^2$

9 오른쪽 그림과 같이 한 변의 길이
가 $10\,cm$인 정오각형의 한 꼭짓점
을 중심으로 하는 부채꼴의 넓이를
구하시오.

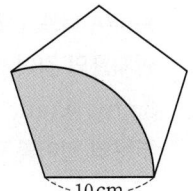

아차! 돌다리 문제

10 오른쪽 그림은 한 변의 길이
가 $12\,cm$인 정삼각형 ABC의
각 꼭짓점을 중심으로 하여 반지
름의 길이가 같은 세 원을 그린
것이다. 이때 색칠한 부분의 넓이
를 구하시오.

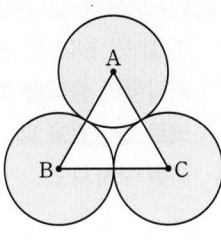

11 오른쪽 그림과 같이 점 O를 중심으로
하고 반지름의 길이가 각각 $3\,cm$, $6\,cm$
인 두 부채꼴이 있다. 작은 부채꼴과 큰
부채꼴의 호의 길이는 각각 $\frac{5}{2}\pi\,cm$,
$7\pi\,cm$일 때, 두 부채꼴의 넓이의 합을
구하시오.

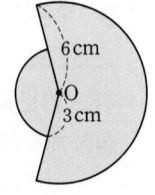

12 호의 길이가 $\pi\,cm$, 넓이가 $3\pi\,cm^2$인 부채꼴에서 다
음을 구하시오.

(1) 반지름의 길이
(2) 중심각의 크기

Step 2 자주 나오는 문제

13 오른쪽 그림과 같이 반지름의 길
이가 $5\,cm$인 원 O에서 $\overparen{PQ}=\overparen{PR}$,
$\overline{PQ}=9\,cm$일 때, 색칠한 부분의
둘레의 길이를 구하시오.

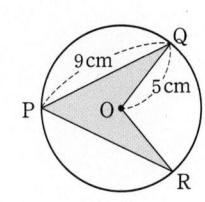

중요 14 오른쪽 그림과 같은 반원 O
에서 $\overline{AC}/\!/\overline{OD}$이고,
$\overparen{AC}:\overparen{CB}=3:1$ 일 때,
∠BOD의 크기를 구하시오.

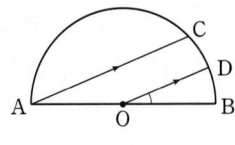

15 오른쪽 그림은 직각삼각형
ABC의 세 변을 각각 지름으로
하는 반원을 그린 것이다. 이때 색
칠한 부분의 넓이를 구하시오.

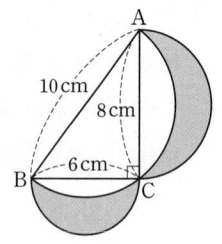

16 오른쪽 그림은 반지름의 길이가
8 cm인 반원을 점 A를 중심으로
45°만큼 회전시킨 것이다. 이때 색칠
한 부분의 넓이는?

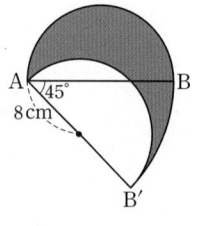

① $24\pi\,\text{cm}^2$　　② $26\pi\,\text{cm}^2$
③ $28\pi\,\text{cm}^2$　　④ $30\pi\,\text{cm}^2$
⑤ $32\pi\,\text{cm}^2$

중요 **17** 오른쪽 그림에서 반원과 부채꼴
이 겹치지 않는 부분인 색칠한 두 부
분의 넓이가 서로 같을 때, a의 값을
구하시오.

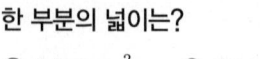

18 오른쪽 그림과 같은 사각형
ABCD는 한 변의 길이가 12 cm
인 정사각형일 때, 색칠한 부분의 넓
이를 구하시오.

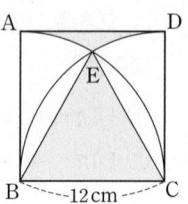

오차! 돌다리 문제

19 오른쪽 그림과 같이 중심이 같
은 5개의 원을 그린 후 각 원을 8등
분하여 다트 판을 만들었다. 각 원의
반지름의 길이가 1 cm, 2 cm,
3 cm, 4 cm, 5 cm일 때, 색칠한
부분의 넓이를 구하시오.

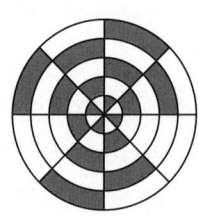

오차! 돌다리 문제

20 오른쪽 그림과 같이 반지름의 길이가
2 cm인 원이 한 변의 길이가 5 cm인 정
사각형의 둘레를 따라 한 바퀴 굴러 제자
리로 돌아왔을 때, 원의 중심이 움직인 거
리를 구하시오.

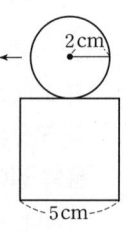

서술형 문제

Step 3 만점! 도전 문제

21 오른쪽 그림은 한 변의 길이가 1 cm인 정삼각형 ABC의 각 변에 연장선을 긋고 꼭짓점 B, C, A, B를 중심으로 하여 차례로 부채꼴 ABD, DCE, EAF, FBG를 그린 것이다. 이때 네 부채꼴의 호의 길이의 합을 구하시오.

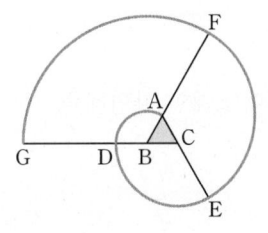

22 다음 그림과 같이 한 변의 길이가 8 cm인 정삼각형 ABC를 직선 l 위에서 한 바퀴 굴렸을 때, 꼭짓점 A가 움직인 거리를 구하시오.

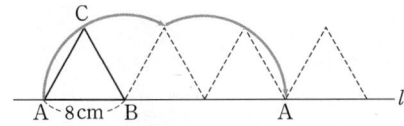

23 다음 그림과 같이 풀밭에 가로의 길이가 20 m, 세로의 길이가 4 m인 직사각형 모양의 축사가 있다. 길이가 10 m인 줄로 축사의 왼쪽 모서리에서 5 m 떨어진 지점에 소를 묶어 놓았을 때, 소가 축사 밖에서 최대한 움직일 수 있는 영역의 넓이를 구하시오.
(단, 줄의 매듭의 길이와 소의 크기는 생각하지 않는다.)

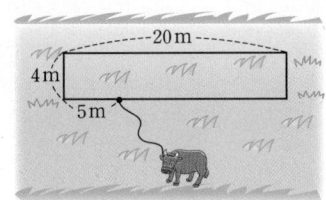

24 오른쪽 그림과 같이 원 O의 지름 AD의 연장선과 현 BC의 연장선의 교점을 P라 하자. ∠COD=72°, $\overline{BP}=\overline{BO}$일 때, $\overset{\frown}{AB} : \overset{\frown}{BC}$를 가장 간단한 자연수의 비로 나타내시오. (단, 풀이 과정을 자세히 쓰시오.)

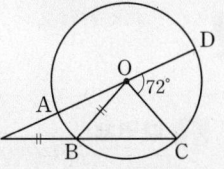

풀이 과정

답 _____

25 오른쪽 그림에서 색칠한 부분의 둘레의 길이와 넓이를 각각 구하시오. (단, 풀이 과정을 자세히 쓰시오.)

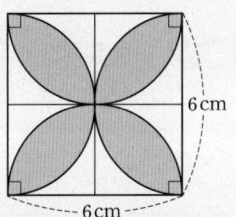

풀이 과정

답 _____

12강 다면체

❶ 다면체
→ 세 개 이상의 선분으로 둘러싸인 평면도형

다각형인 면으로만 둘러싸인 입체도형을 다면체라 하고, 면이 n개인 다면체를 n면체라 한다.

예 사면체, 오면체, 육면체, …
면이 4개   면이 5개   면이 6개

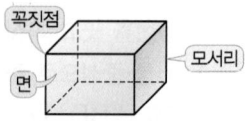

※ 다면체

꼭짓점   면   모서리

직육면체는 면이 6개, 모서리가 12개, 꼭짓점이 8개이다.

예제 1 다음 입체도형이 몇 면체인지 말하고, 면, 모서리, 꼭짓점의 개수를 차례로 구하시오.

(1) 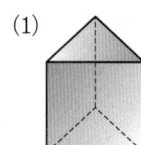   (2) 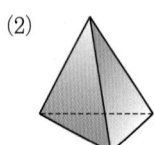   (3)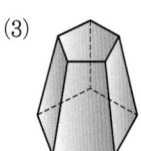

❷ 각기둥, 각뿔, 각뿔대

(1) 각기둥: 두 밑면은 서로 평행하고 합동인 다각형이며, 옆면은 모두 직사각형인 다면체
(2) 각뿔: 밑면은 다각형이고 옆면은 모두 삼각형인 다면체
(3) 각뿔대: 각뿔을 밑면에 평행한 평면으로 잘라서 생기는 두 다면체 중 각뿔이 아닌 쪽의 입체도형 → 밑면의 모양에 따라 삼각뿔대, 사각뿔대, 오각뿔대, …라 한다.

참고 각뿔대의 두 밑면에 수직인 선분의 길이를 각뿔대의 높이라 하고, 각뿔대의 옆면은 모두 사다리꼴이다.

※ 각기둥, 각뿔, 각뿔대
(1) 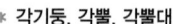   (2)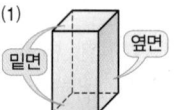
밑면   옆면

사각기둥   사각뿔

(3)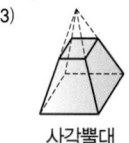

사각뿔대

참고 (면의 개수)
＝(옆면의 개수)＋(밑면의 개수)

예제 2 다음 입체도형의 옆면의 모양을 말하시오.

(1) 오각기둥   (2) 오각뿔   (3) 오각뿔대

❸ 정다면체

각 면이 모두 합동인 정다각형이고, 각 꼭짓점에 모인 면의 개수가 같은 다면체

정다면체	정사면체	정육면체	정팔면체	정십이면체	정이십면체
면의 모양	정삼각형	정사각형	정삼각형	정오각형	정삼각형
한 꼭짓점에 모인 면의 개수	3개	3개	4개	3개	5개
꼭짓점의 개수	4개	8개	6개	20개	12개
모서리의 개수	6개	12개	12개	30개	30개
면의 개수	4개	6개	8개	12개	20개

※ 정다면체의 종류
정사면체, 정육면체, 정팔면체, 정십이면체, 정이십면체의 다섯 가지뿐이다.

참고 정다면체가 다섯 가지뿐인 이유
: 정다면체는 입체도형이므로 한 꼭짓점에 3개 이상의 면이 모여야 하고, 한 꼭짓점에 모인 각의 크기의 합은 360°보다 작아야 한다.

※ 정다면체의 면의 모양
• 정삼각형 ➡ 정사면체, 정팔면체, 정이십면체
• 정사각형 ➡ 정육면체
• 정오각형 ➡ 정십이면체

예제 3 다음을 구하시오.

(1) 각 면의 모양이 정삼각형인 정다면체
(2) 한 꼭짓점에 모인 면의 개수가 3개인 정다면체

 핵심 유형 익히기

1 다음 중 다면체가 <u>아닌</u> 것을 모두 고르면? (정답 2개)

① 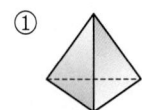 ② 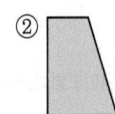 ③ 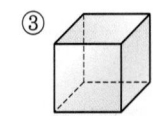 ④ 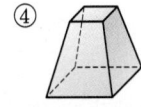 ⑤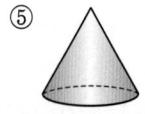

2 다음 중 오면체인 것은?

① 삼각뿔   ② 사각뿔대   ③ 사각뿔
④ 사각기둥   ⑤ 오각뿔대

• 다면체의 면, 모서리, 꼭짓점의 개수

	n각기둥	n각뿔	n각뿔대
면	$(n+2)$개	$(n+1)$개	$(n+2)$개
모서리	$3n$개	$2n$개	$3n$개
꼭짓점	$2n$개	$(n+1)$개	$2n$개

└─── 같다. ───┘

3 다음 중 입체도형과 그 옆면의 모양이 바르게 짝 지어지지 <u>않은</u> 것을 모두 고르면? (정답 2개)

① 삼각뿔대 − 이등변삼각형   ② 사각기둥 − 직사각형
③ 사각뿔 − 삼각형   ④ 오각뿔대 − 사다리꼴
⑤ 육각뿔 − 육각형

4 다음 조건을 모두 만족시키는 입체도형의 이름을 말하시오.

조건
㈎ 꼭짓점의 개수는 12개이다.
㈏ 두 밑면은 서로 평행하다.
㈐ 옆면의 모양은 사다리꼴이다.

• 각기둥과 각뿔대의 비교

	각기둥	각뿔대
두 밑면 평행	○	○
두 밑면 합동	○	×
옆면	직사각형	사다리꼴

5 다음 중 정다면체를 이루는 면의 모양이 될 수 <u>없는</u> 다각형을 모두 고르면?

(정답 2개)

① 정삼각형   ② 정사각형   ③ 정오각형
④ 정육각형   ⑤ 정팔각형

6 다음 중 정다면체에 대한 설명으로 옳지 <u>않은</u> 것은?

① 정다면체의 종류는 다섯 가지뿐이다.
② 각 꼭짓점에 모인 면의 개수는 모두 같다.
③ 각 면이 모두 합동인 정다각형으로 이루어져 있다.
④ 정팔면체는 한 꼭짓점에 정삼각형이 4개씩 모여 있다.
⑤ 한 꼭짓점에 모인 정삼각형의 개수가 6개인 정다면체가 있다.

13강 회전체

① 회전체

(1) 회전체: 평면도형을 한 직선 l을 축으로 하여 1회전 시킬 때 생기는 입체도형
　① 회전축: 회전시킬 때 축이 되는 직선 l
　② 모선: 회전체에서 옆면을 만드는 선분
(2) 원뿔대: 원뿔을 밑면에 평행한 평면으로 잘라서 생기는 두 입체도형 중에서 원뿔이 아닌 쪽의 입체도형

* 평면도형과 회전체

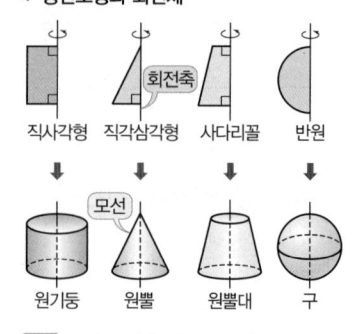

직사각형　직각삼각형　사다리꼴　반원
↓　↓　↓　↓
원기둥　원뿔　원뿔대　구

참고 구의 옆면을 만드는 것은 곡선이므로 구에서는 모선을 생각하지 않는다.

예제 1 다음 입체도형 중 회전체가 <u>아닌</u> 것을 모두 고르면? (정답 2개)
　① 원기둥　　② 삼각기둥　　③ 정사면체
　④ 원뿔　　⑤ 구

② 회전체의 성질

(1) 회전체를 회전축에 수직인 평면으로 자른 단면의 경계는 항상 원이다. → 입체도형을 평면으로 자를 때, 잘린 면
(2) 회전체를 회전축을 포함하는 평면으로 자른 단면은 모두 합동이고, 회전축에 대한 선대칭도형이다. → 어떤 직선으로 접어서 완전히 겹쳐지는 도형

* 회전체의 단면
(1) 회전축에 수직인 평면으로 자른 단면
　• 원기둥, 원뿔, 원뿔대, 구 ➡ 원
(2) 회전축을 포함하는 평면으로 자른 단면
　• 원기둥 ➡ 직사각형
　• 원뿔 ➡ 이등변삼각형
　• 원뿔대 ➡ 사다리꼴
　• 구 ➡ 원

예제 2 다음 □ 안에 알맞은 것을 쓰시오.
　(1) 원뿔을 회전축에 수직인 평면으로 자른 단면은 □□□이고, 회전축을 포함하는 평면으로 자른 단면은 □□□이다.
　(2) 구를 회전축에 수직인 평면으로 자른 단면은 □□□이고, 회전축을 포함하는 평면으로 자른 단면은 □□□이다.

③ 회전체의 전개도

(1) 원기둥　　　(2) 원뿔　　　(3) 원뿔대

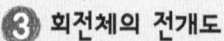

참고 구는 전개도를 그릴 수 없다.

* 원뿔과 그 전개도

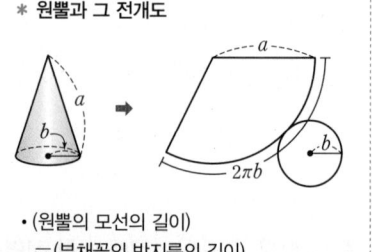

• (원뿔의 모선의 길이)
　=(부채꼴의 반지름의 길이)
• (원뿔의 밑면의 둘레의 길이)
　=(부채꼴의 호의 길이)

예제 3 밑면의 반지름의 길이가 5 cm, 모선의 길이가 10 cm인 원뿔의 전개도에서 다음을 구하시오.
　(1) 부채꼴의 반지름의 길이
　(2) 부채꼴의 호의 길이

핵심 유형 익히기

1 다음 중 회전체의 개수를 구하시오.

원기둥	정육면체	원뿔	오각기둥
반구	구	사각뿔	원뿔대

● 입체도형
① 다면체
⇨ 각기둥, 각뿔, 각뿔대, …
② 회전체
⇨ 원기둥, 원뿔, 원뿔대, 구, …

2 다음 그림과 같은 평면도형을 직선 l을 회전축으로 하여 1회전 시킬 때 생기는 회전체를 그리시오.

(1) 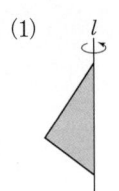　(2) 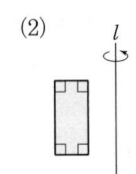　(3)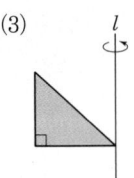

● 평면도형이 회전축에서 떨어져 있으면 회전체는 가운데가 비어 있는 모양이 된다.

3 다음 설명 중 옳지 <u>않은</u> 것은?

① 원기둥을 회전축을 포함하는 평면으로 자른 단면은 직사각형이다.

② 원뿔대를 회전축에 수직인 평면으로 자른 단면은 원이다.

③ 회전체를 회전축을 포함하는 평면으로 자른 단면은 모두 합동이다.

④ 회전체를 회전축에 수직인 평면으로 자른 단면은 모두 합동이다.

⑤ 회전체를 회전축을 포함하는 평면으로 자른 단면은 회전축에 대한 선대칭 도형이다.

4 오른쪽 그림과 같은 직사각형을 직선 l을 회전축으로 하여 1회전 시킬 때 생기는 회전체를 회전축을 포함하는 평면으로 자른 단면의 넓이를 구하시오.

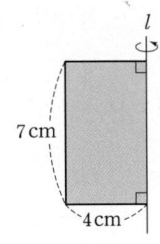

5 다음 그림은 원뿔대와 그 전개도이다. 이때 a, b, c의 값을 각각 구하시오.

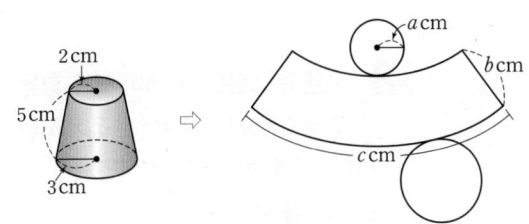

족집게 문제

Step 1 반드시 나오는 문제

1 다음 중 다면체가 <u>아닌</u> 것은?

① 원기둥　　② 삼각뿔대　　③ 사각뿔
④ 오각기둥　　⑤ 직육면체

2 다음 입체도형 중 면의 개수가 가장 많은 것은?

① 오각기둥　　② 오각뿔　　③ 정육면체
④ 육각뿔　　⑤ 육각뿔대

중요 3 다음 중 다면체와 그 옆면의 모양이 바르게 짝 지어지지 <u>않은</u> 것은?

① 삼각뿔 – 삼각형　　② 사각뿔 – 사각형
③ 사각뿔대 – 사다리꼴　　④ 오각기둥 – 직사각형
⑤ 정육면체 – 정사각형

4 다음 중 옳은 것을 모두 고르면? (정답 2개)

① 삼각기둥은 사면체이다.
② 오각뿔의 모든 면의 모양은 오각형이다.
③ 각뿔은 면의 개수와 꼭짓점의 개수가 같다.
④ 각뿔대는 각뿔보다 면의 개수가 1개 더 많다.
⑤ 삼각뿔대의 옆면의 모양은 이등변삼각형이다.

중요 5 다음 조건을 모두 만족시키는 입체도형은?

　조건
㈎ 구면체이다.
㈏ 두 밑면이 서로 평행하고 합동이다.
㈐ 옆면의 모양은 직사각형이다.

① 오각뿔대　　② 육각기둥　　③ 육각뿔
④ 칠각기둥　　⑤ 칠각뿔

6 다음 중 정다면체의 각 면의 모양과 한 꼭짓점에 모인 면의 개수를 차례로 구한 것으로 옳은 것은?

① 정사면체: 정사각형, 3개
② 정육면체: 정삼각형, 3개
③ 정팔면체: 정삼각형, 4개
④ 정십이면체: 정오각형, 4개
⑤ 정이십면체: 정삼각형, 4개

7 다음 조건을 모두 만족시키는 다면체의 이름을 말하시오.

　조건
㈎ 각 면은 모두 합동인 정삼각형이다.
㈏ 각 꼭짓점에 모인 면의 개수는 5개로 같다.

8 오른쪽 그림은 각 면이 모두 합동인 정삼각형으로 이루어진 입체도형이다. 이 입체도형이 정다면체가 아닌 이유를 설명하시오.

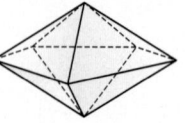

중요 9 다음 중 회전체와 그 회전체를 회전축을 포함하는 평면으로 자른 단면의 모양이 바르게 짝 지어지지 <u>않은</u> 것을 모두 고르면? (정답 2개)

① 구 – 원
② 원뿔 – 직각삼각형
③ 반구 – 반원
④ 원기둥 – 직사각형
⑤ 원뿔대 – 이등변삼각형

중요 10 오른쪽 그림과 같은 평면도형을 직선 l을 회전축으로 하여 1회전 시킬 때 생기는 입체도형의 전개도는?

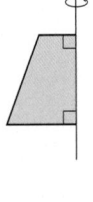

①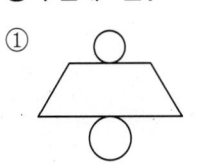

②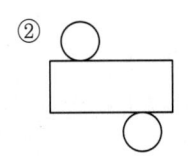

③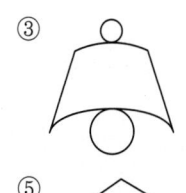

④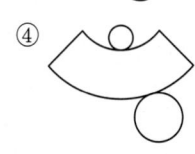

⑤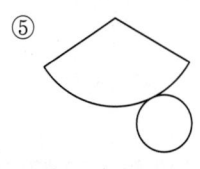

11 다음 설명 중 옳지 <u>않은</u> 것은?

① 원뿔대를 회전축을 포함하는 평면으로 자른 단면은 모두 합동이고 회전축에 대한 선대칭도형이다.
② 원뿔은 직각삼각형의 빗변을 회전축으로 하여 1회전 시킨 것이다.
③ 구는 어떤 평면으로 잘라도 그 단면의 모양이 항상 원이다.
④ 원뿔의 전개도에서 부채꼴 반지름의 길이는 원뿔의 모선의 길이와 같다.
⑤ 원뿔대는 한 쌍의 평행한 면이 있다.

Step 2 **자주 나오는 문제**

12 다음 중 정다면체에 대한 설명으로 옳지 <u>않은</u> 것은?

① 면의 모양은 세 가지뿐이다.
② 정팔면체의 모서리의 개수는 12개이다.
③ 각 꼭짓점에 모인 면의 개수는 같다.
④ 정삼각형이 한 꼭짓점에 5개씩 모인 정다면체는 정이십면체이다.
⑤ 면의 모양이 정삼각형인 것은 정사면체, 정십이면체, 정이십면체이다.

아차! 돌다리 문제

13 오른쪽 그림과 같은 전개도로 정팔면체를 만들었을 때, $\overline{AB}$와 겹쳐지는 모서리는?

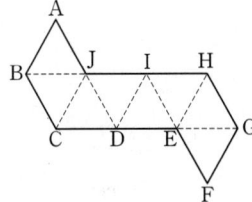

① $\overline{CD}$ ② $\overline{EF}$
③ $\overline{FG}$ ④ $\overline{GH}$
⑤ $\overline{IH}$

14 오른쪽 그림은 정육면체를 $\overline{BC}$, $\overline{CD}$, $\overline{CG}$의 중점을 지나는 평면으로 잘라 낸 입체도형이다. 이 입체도형의 꼭짓점의 개수를 a개, 모서리의 개수를 b개, 면의 개수를 c개라 할 때, $a-b+c$의 값을 구하시오.

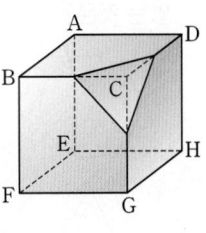

족집게 문제

아차! 풀다깜! 문제

15 다음 조건에 맞는 입체도형을 보기에서 모두 고른 것으로 옳은 것은?

> • 보기 •
> ㄱ. 정사면체   ㄴ. 삼각뿔   ㄷ. 오각뿔대
> ㄹ. 정십이면체   ㅁ. 원뿔대   ㅂ. 구
> ㅅ. 정육면체   ㅇ. 원기둥   ㅈ. 사각기둥

① 원 모양의 면이 있다. ⇨ ㅁ, ㅂ, ㅇ
② 꼭짓점이 있다. ⇨ ㄱ, ㄴ, ㄹ, ㅅ
③ 회전축이 있다. ⇨ ㄷ, ㅁ, ㅂ, ㅇ
④ 삼각형 모양의 면이 있다. ⇨ ㄱ, ㄴ, ㄹ
⑤ 만나지 않는 두 면이 있다. ⇨ ㄷ, ㄹ, ㅁ, ㅅ, ㅇ, ㅈ

16 오른쪽 그림과 같은 삼각형 ABC에서 변 AB를 회전축으로 하여 1회전 시킬 때 생기는 회전체는?

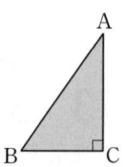

①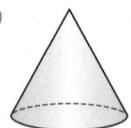
②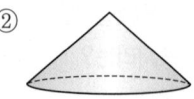

③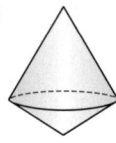
④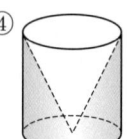
⑤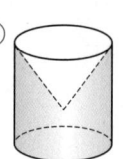

중요 17 다음 중 원뿔을 한 평면으로 자른 단면의 모양이 될 수 없는 것은?

①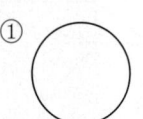
②
③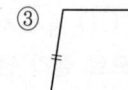

④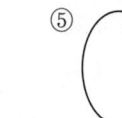
⑤

18 오른쪽 그림과 같이 원기둥의 겉면을 따라 점 A에서 점 B까지 실로 연결할 때, 실의 길이를 가장 짧게 하는 경로를 전개도에 바르게 나타낸 것은?

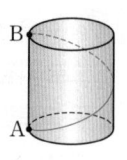

①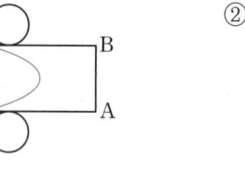
②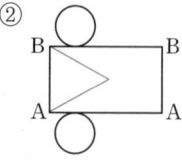

③
④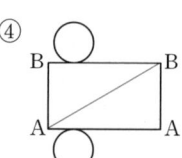

⑤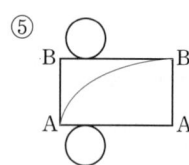

Step3 만점! 도전 문제

19 어떤 각뿔대의 모서리와 면의 개수의 차가 20개일 때, 이 입체도형의 꼭짓점의 개수를 구하시오.

20 다음 중 정육면체의 각 면의 대각선의 교점을 연결하여 만든 입체도형은?
                    (단, 이웃한 면에 있는 점들만을 연결한다.)

① 정사면체   ② 정육면체   ③ 정팔면체
④ 정십이면체   ⑤ 정이십면체

》 102쪽 다시 보는 핵심 문제로
자신의 실력을 확인하세요!

21 다음 정육면체의 전개도 중 접었을 때 '○'와 '●'가 서로 마주 보는 면에 나타나는 것은?

① 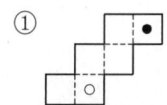   ②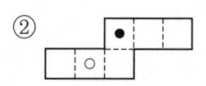

③ 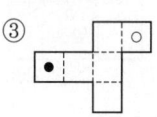   ④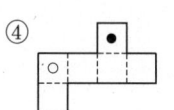

⑤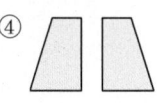

22 정이십면체를 각 꼭짓점에 모이는 모서리의 삼등분점을 지나도록 모두 잘라 만든 [가]의 다면체에 바람을 불어 넣으면 [나]와 같이 축구공 모양이 만들어진다. [가]의 다면체의 면의 개수, 모서리의 개수, 꼭짓점의 개수를 차례로 구하시오.

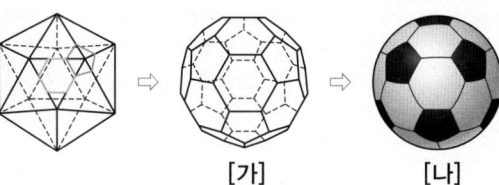
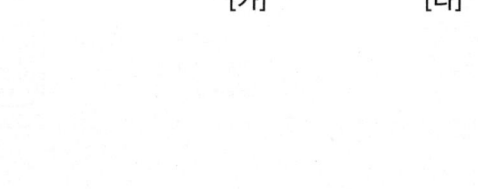

[가]   [나]

23 오른쪽 그림과 같은 사다리꼴을 직선 l을 회전축으로 하여 1회전 시킬 때 생기는 입체도형을 한 평면으로 자를 때, 다음 중 그 단면의 모양이 될 수 없는 것을 모두 고르면?

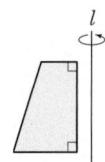

(정답 2개)

① 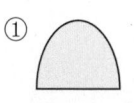   ② 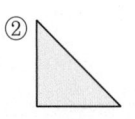   ③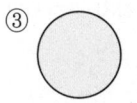

④ 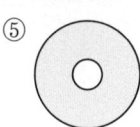   ⑤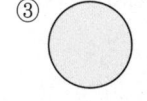

24 칠면체인 각기둥, 각뿔, 각뿔대에 대하여 모서리의 개수와 꼭짓점의 개수를 차례로 구하시오.
(단, 풀이 과정을 자세히 쓰시오.)

풀이 과정

답 _____

25 오른쪽 그림과 같은 평면도형을 직선 l을 회전축으로 하여 1회전 시킬 때 생기는 회전체를 회전축을 포함하는 평면으로 자른 단면의 넓이를 구하시오.
(단, 풀이 과정을 자세히 쓰시오.)

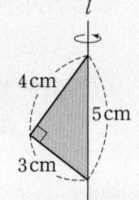

풀이 과정

답 _____

14강 기둥의 겉넓이와 부피

1 기둥의 겉넓이

(기둥의 겉넓이)=(밑넓이)×2+(옆넓이)

→ 기둥은 밑면이 2개이다.

참고 밑면인 원의 반지름의 길이가 r, 높이가 h인 원기둥의 겉넓이를 S라 하면
$$S=(밑넓이)×2+(옆넓이)=2\pi r^2+2\pi rh$$

예제 1 다음 기둥의 겉넓이를 구하시오.

(1)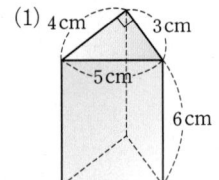
4 cm 3 cm
5 cm
6 cm

(2)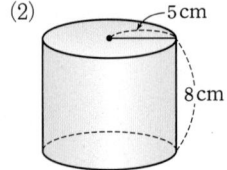
5 cm
8 cm

* 기둥의 겉넓이
(1) (삼각기둥의 겉넓이)
  =(밑넓이)×2
  +(옆넓이)
  =$\frac{1}{2}ac×2$
  +$(a+b+c)×h$
  =$ac+(a+b+c)h$
  └ (각기둥의 옆넓이)
    =(밑면의 둘레의 길이)×(기둥의 높이)

(2) (원기둥의 겉넓이)
  =(밑넓이)×2
  +(옆넓이)
  =$\pi r^2×2$
  +$2\pi r×h$
  =$2\pi r^2+2\pi rh$
  └ (원기둥의 옆넓이)
    =(밑면의 둘레의 길이)×(기둥의 높이)

2 기둥의 부피

밑넓이가 S, 높이가 h인 기둥의 부피를 V라 하면
$$V=(밑넓이)×(높이)=Sh$$

참고 밑면인 원의 반지름의 길이가 r, 높이가 h인 원기둥의 부피를 V라 하면
$$V=(밑넓이)×(높이)=\pi r^2×h=\pi r^2h$$

예제 2 다음 기둥의 부피를 구하시오.

(1)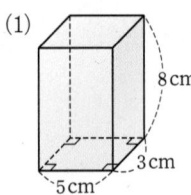
8 cm
3 cm
5 cm

(2)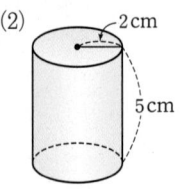
2 cm
5 cm

* 기둥의 부피
(1) (삼각기둥의 부피)
  =(밑넓이)×(높이)
  =$\frac{1}{2}ab×h$
  =$\frac{1}{2}abh$

  a b h

(2) (원기둥의 부피)
  =(밑넓이)×(높이)
  =$\pi r^2×h$
  =πr^2h
  h r

예제 3 다음 그림과 같은 전개도로 만들어지는 입체도형의 겉넓이와 부피를 각각 구하시오.

(1)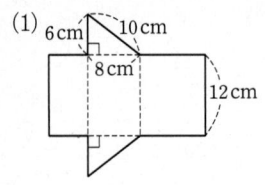
6 cm 10 cm
8 cm
12 cm

(2)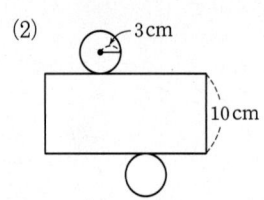
3 cm
10 cm

핵심 유형 익히기

1 다음 기둥의 겉넓이를 구하시오.

(1)
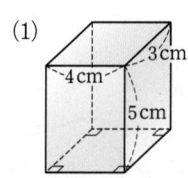

(2)
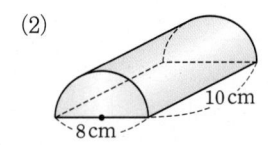

2 오른쪽 그림과 같은 각기둥의 겉넓이가 $152\,\mathrm{cm}^2$일 때, x의 값을 구하시오.

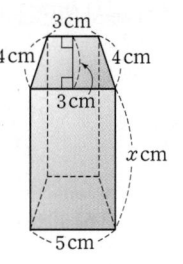

• (사다리꼴의 넓이)
$$=\frac{1}{2}(a+b)h$$

3 다음 기둥의 부피를 구하시오.

(1)
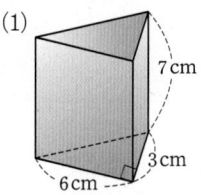

(2)
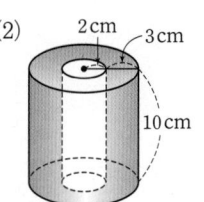

4 오른쪽 그림과 같이 밑면의 모양이 부채꼴인 기둥의 부피는?

① $36\pi\,\mathrm{cm}^3$ ② $48\pi\,\mathrm{cm}^3$ ③ $80\pi\,\mathrm{cm}^3$
④ $88\pi\,\mathrm{cm}^3$ ⑤ $96\pi\,\mathrm{cm}^3$

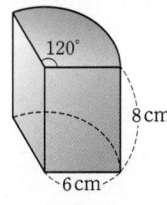

• 반지름의 길이가 r, 중심각의 크기가 $x°$인 부채꼴의 넓이는
$$\pi r^2 \times \frac{x}{360}$$ 이다.

5 밑면이 오른쪽 그림과 같고, 높이가 $8\,\mathrm{cm}$인 각기둥의 겉넓이와 부피를 각각 구하시오.

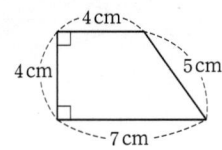

6 오른쪽 그림과 같은 전개도로 만들어지는 원기둥의 겉넓이와 부피를 각각 구하시오.

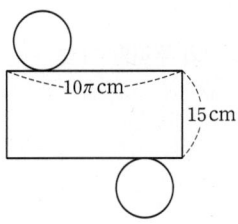

• 밑면인 원의 반지름의 길이가 r, 높이가 h인 원기둥에서
① (겉넓이)$=2\pi r^2+2\pi rh$
② (부피)$=\pi r^2 h$

15강 뿔의 겉넓이와 부피

❶ 뿔의 겉넓이

→ 뿔은 밑면이 1개이다.

$$(뿔의 겉넓이) = (밑넓이) + (옆넓이)$$

참고 밑면인 원의 반지름의 길이가 r, 모선의 길이가 l인 원뿔의 겉넓이를 S라 하면
$$S = (밑넓이) + (옆넓이) = \pi r^2 + \pi r l$$

* 원뿔의 겉넓이

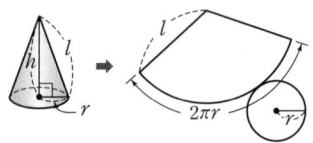

$$(원뿔의 겉넓이) = (밑넓이) + (옆넓이)$$
$$= \pi r^2 + \frac{1}{2} \times l \times 2\pi r$$
$$= \pi r^2 + \pi r l$$

예제 1 다음 뿔의 겉넓이를 구하시오. (단, (1)에서 옆면은 모두 합동이다.)

(1)
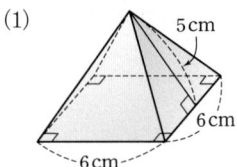

(2)
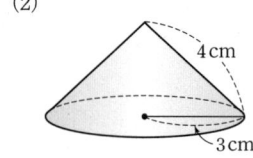

❷ 뿔의 부피

밑넓이가 S, 높이가 h인 뿔의 부피를 V라 하면

$$V = \frac{1}{3} \times (밑넓이) \times (높이) = \frac{1}{3}Sh$$

참고 밑면인 원의 반지름의 길이가 r, 높이가 h인 원뿔의 부피를 V라 하면
$$V = \frac{1}{3} \times (밑넓이) \times (높이) = \frac{1}{3} \times \pi r^2 \times h = \frac{1}{3}\pi r^2 h$$

* 뿔의 부피

(1)
(2)
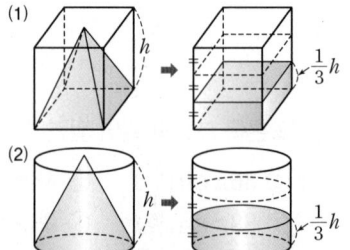

➡ 뿔의 부피는 밑넓이와 높이가 각각 같은 기둥의 부피의 $\frac{1}{3}$이다.

* 원뿔대의 겉넓이와 부피

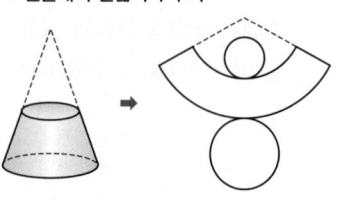

(1) (원뿔대의 겉넓이)
　 =(두 밑넓이의 합)+(큰 부채꼴의 넓이)
　 -(작은 부채꼴의 넓이)
(2) (원뿔대의 부피)
　 =(큰 원뿔의 부피)-(작은 원뿔의 부피)

예제 2 다음 뿔의 부피를 구하시오.

(1)
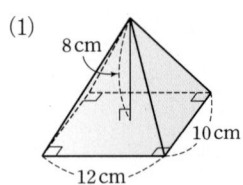

(2)
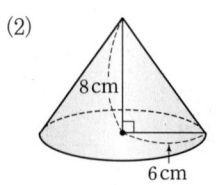

예제 3 오른쪽 그림과 같은 원뿔대의 겉넓이와 부피를 각각 구하시오.

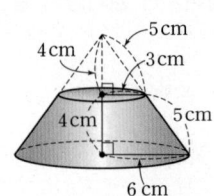

핵심 유형 익히기

1 오른쪽 그림과 같은 사각뿔의 겉넓이가 $160\,\text{cm}^2$일 때, x의 값을 구하시오. (단, 옆면은 모두 합동이다.)

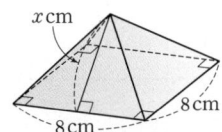

2 밑면의 반지름의 길이가 $6\,\text{cm}$, 모선의 길이가 $10\,\text{cm}$인 원뿔의 겉넓이를 구하시오.

• 원뿔의 옆넓이

(부채꼴의 넓이)$=\pi ab$

3 오른쪽 그림과 같은 입체도형의 부피는?

① $20\,\text{cm}^3$ ② $30\,\text{cm}^3$ ③ $40\,\text{cm}^3$

④ $50\,\text{cm}^3$ ⑤ $60\,\text{cm}^3$

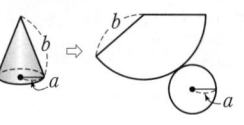

• 뿔의 부피는 밑넓이와 높이가 각각 같은 기둥의 부피의 $\dfrac{1}{3}$이다.

4 오른쪽 그림과 같은 직각삼각형 ABC를 변 AC를 회전축으로 하여 1회전 시킬 때 생기는 입체도형의 부피를 구하시오.

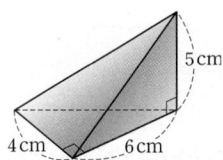

5 오른쪽 그림과 같은 사각뿔대의 겉넓이와 부피를 각각 구하시오. (단, 옆면은 모두 합동이다.)

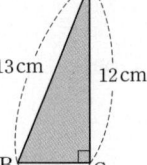

16강 구의 겉넓이와 부피

1 구의 겉넓이

반지름의 길이가 r인 구의 겉넓이를 S라 하면
$$S = 4 \times (\text{반지름의 길이가 } r \text{인 원의 넓이}) = 4\pi r^2$$

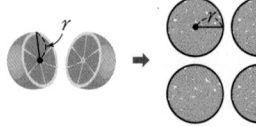

* 구의 겉넓이

반지름의 길이가 r인 원을 여러 개 그린 후, 반지름의 길이가 r인 구 모양의 오렌지 한 개의 껍질을 잘게 잘라 겹치지 않도록 고르게 원을 채우면 4개의 원이 채워진다.
➡ (구의 겉넓이)
$= 4 \times (\text{반지름의 길이가 } r \text{인 원의 넓이})$
$= 4\pi r^2$

예제 1 반지름의 길이가 3 cm인 구의 겉넓이를 구하시오.

예제 2 반지름의 길이가 4 cm인 구의 겉넓이는 반지름의 길이가 4 cm인 원의 넓이의 몇 배인가?

① 2배   ② $\dfrac{9}{4}$배   ③ $\dfrac{5}{2}$배   ④ 3배   ⑤ 4배

2 구의 부피

반지름의 길이가 r인 구의 부피를 V라 하면
$$V = \frac{2}{3} \times (\text{원기둥의 부피}) = \frac{4}{3}\pi r^3$$

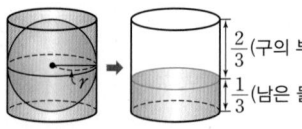

* 구의 부피

밑면의 반지름의 길이가 r, 높이가 $2r$인 원기둥에 물을 가득 채운 후 구를 넣으면 구의 부피, 즉 원기둥의 부피의 $\dfrac{2}{3}$만큼 물이 넘친다.
➡ (구의 부피) $= \dfrac{2}{3} \times (\text{원기둥의 부피})$
$= \dfrac{2}{3} \times (\text{밑넓이}) \times (\text{높이})$
$= \dfrac{2}{3} \times \pi r^2 \times 2r = \dfrac{4}{3}\pi r^3$

예제 3 반지름의 길이가 2 cm인 구의 부피를 구하시오.

예제 4 반지름의 길이가 3 cm인 구의 부피는 반지름의 길이가 1 cm인 구의 부피의 몇 배인가?

① 3배   ② 6배   ③ 9배   ④ 27배   ⑤ 81배

3 원뿔, 구, 원기둥의 부피 사이의 관계

원기둥 안에 구와 원뿔이 꼭 맞게 들어 있을 때, 원뿔, 구, 원기둥의 부피의 비는 $1 : 2 : 3$이다.

* 원뿔, 구, 원기둥의 부피 사이의 관계
(원뿔의 부피)
$= \dfrac{1}{3} \times (\text{원기둥의 부피})$
(구의 부피)
$= \dfrac{2}{3} \times (\text{원기둥의 부피})$
➡ (원뿔) : (구) : (원기둥) $= 1 : 2 : 3$

예제 5 오른쪽 그림과 같이 원기둥 안에 꼭 맞게 들어 있는 구의 부피가 20π cm³일 때, 원기둥의 부피를 구하시오.

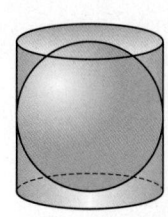

핵심 유형 익히기

1 오른쪽 그림과 같은 반원을 직선 l을 회전축으로 하여 1회전 시킬 때 생기는 입체도형의 겉넓이는?

① $300\pi \, \text{cm}^2$ ② $\dfrac{1000}{3}\pi \, \text{cm}^2$ ③ $400\pi \, \text{cm}^2$

④ $\dfrac{4000}{3}\pi \, \text{cm}^2$ ⑤ $1600\pi \, \text{cm}^2$

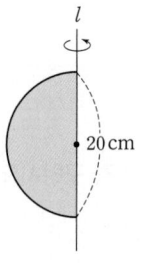

2 오른쪽 그림과 같은 반구의 겉넓이가 $48\pi \, \text{cm}^2$일 때, r의 값을 구하시오.

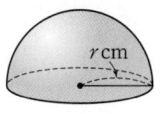

• 반구의 겉넓이
⇨ (구의 겉넓이)$\times \dfrac{1}{2}$ +(원의 넓이)

3 오른쪽 그림과 같은 구의 부피는?

① $36\pi \, \text{cm}^3$ ② $162\pi \, \text{cm}^3$ ③ $216\pi \, \text{cm}^3$
④ $288\pi \, \text{cm}^3$ ⑤ $324\pi \, \text{cm}^3$

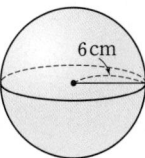

4 반지름의 길이가 $9 \, \text{cm}$인 쇠공을 녹여서 반지름의 길이가 $3 \, \text{cm}$인 쇠공을 만들 때, 최대 몇 개를 만들 수 있는지 구하시오.

5 오른쪽 그림과 같이 원기둥 안에 꼭 맞는 원뿔과 구가 있다. 원뿔의 부피를 V_1, 구의 부피를 V_2, 원기둥의 부피를 V_3이라 할 때, $V_1 : V_2 : V_3$을 가장 간단한 자연수의 비로 나타내시오.

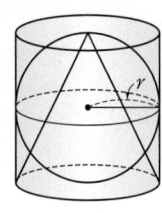

• 구가 원기둥 안에 꼭 맞을 때 원기둥의 밑면의 반지름의 길이가 r이면 높이는 $2r$이다.

6 오른쪽 그림과 같이 밑면의 반지름의 길이가 $3 \, \text{cm}$인 원기둥 모양의 통 안에 구슬 1개가 꼭 맞게 들어 있다. 통 안의 비어 있는 부분에 물을 가득 채웠을 때, 물의 부피를 구하시오.

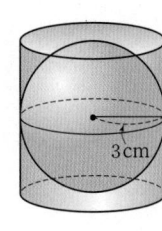

기초·· 내공 다지기

1 다음 기둥의 겉넓이 S와 부피 V를 각각 구하시오.

(1)
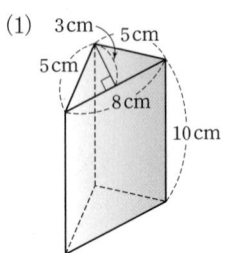

(2)
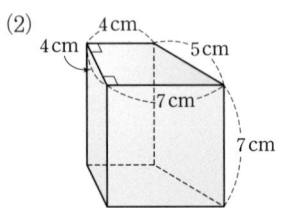

(3)
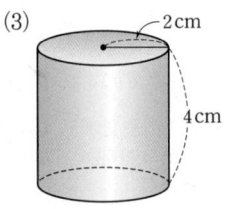

(4)
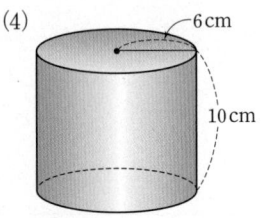

2 다음 뿔의 겉넓이를 구하시오.

(1)
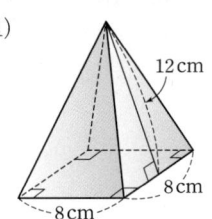

(단, 옆면은 모두 합동이다.)

(2)
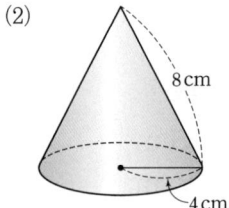

3 다음 뿔의 부피를 구하시오.

(1)
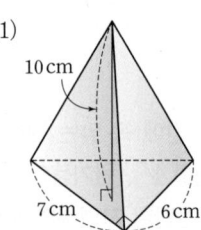

(2)
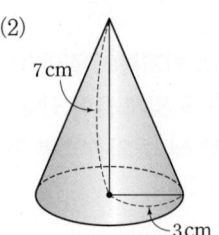

4 다음 뿔대의 겉넓이를 구하시오.

(1)

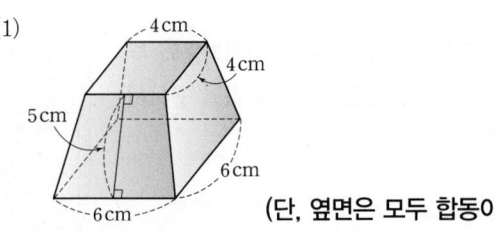

(단, 옆면은 모두 합동이다.)

(2)

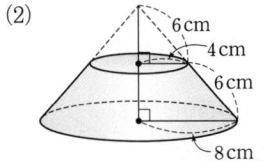

5 다음 뿔대의 부피를 구하시오.

(1)

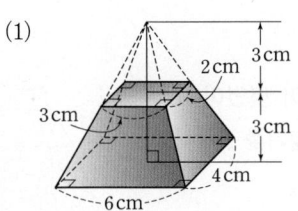

(2)

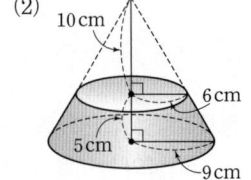

16강 구의 겉넓이와 부피

6 다음 구와 반구의 겉넓이 S와 부피 V를 각각 구하시오.

(1)

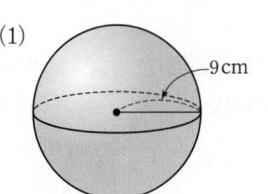

(2)

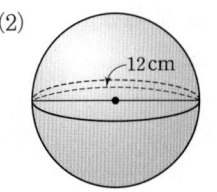

(3)

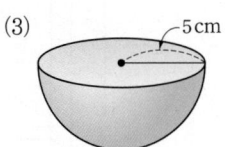

(4)

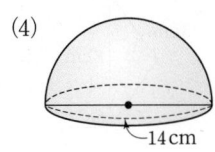

1
·
2

3
·
4

5
·
6
·
7

8
·
9

10
·
11

12
·
13

14
·
15
·
16

17
·
18

19
·
20

족집게 문제

1 오른쪽 그림과 같은 입체도형의 겉넓이와 부피를 각각 구하시오.

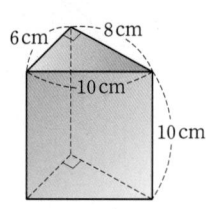

중요 2 오른쪽 그림과 같은 직사각형을 직선 l을 회전축으로 하여 1회전 시킬 때 생기는 입체도형의 겉넓이를 구하시오.

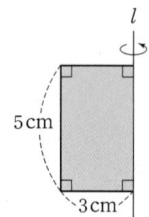

아차! 돌다리 문제

3 오른쪽 그림과 같이 밑면의 모양이 부채꼴인 기둥의 겉넓이는?

① $(40\pi+60)\,cm^2$

② $52\pi\,cm^2$

③ $(52\pi+60)\,cm^2$

④ $78\pi\,cm^2$

⑤ $(78\pi+60)\,cm^2$

4 밑면이 오른쪽 그림과 같은 육각형이고, 높이가 $10\,cm$인 기둥의 부피를 구하시오.

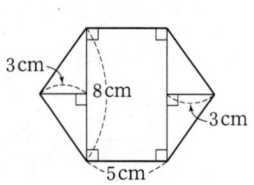

5 오른쪽 그림과 같은 사각기둥의 부피가 $396\,cm^3$일 때, x의 값을 구하시오.

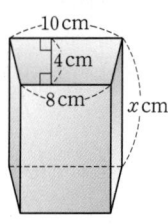

중요 6 오른쪽 그림의 전개도로 만들어지는 입체도형의 겉넓이를 구하시오.

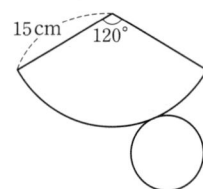

7 오른쪽 그림과 같이 옆면이 모두 합동인 사각뿔대의 겉넓이를 구하시오.

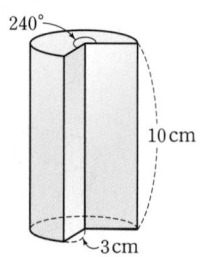

8 한 변의 길이가 $4\,cm$인 정사각형을 밑면으로 하는 사각뿔의 부피가 $64\,cm^3$일 때, 이 사각뿔의 높이를 구하시오.

9 오른쪽 그림과 같이 직육면체 모양의 그릇에 담긴 물의 부피를 구하시오. (단, 그릇의 두께는 생각하지 않는다.)

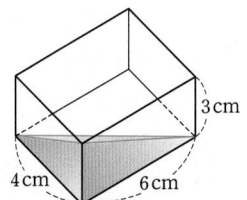

10 오른쪽 그림과 같은 직각삼각형을 직선 l을 회전축으로 하여 1회전 시킬 때 생기는 회전체의 부피는?

① $90\pi \, \text{cm}^3$　② $\dfrac{275}{3}\pi \, \text{cm}^3$

③ $100\pi \, \text{cm}^3$　④ $125\pi \, \text{cm}^3$

⑤ $\dfrac{400}{3}\pi \, \text{cm}^3$

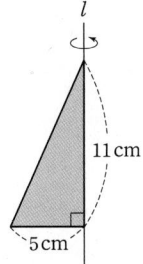

중요 **11** 오른쪽 그림과 같은 원뿔대의 겉넓이와 부피를 각각 구하시오.

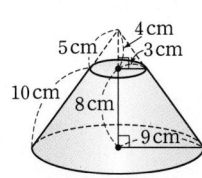

아차! 몰라리 문제

12 오른쪽 그림과 같은 원뿔 모양의 빈 그릇에 1초에 $3\pi \, \text{cm}^3$씩 물을 넣으면 몇 초 만에 이 그릇에 물이 가득 차는지 구하시오.
(단, 그릇의 두께는 생각하지 않는다.)

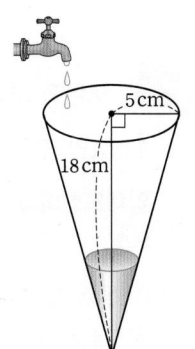

중요 **13** 오른쪽 그림과 같이 반지름의 길이가 6 cm인 반구의 겉넓이와 부피를 차례로 구하면?

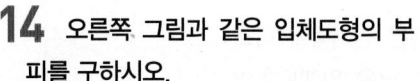

① $72\pi \, \text{cm}^2$, $144\pi \, \text{cm}^3$

② $72\pi \, \text{cm}^2$, $288\pi \, \text{cm}^3$

③ $108\pi \, \text{cm}^2$, $144\pi \, \text{cm}^3$

④ $108\pi \, \text{cm}^2$, $288\pi \, \text{cm}^3$

⑤ $144\pi \, \text{cm}^2$, $144\pi \, \text{cm}^3$

14 오른쪽 그림과 같은 입체도형의 부피를 구하시오.

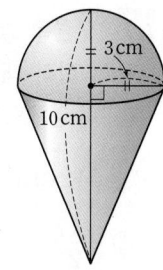

15 오른쪽 그림과 같이 구와 원뿔이 원기둥 안에 꼭 맞게 들어 있을 때, 다음 설명 중 옳은 것을 모두 고르면?

(정답 2개)

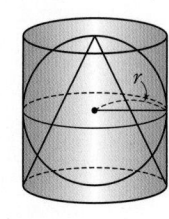

① 원기둥의 겉넓이는 $5\pi r^2$이다.

② 구의 겉넓이는 $\dfrac{4}{3}\pi r^3$이다.

③ 원기둥의 부피는 $2\pi r^2$이다.

④ 원뿔의 부피는 $\dfrac{2}{3}\pi r^3$이다.

⑤ 원기둥, 구, 원뿔의 부피의 비는 3 : 2 : 1이다.

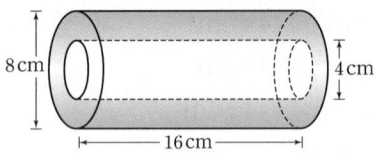
중요 **16** 다음 그림과 같은 입체도형의 겉넓이를 구하시오.

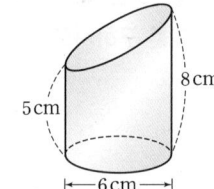

17 오른쪽 그림은 원기둥을 비스 듬히 잘라 내고 남은 입체도형이다. 이 입체도형의 부피는?

① $54\pi \, cm^3$

② $\dfrac{117}{2}\pi \, cm^3$

③ $63\pi \, cm^3$

④ $\dfrac{135}{2}\pi \, cm^3$

⑤ $72\pi \, cm^3$

18 오른쪽 그림과 같이 한 모서리의 길이가 $6 \, cm$인 정육면체를 세 꼭짓점 B, G, D를 지나는 평면으로 잘랐을 때 생기는 도형 중에서 삼각뿔의 부피를 구하시오.

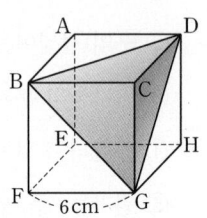

하차! 돌다리 문제

19 다음 그림과 같은 2개의 직육면체 모양의 그릇에 같은 양의 물이 들어 있다. 이때 x의 값을 구하시오.
(단, 그릇의 두께는 생각하지 않는다.)

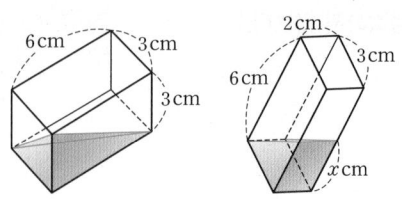

20 다음 그림과 같이 원뿔 모양의 그릇 A에 물을 가득 채워 원기둥 모양의 그릇 B에 부었을 때, 그릇 B에 채워진 물의 높이를 구하시오.
(단, 그릇의 두께는 생각하지 않는다.)

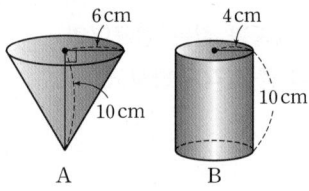

중요 **21** 오른쪽 그림은 반지름의 길이가 $4 \, cm$인 구의 $\dfrac{1}{8}$을 잘라 내고 남은 입체도형이다. 이 입체도형의 겉넓이는?

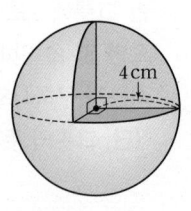

① $56\pi \, cm^2$　　② $64\pi \, cm^2$　　③ $68\pi \, cm^2$

④ $74\pi \, cm^2$　　⑤ $78\pi \, cm^2$

>> **105쪽** 다시 보는 핵심 문제로
자신의 실력을 확인하세요!

Step3 만점! 도전 문제

22 다음 그림과 같이 아랫부분이 원기둥 모양인 병에 오렌지 주스가 10 cm의 높이로 담겨 있다. 이 병을 거꾸로 들었더니 빈 부분의 높이가 8 cm가 되었다. 이 병의 부피를 구하시오. (단, 병의 두께는 생각하지 않는다.)

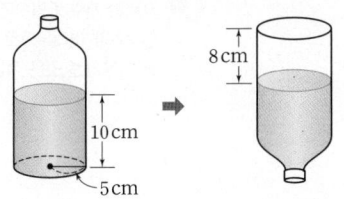

23 오른쪽 그림은 한 모서리의 길이가 6 cm인 정육면체에서 각 면의 대각선의 교점을 꼭짓점으로 하는 입체도형을 만든 것이다. 이 입체도형의 부피는?

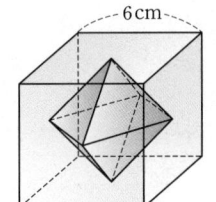

① 32 cm³　② 36 cm³
③ 42 cm³　④ 48 cm³
⑤ 56 cm³

24 오른쪽 그림과 같이 밑면의 반지름의 길이가 10 cm인 원뿔을 꼭짓점 O를 중심으로 하여 2바퀴를 굴렸더니 다시 원래의 자리로 돌아왔다. 이 원뿔의 겉넓이를 구하시오.

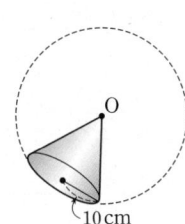

25 오른쪽 그림과 같은 평면도형을 직선 l을 회전축으로 하여 1회전 시킬 때 생기는 회전체의 겉넓이를 구하시오.
(단, 풀이 과정을 자세히 쓰시오.)

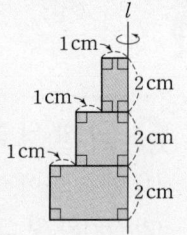

풀이 과정

답

26 오른쪽 그림과 같은 입체도형의 겉넓이와 부피를 각각 구하시오. (단, 풀이 과정을 자세히 쓰시오.)

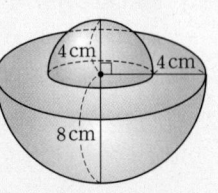

풀이 과정

답

27 오른쪽 그림과 같이 반지름의 길이가 4 cm인 공 3개를 원기둥 모양의 통 안에 꼭 맞게 담아 두었다. 이 통에서 비어 있는 부분의 부피를 구하시오.
(단, 풀이 과정을 자세히 쓰시오.)

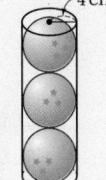

풀이 과정

답

17강 줄기와 잎 그림

① 줄기와 잎 그림

(1) 변량: 나이, 키, 점수 등의 자료를 수량으로 나타낸 것

(2) 줄기와 잎 그림: 줄기와 잎을 이용하여 자료를 나타낸 그림

세로선의 왼쪽에 있는 수 ←┐ ┌→ 세로선의 오른쪽에 있는 수

수학 성적 (6|4는 64점)

줄기	잎							
6	4	5	7	9				
7	0	1	3	4	5	7	7	8
8	1	2	3	7	8	8		
9	0	3						

(3) 줄기와 잎 그림을 그리는 방법

❶ 변량을 줄기와 잎으로 구분한다.

❷ 세로선을 긋고, 세로선의 왼쪽에 줄기를 작은 수부터 세로로 나열한다.

❸ 세로선의 오른쪽에 각 줄기에 해당되는 잎을 작은 수부터 일정한 간격을 두고 가로로 나열한다.

주의 줄기에는 중복되는 수를 한 번만 쓰고, 잎에는 중복된 횟수만큼 모두 나열한다.

* 자료를 크기순으로 정리한 줄기와 잎 그림

(1) 특정한 위치에 있는 변량을 쉽게 찾을 수 있다.

(2) 자료의 분포 상태를 쉽게 파악할 수 있다.

참고 자료의 개수가 많으면 잎을 일일이 나열하기가 어려우므로 줄기와 잎 그림을 사용하는 것은 적합하지 않다.

* 줄기와 잎 그림 그리기

(1) 줄기와 잎 그림에서 6은 십의 자리의 숫자, 4는 일의 자리의 숫자임을 나타내기 위하여 (6|4는 64점)을 표시하는 것이 일반적이다.

(2) 잎은 크기순으로 나열하지 않을 수도 있지만 작은 수부터 차례로 쓰는 것이 더 편리하다.

예제 1 다음 자료는 은경이네 반 학생 14명의 몸무게이다. 물음에 답하시오.

(단위: kg)

43	45	51	59	49	49	46
47	62	53	65	48	71	55

(1) 위의 자료에 대하여 십의 자리의 숫자를 줄기로 하고, 일의 자리의 숫자를 잎으로 하는 줄기와 잎 그림을 완성하시오.

몸무게 (4|3은 43 kg)

줄기	잎
4	3
5	

(2) 줄기가 5인 잎을 모두 구하시오.

(3) 잎이 가장 많은 줄기와 잎이 가장 적은 줄기를 차례로 구하시오.

(4) 변량을 큰 것부터 차례로 나열할 때, 7번째 변량을 구하시오.

예제 2 오른쪽 줄기와 잎 그림은 11월 어느 날 우리나라의 지역 18곳의 최저 기온을 조사하여 그린 것이다. 최저 기온이 3 ℃ 이하인 지역은 모두 몇 곳인지 구하시오.

최저 기온 (1|4는 1.4 ℃)

줄기	잎								
1	4								
2	2	6	7						
3	0	0	0	1	2	4	4	5	9
4	3	5	5	7	8				

핵심 유형 익히기

1 다음 자료는 어느 오디션 프로그램의 예선에 참가한 24명의 나이이다. 이 자료에 대한 줄기와 잎 그림을 완성하시오.

(단위: 세)

19	20	18	24	31	44
27	45	31	20	35	40
21	51	35	48	29	30
52	44	28	19	33	24

⇨

참가자의 나이 (1|8은 18세)

줄기	잎
1	8

•십의 자리의 숫자를 줄기로 하고 일의 자리의 숫자를 잎으로 하여 줄기와 잎 그림을 완성한다.

2 다음 줄기와 잎 그림은 민이네 반 학생들이 1분 동안 윗몸 일으키기를 한 횟수를 조사하여 그린 것이다. 물음에 답하시오.

윗몸 일으키기 횟수 (1|0은 10회)

줄기	잎
1	0 2 4 5 5 9 9
2	1 3 3 4 6 8
3	0 4 5 7 8
4	1 2

(1) 전체 학생 수를 구하시오.

(2) 윗몸 일으키기를 가장 많이 한 학생의 횟수를 구하시오.

(3) 윗몸 일으키기를 30회 이상 한 학생 수를 구하시오.

3 다음 줄기와 잎 그림은 A반과 B반 학생들의 기말고사 성적을 조사하여 함께 그린 것이다. 물음에 답하시오.

기말고사 성적 (6|1은 61점)

잎(A반)	줄기	잎(B반)
5 3	6	1 2 4
9 6 4 3 2 1	7	1 2 4 5 8
7 6 5	8	0 4 5 9
9 8 4	9	5 6

(1) 학생들의 기말고사 성적은 몇 점대가 가장 많은지 말하시오.

(2) 기말고사 성적이 가장 높은 학생과 가장 낮은 학생의 점수 차를 구하시오.

(3) 기말고사 성적이 6번째로 높은 학생은 A반인지 B반인지 말하시오.

•서로 다른 두 집단의 자료를 하나의 줄기와 잎 그림으로 나타낼 수 있다.

18강 도수분포표

① 도수분포표

(1) 계급: 변량을 일정한 간격으로 나눈 구간
   ① 계급의 크기: 변량을 나눈 구간의 너비, 즉 계급의 양 끝 값의 차
   ② 계급의 개수: 변량을 나눈 구간의 수
(2) 도수: 각 계급에 속하는 자료의 수
(3) 도수분포표: 주어진 자료를 정리하여 계급과 도수로 나타낸 표

> 참고 · 도수분포표에서 각 계급의 가운데 값을 계급값이라 한다.
> $$(계급값) = \frac{(계급의 양 끝 값의 합)}{2}$$
> · 도수분포표는 자료의 개수가 많아도 자료의 분포 상태를 쉽게 알 수 있지만 각 계급에 속하는 자료의 정확한 값은 알 수 없다.

> 주의 계급, 계급의 크기, 도수는 항상 단위를 포함하여 쓴다.

(4) 도수분포표를 만드는 방법
   ❶ 주어진 자료에서 가장 작은 변량과 가장 큰 변량을 찾는다.
   ❷ ❶의 두 변량이 포함되는 구간을 일정한 간격으로 나누어 계급을 정한다. 이때 계급의 개수가 5~15개 정도가 되도록 계급의 크기를 정한다.
   ❸ 각 계급에 속하는 변량의 개수를 세어 계급의 도수를 나타낸다.

＊ 도수분포표의 이해

기록(m)	선수 수(명)
$5^{이상} \sim 10^{미만}$	3
$10 \sim 15$	5
$15 \sim 20$	2
합계	10

계급 ← / → 도수 / → 도수의 총합

(1) 계급의 크기
   : $10-5=15-10=20-15=5(m)$
(2) 계급의 개수   항상 일정
   : $5^{이상} \sim 10^{미만}$, $10 \sim 15$, $15 \sim 20$의 3개

> 참고 도수의 총합은 변량의 총수와 같다.

＊ 도수분포표 만들기

(1) 변량의 개수를 셀 때는 ╱╱╱ 또는 正을 이용하면 편리하다.
(2) 변량의 값의 범위가 크거나 변량의 수가 많아서 줄기와 잎 그림으로 나타내기 불편할 때 도수분포표로 정리하여 나타내면 편리하다.

예제 1 다음 자료는 진아네 반 학생 30명이 하루 동안 휴대 전화로 받은 문자 메시지 수이다. 이 자료에 대한 도수분포표를 완성하고, 물음에 답하시오.

(단위: 개)

```
21  42   8  20  35  48
10  32  15  24  33  13
 5  14  44  22   9  40
28  35  18  43  29  16
36  39  25  20  41  12
```

⇒

문자 메시지 수(개)	학생 수(명)	
$0^{이상} \sim 10^{미만}$	///	3
합계		

(1) 계급의 크기를 구하시오.
(2) 계급의 개수를 구하시오.
(3) 도수가 가장 큰 계급을 구하시오.
(4) 문자 메시지 수가 30개 이상 40개 미만인 계급의 도수를 구하시오.

예제 2 오른쪽 도수분포표는 어느 볼링 동아리 회원 20명의 볼링 점수를 조사하여 나타낸 것이다. 다음 물음에 답하시오.

(1) 볼링 점수가 160점 이상 190점 미만인 회원 수를 구하시오.
(2) 볼링 점수가 130점 미만인 회원 수를 구하시오.

볼링 점수(점)	회원 수(명)
$70^{이상} \sim 100^{미만}$	2
$100 \sim 130$	1
$130 \sim 160$	5
$160 \sim 190$	
$190 \sim 220$	4
합계	20

핵심 유형 익히기

1 다음 중 옳지 <u>않은</u> 것은?

① 변량을 일정한 간격으로 나눈 구간을 계급이라 한다.
② 계급의 양 끝 값의 차를 계급의 크기라 한다.
③ 자료를 수량으로 나타낸 것을 도수라 한다.
④ 변량을 나눈 구간의 수를 계급의 개수라 한다.
⑤ 주어진 자료를 정리하여 계급과 도수로 나타낸 표를 도수분포표라 한다.

2 오른쪽 도수분포표는 희수네 반 학생들이 한 달 동안 편의점을 이용한 횟수를 조사하여 나타낸 것이다. 다음 중 옳지 <u>않은</u> 것은?

이용 횟수(회)	학생 수(명)
0^{이상} ~ 4^{미만}	4
4 ~ 8	7
8 ~ 12	9
12 ~ 16	2
16 ~ 20	3
합계	

① 도수의 총합은 25명이다.
② 계급의 크기는 4회이다.
③ 계급의 개수는 5개이다.
④ 편의점을 이용한 횟수가 9회인 학생이 속하는 계급의 도수는 9명이다.
⑤ 편의점을 가장 많이 이용한 학생의 이용 횟수는 19회이다.

- 계급이 a 이상 b 미만이면
  (계급의 크기)$=b-a$

3 오른쪽 도수분포표는 어느 버스 정류장에서 사람들이 버스를 기다린 시간을 조사하여 나타낸 것이다. 다음 물음에 답하시오.

기다린 시간(분)	사람 수(명)
0^{이상} ~ 5^{미만}	3
5 ~ 10	8
10 ~ 15	13
15 ~ 20	A
20 ~ 25	7
합계	40

(1) A의 값을 구하시오.
(2) 도수가 가장 작은 계급을 구하시오.
(3) 기다린 시간이 10번째로 많은 사람이 속하는 계급을 구하시오.
(4) 기다린 시간이 15분 이상인 사람은 전체의 몇 %인지 구하시오.

- (도수분포표에서의 백분율)
  $=\dfrac{\text{(해당 계급의 도수)}}{\text{(도수의 총합)}}\times100(\%)$

족집게 문제

1 다음 중 줄기와 잎 그림에 대한 설명으로 옳은 것은?

① 줄기와 잎 그림은 변량을 몇 개의 계급으로 나누고 계급과 도수로 나타낸 표이다.

② 줄기와 잎 그림은 변량이 많은 자료를 나타낼 때 적합하다.

③ 줄기와 잎 그림을 그릴 때 잎에는 중복되는 수를 한 번만 쓴다.

④ 줄기와 잎 그림을 그릴 때 줄기에는 중복되는 수를 한 번만 쓴다.

⑤ 줄기와 잎 그림을 그릴 때 잎은 반드시 크기순으로 써야 한다.

[2~4] 오른쪽 줄기와 잎 그림은 어느 학교 야구팀 선수들의 홈런 개수를 조사하여 그린 것이다. 다음 물음에 답하시오.

홈런 개수 (0|5는 5개)

줄기	잎
0	5 6
1	0 1 2 7
2	1 3 4 6 8
3	2 5 7
4	4

2 줄기가 3인 변량의 총합을 구하시오.

3 홈런을 4번째로 많이 친 선수의 홈런 개수를 구하시오.

4 홈런 개수가 15개 이하인 선수는 C등급을 받는다고 할 때, C등급을 받는 선수는 모두 몇 명인지 구하시오.

[5~7] 다음 줄기와 잎 그림은 어느 과수원에서 수확한 수박의 무게를 조사하여 그린 것이다. 물음에 답하시오.

수박의 무게 (3|5는 3.5 kg)

줄기	잎
3	5 7
4	4 5 8
5	0 1 4 5 9 9
6	1 4 5 6 7
7	0 2 2 5

5 수확한 수박의 전체 개수와 잎이 가장 많은 줄기를 차례로 나열하시오.

6 무게가 4 kg 이상 6 kg 미만인 수박의 개수는?

① 3개   ② 5개   ③ 9개
④ 11개   ⑤ 14개

중요 7 무게가 7 kg 이상인 수박은 최상품으로 분류된다고 할 때, 수확한 수박 중 최상품은 전체의 몇 %인지 구하시오.

8 다음 □ 안에 알맞은 것을 쓰시오.

변량을 일정한 간격으로 나눈 구간을 □ , 구간의 너비를 □ , 각 계급에 속하는 자료의 수를 그 계급의 □ 라(이라) 한다.

정답과 해설 25쪽

전국 중학교의 기출문제와 새로운 교육과정의 문제를
종합, 분석하여 핵심 문제만을 모았습니다.

[9~11] 오른쪽 도수분포표
는 어느 시장의 상인 20명이
상업에 종사한 기간을 조사
하여 나타낸 것이다. 다음
물음에 답하시오.

종사 기간(년)	상인 수(명)
0^{이상} ~ 10^{미만}	4
10 ~ 20	8
20 ~ 30	5
30 ~ 40	2
40 ~ 50	1
합계	20

9 다음 중 도수분포표를 보고 알 수 <u>없는</u> 것은?

① 계급의 크기
② 계급의 개수
③ 도수의 총합
④ 각 계급에 속하는 자료의 수
⑤ 각 계급에 속하는 자료의 최솟값

10 상업에 종사한 기간이 10년 이상 30년 미만인 상인은
모두 몇 명인지 구하시오.

중요 11 상업에 종사한 기간이 3번째로 긴 상인이 속하는 계급
을 a년 이상 b년 미만이라 할 때, $a+b$의 값을 구하시오.

[12~13] 오른쪽 도수분포
표는 어느 마을에 사는 사람
100명의 나이를 조사하여
나타낸 것이다. 다음 물음에
답하시오.

나이(세)	사람 수(명)
0^{이상} ~ 20^{미만}	21
20 ~ 40	A
40 ~ 60	34
60 ~ 80	11
80 ~ 100	4
합계	B

12 $A+B$의 값을 구하시오.

13 나이가 60세 이상인 사람은 전체의 몇 %인가?

① 11 %
② 15 %
③ 21 %
④ 30 %
⑤ 34 %

Step 2 자주 나오는 문제

아차! 돌다리 문제

14 다음 보기의 자료 중 줄기와 잎 그림으로 정리하기에
적당하지 <u>않은</u> 것을 모두 고른 것은?

• 보기 •
ㄱ. 어느 반 학생 30명이 태어난 달
ㄴ. 성인 여성 400명의 키
ㄷ. 전국 17개 시도별 중학교 수
ㄹ. 어느 모임에 속한 회원 20명의 나이
ㅁ. 어느 학교 학생 500명의 몸무게

① ㄱ, ㄴ, ㄹ
② ㄱ, ㄴ, ㅁ
③ ㄴ, ㄷ, ㄹ
④ ㄴ, ㄷ, ㅁ
⑤ ㄷ, ㄹ, ㅁ

15 오른쪽 자료는 어느 학교의
방과 후 과학 수업을 신청한 학
생들의 과학 성적이다. 이 자료
를 줄기와 잎 그림으로 나타낼
때, 다음 중 옳지 <u>않은</u> 것은?

(단위: 점)

60	96	72	76
80	84	64	92
88	76	68	96
80	60	84	88

① 과학 수업을 신청한 학생 수는 16명이다.
② 십의 자리의 숫자를 줄기로 나타내면 줄기는 4개이다.
③ 십의 자리의 숫자를 줄기로 나타내면 잎이 가장 많은
줄기는 8이다.
④ 과학 성적이 10번째로 낮은 학생의 성적은 80점이다.
⑤ 과학 성적이 70점 미만인 학생은 전체의 25 %이다.

내공 쌓는 족집게 문제 **79**

중요 16 오른쪽 도수분포표는 예지네 반 학생들의 키를 조사하여 나타낸 것이다. 다음 중 옳지 않은 것을 모두 고르면? (정답 2개)

키(cm)	학생 수(명)
145^{이상} ~ 150^{미만}	2
150 ~ 155	5
155 ~ 160	9
160 ~ 165	A
165 ~ 170	3
합계	25

① A의 값은 6이다.

② 계급의 크기는 5 cm 이고, 계급의 개수는 5개이다.

③ 도수가 가장 큰 계급은 160 cm 이상 165 cm 미만 이다.

④ 키가 155 cm 미만인 학생은 전체의 28 %이다.

⑤ 키가 5번째로 큰 학생이 속하는 계급의 도수는 5명 이다.

17 다음 도수분포표는 어느 꽃가게에서 한 달 동안 매일 판매한 장미꽃의 수를 조사하여 계급의 크기가 다른 두 개 의 표로 나타낸 것이다. 이때 $a+b-c$의 값을 구하시오.

판매량(송이)	날수(일)
0^{이상} ~ 20^{미만}	3
20 ~ 40	8
40 ~ 60	9
60 ~ 80	7
80 ~ 100	a
100 ~ 120	1
합계	31

판매량(송이)	날수(일)
0^{이상} ~ 30^{미만}	5
30 ~ 60	b
60 ~ 90	c
90 ~ 120	2
합계	31

18 오른쪽 도수분포표는 대식이네 반 학생들의 지난 학기의 저축 총액을 조사하여 나타낸 것이다. 저축 총액이 3만 원 미만인 학생이 전체의 40 %일 때, $B-A$의 값을 구하시오.

저축 총액(만 원)	학생 수(명)
1^{이상} ~ 2^{미만}	5
2 ~ 3	A
3 ~ 4	B
4 ~ 5	4
5 ~ 6	2
합계	30

19 오른쪽 도수분포표는 어느 제과 업체의 가격별 제품 판매량을 조사하여 나타낸 것이다. 1400원인 제품이 속하는 계급의 판매량이 800원 이상인 제품의 판매량의 $\frac{1}{5}$일 때, 1600원 이상인 제품의 판매량은?

제품 가격(원)	판매량(만 개)
400^{이상} ~ 800^{미만}	20
800 ~ 1200	15
1200 ~ 1600	a
1600 ~ 2000	1
2000 ~ 2400	b
합계	50

① 3만 개 ② 5만 개 ③ 7만 개
④ 9만 개 ⑤ 11만 개

Step3 만점! 도전 문제

20 아래 줄기와 잎 그림은 A, B 두 반 학생들이 지난 일 년 동안 읽은 책의 수를 조사하여 함께 그린 것이다. 다음 중 옳은 것은?

책의 수 (0 | 4는 4권)

잎(A반)							줄기	잎(B반)					
			9	7	5	5	0	4	9	9			
8	6	5	5	4	2	1	1	0	1	2	5		
		7	6	6	3	0	2	0	1	2	4		
			9	5	2	2	3	1	1	4	6	6	7
				5	5	4	4	0	1	3	5		
					2	2	5	0	2	5			

① A, B 두 반의 학생 수는 서로 같다.

② 두 반 전체 학생 중 책을 가장 많이 읽은 학생은 책을 52권 읽었다.

③ 10권 이상 20권 미만의 책을 읽은 학생은 A반보다 B반이 더 많다.

④ A, B 두 반에서 30권 이상 40권 미만의 책을 읽은 학생의 비율은 서로 같다.

⑤ A, B 두 반 학생 전체를 책을 많이 읽은 순서대로 나열할 때 9번째 학생은 A반에 있다.

서술형 문제

21 다음 줄기와 잎 그림은 혜지네 반 학생들이 농장 체험에서 딴 딸기의 개수를 조사하여 그린 것인데 일부가 얼룩져 보이지 않는다. 줄기가 2인 잎의 개수가 줄기가 3인 잎의 개수의 $\frac{3}{5}$일 때, 딸기를 30개 이상 딴 학생은 전체의 몇 %인지 구하시오.

딸기의 개수 (1|2는 12개)

줄기	잎
1	2 3 4 5 6 7
2	0 2 2 5 8 9
3	▓▓▓▓▓▓▓▓▓▓▓
4	6 7 7
5	0 1 3 4 5

아차! 돌다리 문제

22 다음 도수분포표는 스마트폰을 사용하는 어느 중학교 1학년 학생들을 대상으로 한 달 동안의 유료 데이터 사용량을 조사하여 나타낸 것이다.

유료 데이터 사용량(MB)	학생 수(명)
0이상 ~ 300미만	125
300 ~ 600	x
600 ~ 900	$3x$
900 ~ 1200	x
1200 ~ 1500	$2x$
1500 ~ 1800	30
합계	

유료 데이터를 1200 MB 이상 사용한 학생이 전체의 25 %일 때, 보기 중 옳은 것을 모두 고르시오.

• 보기 •
ㄱ. 전체 학생 수는 500명이다.
ㄴ. 유료 데이터를 600 MB 이상 900 MB 미만 사용한 학생이 가장 많다.
ㄷ. 유료 데이터를 600 MB 미만 사용한 학생은 전체의 40 %이다.
ㄹ. 절반 이상의 학생이 900 MB 이상의 유료 데이터를 사용한다.
ㅁ. 유료 데이터를 1500 MB 이상 1800 MB 미만 사용한 학생이 가장 적다.

23 다음 자료는 가윤이네 반 학생 20명의 키이다. 이 자료에 대하여 백의 자리와 십의 자리의 숫자를 줄기로 하고 일의 자리의 숫자를 잎으로 하는 줄기와 잎 그림을 그리고, 키가 큰 쪽에서 30 % 이내에 포함되려면 최소한 몇 cm 이상이어야 하는지 구하시오.
(단, 풀이 과정을 자세히 쓰시오.)

(단위: cm)

147	158	172	160	144
157	145	161	159	147
165	170	168	148	150
152	172	158	159	168

풀이 과정

답

24 오른쪽 도수분포표는 혜연이네 반 학생들의 통학 거리를 조사하여 나타낸 것이다. 통학 거리가 3 km 미만인 학생 수와 3 km 이상인 학생 수의 비가 3 : 1일 때, ab의 값을 구하시오. (단, 풀이 과정을 자세히 쓰시오.)

통학 거리(km)	학생 수(명)
0이상 ~ 1미만	12
1 ~ 2	a
2 ~ 3	7
3 ~ 4	6
4 ~ 5	b
합계	36

풀이 과정

답

19강 히스토그램과 도수분포다각형

1 히스토그램

(1) 히스토그램: 가로축에는 계급을, 세로축에는 도수를 표시하여 직사각형 모양으로 나타낸 그래프
→ 가로: 각 계급의 크기, 세로: 각 계급의 도수

(2) 히스토그램의 특징
① 자료의 전체적인 분포 상태를 쉽게 알 수 있다.
② 각 직사각형의 넓이는 각 계급의 도수에 정비례한다.
③ (직사각형의 넓이의 합)
   = {(각 계급의 크기)×(그 계급의 도수)의 총합}
   = (계급의 크기)×(도수의 총합)

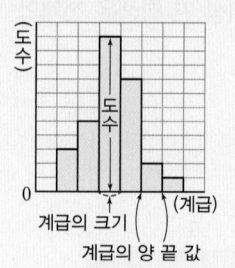

* 히스토그램을 그리는 방법
❶ 가로축에 각 계급의 양 끝 값을 차례로 표시한다.
❷ 세로축에 도수를 차례로 표시한다.
❸ 각 계급의 크기를 가로로 하고 도수를 세로로 하는 직사각형을 차례로 그린다.

예제 1 오른쪽 히스토그램은 비상중학교 1학년 학생들의 몸무게를 조사하여 나타낸 것이다. 다음을 구하시오.
(1) 계급의 크기와 계급의 개수
(2) 전체 학생 수
(3) 도수가 가장 작은 계급의 직사각형의 넓이
(4) 직사각형의 넓이의 합

2 도수분포다각형

(1) 도수분포다각형: 히스토그램에서 각 직사각형의 윗변의 중앙에 점을 찍고 차례로 선분으로 연결하여 그린 그래프

(2) 도수분포다각형의 특징
① 자료의 전체적인 분포 상태를 연속적으로 알아볼 수 있다.
② (도수분포다각형과 가로축으로 둘러싸인 부분의 넓이)
   = (히스토그램의 각 직사각형의 넓이의 합) → (계급의 크기)×(도수의 총합)
③ 두 개 이상의 자료의 분포 상태를 함께 나타내어 비교할 때 편리하다.

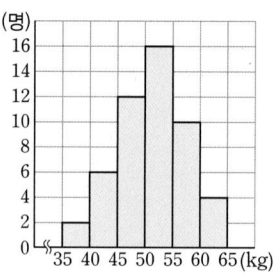

* 도수분포다각형을 그리는 방법
❶ 히스토그램에서 각 직사각형의 윗변의 중앙에 점을 찍는다.
❷ 히스토그램의 양 끝에 도수가 0인 계급이 있는 것으로 생각하고 그 중앙에 점을 찍는다.
❸ ❶, ❷에서 찍은 점을 선분으로 연결한다.

* 도수분포다각형의 특징

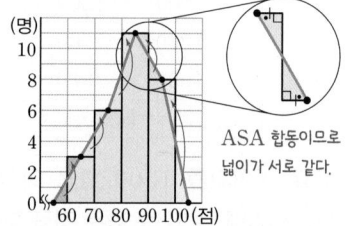

ASA 합동이므로 넓이가 서로 같다.

도수분포다각형과 가로축으로 둘러싸인 부분의 넓이는 히스토그램의 각 직사각형의 넓이의 합과 같다.

예제 2 오른쪽 도수분포다각형은 어느 반 학생들의 줄넘기 횟수를 조사하여 나타낸 것이다. 다음 설명 중 옳은 것을 모두 고르면? (정답 2개)
① 전체 학생 수는 30명이다.
② 계급의 개수는 8개이다.
③ 도수가 7명인 계급은 140회 이상 160회 미만이다.
④ 색칠한 삼각형의 넓이를 각각 S_1, S_2라 하면 $S_1 = S_2$이다.
⑤ 줄넘기 횟수가 6번째로 많은 학생이 속하는 계급은 160회 이상 180회 미만이다.

핵심 유형 익히기

1 다음 중 히스토그램에 대한 설명으로 옳지 <u>않은</u> 것은?

① 가로축에는 계급을 표시한다.

② 세로축에는 도수를 표시한다.

③ 각 직사각형의 가로의 길이는 계급의 크기와 같다.

④ 각 직사각형의 넓이는 각 계급의 도수에 정비례한다.

⑤ 직사각형의 넓이가 가장 큰 것의 계급의 크기가 가장 크다.

2 오른쪽 히스토그램은 연아네 반 학생들의 2학기 동안의 봉사 활동 시간을 조사하여 나타낸 것이다. 다음 물음에 답하시오.

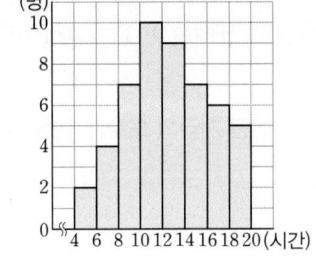

(1) 계급의 크기를 구하시오.

(2) 도수가 가장 큰 계급의 도수를 구하시오.

(3) 봉사 활동 시간이 14시간 이상인 학생 수를 구하시오.

(4) 봉사 활동 시간이 8시간 이상 12시간 미만인 학생은 전체의 몇 %인지 구하시오.

3 다음 도수분포표는 어느 날 정오에 어느 도시의 지역 25곳의 소음도를 조사하여 나타낸 것이다. 이 도수분포표를 도수분포다각형으로 나타내시오.

소음도(dB)	지역의 수(곳)
40^{이상} ∼ 50^{미만}	4
50 ∼ 60	10
60 ∼ 70	3
70 ∼ 80	5
80 ∼ 90	2
90 ∼ 100	1
합계	25

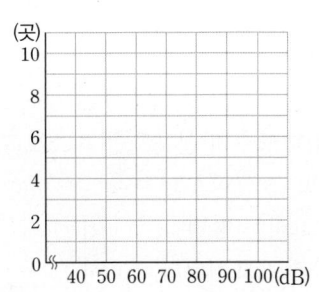

• 도수분포다각형에서 점의 좌표는 (계급값, 도수)이므로 도수분포다각형은 히스토그램을 그리지 않고 도수분포표를 보고 바로 그릴 수도 있다.

4 오른쪽 도수분포다각형은 어느 동호회 회원들의 일주일 동안의 운동 시간을 조사하여 나타낸 것이다. 다음 물음에 답하시오.

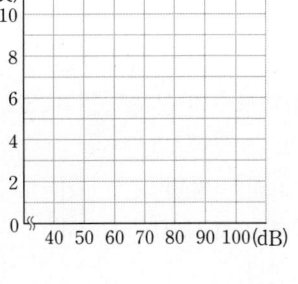

(1) 전체 회원 수를 구하시오.

(2) 계급의 개수를 구하시오.

(3) 운동 시간이 6번째로 많은 회원이 속하는 계급을 구하시오.

(4) 도수분포다각형과 가로축으로 둘러싸인 부분의 넓이를 구하시오.

• 도수분포다각형과 가로축으로 둘러싸인 부분의 넓이는 단위를 정할 수 없으므로 쓰지 않는다.

20강 상대도수와 그 그래프

① 상대도수

(1) 상대도수: 전체 도수에 대한 각 계급의 도수의 비율

➡ (어떤 계급의 상대도수)$=\dfrac{(그\ 계급의\ 도수)}{(도수의\ 총합)}$

(2) 상대도수의 분포표: 각 계급의 상대도수를 나타낸 표

(3) 상대도수의 특징

  ① 상대도수의 총합은 항상 1이고, 상대도수는 0 이상이고 1 이하의 수이다.

  ② 각 계급의 상대도수는 그 계급의 도수에 정비례한다.

  ③ 도수의 총합이 다른 두 집단의 분포 상태를 비교할 때 편리하다.

* 상대도수

점수(점)	도수(명)	상대도수
40^{이상} ~ 60^{미만}	3	$\dfrac{3}{10}=0.3$
60 ~ 80	5	$\dfrac{5}{10}=0.5$
80 ~ 100	2	$\dfrac{2}{10}=0.2$
합계	10	1

• (어떤 계급의 상대도수)$=\dfrac{(그\ 계급의\ 도수)}{(도수의\ 총합)}$

• (도수의 총합)$=\dfrac{(그\ 계급의\ 도수)}{(어떤\ 계급의\ 상대도수)}$

• (어떤 계급의 도수)
  $=$(도수의 총합)×(그 계급의 상대도수)

예제 1 도수의 총합이 40인 도수분포표에서 어떤 계급의 도수가 12일 때, 이 계급의 상대도수를 구하시오.

예제 2 오른쪽 상대도수의 분포표는 어느 반 학생들의 일주일 동안의 취미 활동 시간을 조사하여 나타낸 것이다. 이때 A, B, C, D의 값을 각각 구하시오.

취미 활동 시간(시간)	도수(명)	상대도수
0^{이상} ~ 2^{미만}	8	A
2 ~ 4	6	0.15
4 ~ 6	16	0.4
6 ~ 8	B	0.25
합계	C	D

② 상대도수의 분포를 나타낸 그래프

(1) 상대도수의 분포를 나타낸 그래프: 상대도수의 분포표를 히스토그램이나 도수분포다각형 모양으로 나타낸 그래프

(2) 상대도수의 분포를 나타낸 그래프를 그리는 방법

  ❶ 가로축에 각 계급의 양 끝 값을 차례로 표시한다.

  ❷ 세로축에 상대도수를 차례로 표시한다.

  ❸ 히스토그램이나 도수분포다각형 모양으로 그린다.

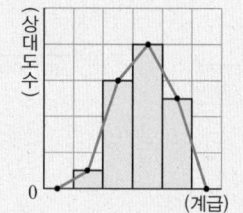

* 상대도수의 분포를 나타낸 그래프의 활용

(1) 도수의 총합이 다른 두 자료를 비교할 때는 도수를 비교하지 않고 상대도수를 구하여 각 계급별로 비교한다.

(2) 상대도수가 가장 큰 계급
  ➡ 도수가 가장 큰 계급

(3) 상대도수에서 백분율(%) 구하기
  (백분율)=(상대도수)×100(%)

예제 3 오른쪽 그래프는 성범이네 반 학생들의 팔 굽혀 펴기 기록에 대한 상대도수의 분포를 나타낸 것이다. 기록이 22회 이상인 학생이 4명일 때, 다음 물음에 답하시오.

(1) 전체 학생 수를 구하시오.

(2) 기록이 13회 이상 16회 미만인 학생 수를 구하시오.

(3) 기록이 19회 이상인 학생은 전체의 몇 %인지 구하시오.

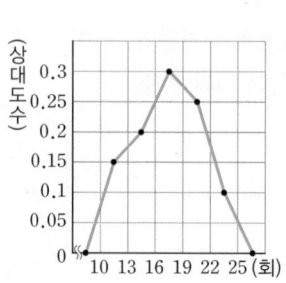

핵심 유형 익히기

1 다음 중 서울과 베이징의 전력 소비량의 시간대별 비율을 비교하려고 할 때, 가장 편리한 자료 정리 방법은?

① 줄기와 잎 그림　② 도수분포표　③ 상대도수의 분포표
④ 히스토그램　⑤ 도수분포다각형

2 오른쪽 상대도수의 분포표는 성진이 네 반 학생들의 수면 시간을 조사하여 나타낸 것이다. 다음 물음에 답하시오.

(1) 전체 학생 수를 구하시오.
(2) A, B, C의 값을 각각 구하시오.
(3) 수면 시간이 6시간 미만인 학생은 전체의 몇 %인지 구하시오.

수면 시간(시간)	도수(명)	상대도수
$4^{이상} \sim 5^{미만}$	2	0.1
5 ~ 6	4	0.2
6 ~ 7	6	A
7 ~ 8	B	0.25
8 ~ 9	3	0.15
합계		C

• (백분율)=(상대도수)×100(%)

3 오른쪽 상대도수의 분포표는 어느 중학교 1학년과 2학년 학생들의 혈액형을 조사하여 함께 나타낸 것이다. 다음 물음에 답하시오.

(1) a, b, c, d의 값을 각각 구하시오.
(2) 1학년이 2학년보다 상대적으로 더 많은 혈액형을 말하시오.

혈액형	도수(명)		상대도수	
	1학년	2학년	1학년	2학년
O	24	31	0.3	0.31
A	28	37	0.35	0.37
B	20	a	b	0.22
AB	8	10	0.1	0.1
합계	c	100	d	

• 상대도수는 도수의 총합이 다른 두 집단의 분포 상태를 비교할 때 편리하다.

4 오른쪽 그래프는 어느 중학교 학생 60명의 도덕 성적에 대한 상대도수의 분포를 나타낸 것이다. 다음 물음에 답하시오.

(1) 도수가 가장 큰 계급의 상대도수를 구하시오.
(2) 도덕 성적이 80점 이상인 학생 수를 구하시오.
(3) 도덕 성적이 60점 미만인 학생은 전체의 몇 %인지 구하시오.

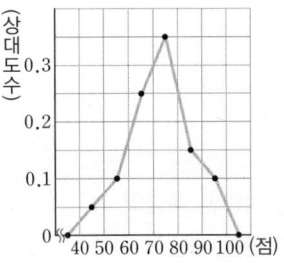

• 도수분포다각형과 상대도수의 분포를 나타낸 그래프의 차이점
• 도수분포다각형의 세로축 ⇨ 도수
• 상대도수의 분포를 나타낸 그래프의 세로축 ⇨ 상대도수

19·20

내공쌓는 족집게 문제

Step 1 반드시 나오는 문제

[1~5] 오른쪽 그래프는 근웅이네 반 학생들의 일주일 동안의 체력 단련 시간을 조사하여 나타낸 것이다. 다음 물음에 답하시오.

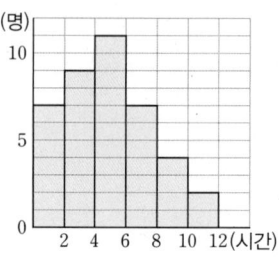

1 위의 그래프의 이름을 말하시오.

2 전체 학생 수를 구하시오.

3 계급의 크기를 a시간, 체력 단련 시간이 8번째로 많은 학생이 속하는 계급의 도수를 b명이라 할 때, $a+b$의 값을 구하시오.

중요 **4** 도수가 가장 작은 계급의 학생은 전체의 몇 %인가?
① 4.5 %　　② 5 %　　③ 5.5 %
④ 6 %　　⑤ 6.5 %

5 체력 단련 시간이 2시간 이상 4시간 미만인 계급의 직사각형의 넓이는 8시간 이상 10시간 미만인 계급의 직사각형의 넓이의 몇 배인지 구하시오.

[6~10] 오른쪽 도수분포다각형은 민제네 반 학생들이 여름 방학 동안 읽은 책의 수를 조사하여 나타낸 것이다. 다음 물음에 답하시오.

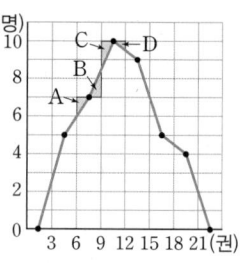

6 책을 15권 읽은 학생이 속하는 계급의 도수를 구하시오.

7 책을 7번째로 적게 읽은 학생이 속하는 계급을 구하시오.

아차! 돌다리 문제

8 책을 9권 미만 읽은 학생들에게 독후감 과제가 주어질 때, 과제를 하지 않아도 되는 학생은 전체의 몇 %인지 구하시오.

9 삼각형 A, B, C, D 중에서 넓이가 같은 것끼리 짝 지은 것은?
① A와 B　　② A와 C　　③ A와 D
④ B와 C　　⑤ C와 D

10 도수분포다각형과 가로축으로 둘러싸인 부분의 넓이를 구하시오.

[11~12] 오른쪽 상대
도수의 분포표는 어느
동아리 학생들이 하루
동안 물을 마시는 횟수
를 조사하여 나타낸 것
이다. 다음 물음에 답하
시오.

횟수(회)	도수(명)	상대도수
$0^{이상} \sim 4^{미만}$	5	0.1
4 ~ 8	A	0.24
8 ~ 12	18	B
12 ~ 16	11	
16 ~ 20		0.08
합계	C	

11 A, B, C의 값을 각각 구하시오.

12 물을 마시는 횟수가 12회 이상인 학생은 전체의 몇 %
인지 구하시오.

![아차! 돌다리 문제]

13 다음 상대도수의 분포표는 어느 중학교 1학년 학생들
의 하루 동안의 라디오 청취 시간을 조사하여 나타낸 것이
다. 청취 시간이 60분 이상 100분 미만인 학생 수를 구하
시오.

청취 시간(분)	도수(명)	상대도수
$40^{이상} \sim 60^{미만}$	9	
60 ~ 80	27	
80 ~ 100		
100 ~ 120		0.16
120 ~ 140	6	0.08
합계	75	

14 다음 중 도수의 총합이 다른 두 자료를 비교하는 데 가
장 편리한 것은?

① 줄기와 잎 그림 ② 도수분포표
③ 히스토그램 ④ 도수분포다각형
⑤ 상대도수의 분포를 나타낸 그래프

[15~17] 오른쪽 그래프는
어느 중학교 학생들의 사회
성적에 대한 상대도수의 분포
를 나타낸 것이다. 사회 성적
이 90점 이상 100점 미만인
학생이 4명일 때, 다음 물음
에 답하시오.

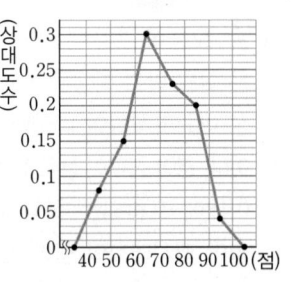

주요 15 전체 학생 수는?

① 50명 ② 100명 ③ 150명
④ 200명 ⑤ 250명

16 도수가 15명인 계급을 구하시오.

17 사회 성적이 높은 쪽에서 25번째인 학생이 속하는 계
급의 도수를 구하시오.

Step 2 자주 나오는 문제

18 오른쪽 히스토그램은
태준이네 반 학생 35명의
키를 조사하여 나타낸 것
인데 일부가 찢어져 보이
지 않는다. 키가 160 cm
이상 165 cm 미만인 학
생이 전체의 20 %일 때, 키가 145 cm 이상 150 cm 미
만인 학생 수를 구하시오.

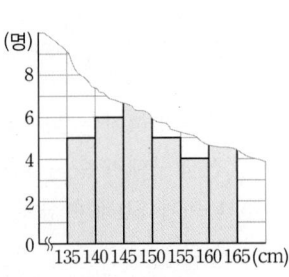

19 오른쪽 도수분포다각형은 어느 학교 학생들의 영어 성적을 조사하여 나타낸 것이다. 영어 성적이 상위 10 % 이내에 포함되는 학생에게 영어 경시대회의 참가 자격을 준다고 할 때, 경시대회에 참가할 수 있는 학생의 영어 성적은 최소 몇 점 이상인지 구하시오.

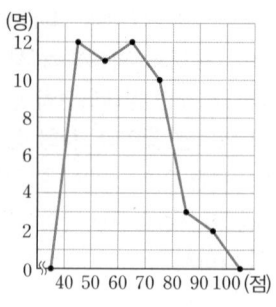

20 도수의 총합의 비가 3 : 2인 어느 두 모둠에서 어떤 계급의 도수의 비가 3 : 5일 때, 이 계급의 상대도수의 비는?

① 2 : 5   ② 3 : 5   ③ 4 : 5

④ 5 : 2   ⑤ 5 : 3

중요 21 아래 상대도수의 분포표는 어느 제품의 구매자들의 나이를 조사하여 나타낸 것이다. 다음 중 옳은 것은?

나이(세)	도수(명)	상대도수
10^{이상} ~ 20^{미만}	4	
20 ~ 30		0.25
30 ~ 40	12	0.3
40 ~ 50		
50 ~ 60	4	
60 ~ 70		0.05
합계		1

① 계급의 크기는 20세이다.
② 전체 구매자 수는 50명이다.
③ 나이가 50세 이상인 구매자는 구매자 전체의 10 % 이다.
④ 도수가 가장 작은 계급은 60세 이상 70세 미만이다.
⑤ 나이가 가장 적은 구매자의 나이는 10세이다.

22 오른쪽 그래프는 단소반 학생들의 하루 동안의 연습 시간에 대한 상대도수의 분포를 나타낸 것인데 일부가 찢어져 보이지 않는다. 연습 시간이 10분 이상 20분 미만인 학생 수가 4명일 때, 30분 이상 40분 미만인 학생 수를 구하시오.

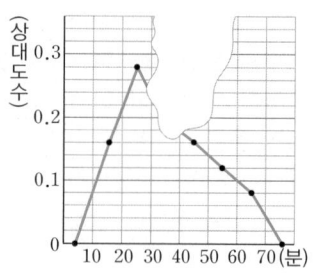

23 아래 그래프는 어느 중학교 1학년 학생 50명과 2학년 학생 100명의 몸무게에 대한 상대도수의 분포를 함께 나타낸 것이다. 다음 중 옳지 <u>않은</u> 것을 모두 고르면?

(정답 2개)

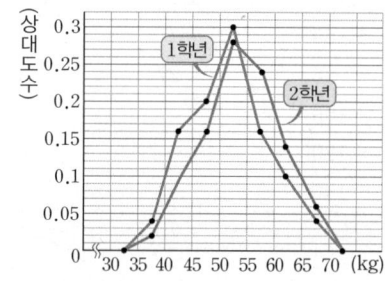

① 몸무게가 무거운 학생은 2학년이 1학년보다 상대적으로 더 많은 편이다.
② 몸무게가 50 kg 이상 55 kg 미만인 학생 수는 1학년이 더 많다.
③ 1학년과 2학년에 대한 각각의 그래프와 가로축으로 둘러싸인 부분의 넓이는 서로 같다.
④ 몸무게가 35 kg 이상 40 kg 미만인 학생 수는 1학년과 2학년이 모두 2명씩이다.
⑤ 1학년 학생 중 몸무게가 60 kg 이상인 학생은 1학년 전체의 10 %이다.

>> 110쪽 다시 보는 핵심 문제로
자신의 실력을 확인하세요!

서술형 문제

Step 3 만점! 도전 문제

24 오른쪽 히스토그램은
수영반 학생들의 50 m 자
유형 기록을 조사하여 나타
낸 것인데 일부가 찢어져
보이지 않는다. 기록이 34
초 이상 38초 미만인 학생
이 전체의 10 %일 때, 상위
20 %에 드는 학생의 기록은 최대 몇 초 미만인지 구하시오.

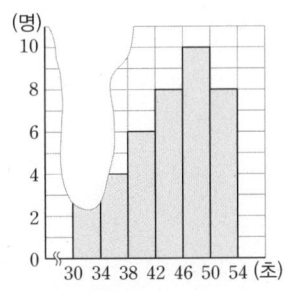

25 오른쪽 도수분포다각
형은 어느 반의 남학생과
여학생의 일주일 동안의
TV 시청 시간을 조사하
여 함께 나타낸 것이다.
다음 보기 중 옳지 않은 것
을 모두 고르시오.

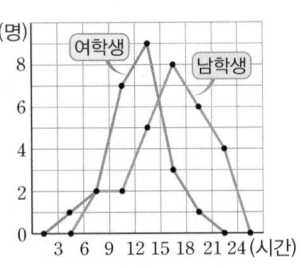

━ 보기 ━
ㄱ. 남학생 수가 여학생 수보다 많다.
ㄴ. TV 시청 시간이 18시간 이상인 학생은 전체의
20 %이다.
ㄷ. 각각의 도수분포다각형과 가로축으로 둘러싸인
부분의 넓이는 서로 같다.

26 오른쪽 도수분포다각
형은 태희네 반 학생들의
1학기 동안의 영화 관람
횟수를 조사하여 나타낸
것인데 일부가 찢어져 보
이지 않는다. 다음 조건을
모두 만족시킬 때, 영화 관
람 횟수가 6회 이상 8회 미만인 학생 수를 구하시오.

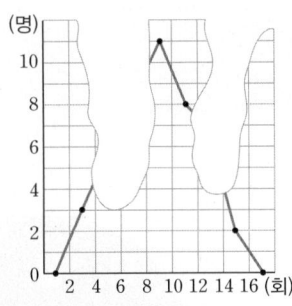

━ 조건 ━
㈎ 4회 이상 6회 미만인 학생 수는 2회 이상 4회 미만
인 학생 수의 2배이다.
㈏ 6회 이상인 학생 수는 6회 미만인 학생 수의 4배
이다.
㈐ 12회 이상인 학생은 전체의 20 %이다.

27 오른쪽 히스토그램
은 휴대 전화 배터리
1000개의 최대 사용
시간을 조사하여 나타
낸 것인데 일부가 얼룩
져 보이지 않는다. 최대
사용 시간이 32시간 이
상인 배터리가 전체의 80 %이고 32시간 이상 34시간
미만인 계급의 도수가 34시간 이상 36시간 미만인 계
급의 도수보다 25개만큼 작을 때, 보이지 않는 두 계급
의 도수를 각각 구하시오.
(단, 풀이 과정을 자세히 쓰시오.)

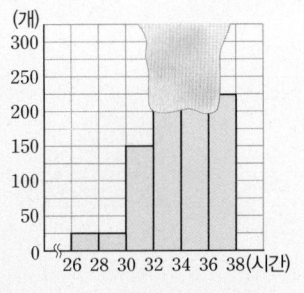

풀이 과정

답

28 다음 상대도수의 분포표는 1학년 1반 학생과 1학년
전체 학생의 미술 수행 평가 점수를 조사하여 함께 나타
낸 것이다. 50점 이상 55점 미만인 학생이 1반에서는 8
명, 전체에서는 122명일 때, 1반에서 미술 수행 평가 점
수가 10등인 학생은 전체에서 최소 몇 등이라고 할 수
있는지 말하시오. (단, 풀이 과정을 자세히 쓰시오.)

점수(점)	1학년 1반	1학년 전체
35^{이상} ~ 40^{미만}	0.05	0.028
40 ~ 45	0.25	0.112
45 ~ 50	0.45	0.276
50 ~ 55	0.2	0.488
55 ~ 60	0.05	0.096
합계	1	1

풀이 과정

답

다시 보는

핵심 문제

1 다음 설명 중 옳지 <u>않은</u> 것을 모두 고르면? (정답 2개)

① 반직선의 길이는 직선의 길이의 반이다.
② 한 점을 지나는 직선은 무수히 많다.
③ 한 직선을 지나는 평면은 오직 하나뿐이다.
④ 선분의 중점은 선분의 양 끝 점에서 같은 거리에 있다.
⑤ 한 직선 위에 있지 않은 서로 다른 세 점을 지나는 평면은 오직 하나뿐이다.

2 다음 중 오른쪽 그림에서 찾을 수 없는 것은?

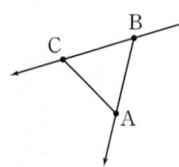

① $\overline{AC}$　　② $\overrightarrow{AB}$
③ $\overrightarrow{BC}$　　④ $\overrightarrow{CB}$
⑤ $\overleftrightarrow{CB}$

3 한 직선 위에 세 점 A, B, C가 이 순서대로 있을 때, 다음 중 같은 것끼리 짝 지어지지 <u>않은</u> 것은?

① $\overleftrightarrow{AB}$와 $\overleftrightarrow{BA}$　　　② $\overrightarrow{AB}$와 $\overrightarrow{BA}$
③ $\overrightarrow{AB}$와 $\overrightarrow{AC}$　　　④ $\overleftrightarrow{AB}$와 $\overleftrightarrow{BA}$
⑤ $\overleftrightarrow{AB}$와 $\overleftrightarrow{AC}$

4 어느 세 점도 한 직선 위에 있지 않은 4개의 점 중 서로 다른 2개의 점을 지나는 직선의 개수를 구하시오.

5 오른쪽 그림에서 $\overline{AC}$의 중점을 M, $\overline{BC}$의 중점을 N이라 할 때, $\overline{MN}$의 길이를 구하시오.

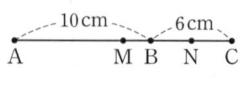

6 오른쪽 그림에서 $\overline{AB}$, $\overline{BC}$의 중점을 각각 M, N이라 하자.
$\overline{AB}=\overline{BN}=\overline{NC}=4\,\text{cm}$일 때, 다음 중 옳지 <u>않은</u> 것은?

① $\overline{AC}=12\,\text{cm}$　　② $\overline{AM}=2\,\text{cm}$
③ $\overline{AN}=8\,\text{cm}$　　④ $\overline{BC}=8\,\text{cm}$
⑤ $\overline{MN}=5\,\text{cm}$

7 다음 시각 중 시계의 시침과 분침이 이루는 작은 쪽의 각의 크기가 예각인 것은?

① 4시　　② 6시　　③ 8시
④ 10시　　⑤ 12시

8 오른쪽 그림에서 x의 값을 구하시오.

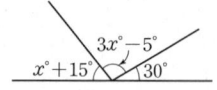

9 오른쪽 그림에서
$\angle a : \angle b : \angle c = 2 : 1 : 3$일 때, $\angle a$, $\angle b$, $\angle c$의 크기를 각각 구하시오.

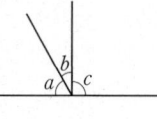

10 오른쪽 그림에서 $\angle a + \angle b$의 값을 구하시오.

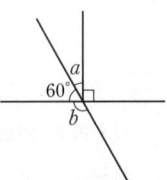

11 오른쪽 그림에서 $\angle x$의 크기는?

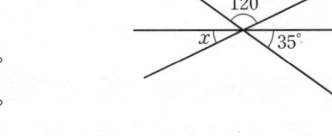

① 17° ② 19°
③ 21° ④ 23°
⑤ 25°

12 오른쪽 그림에서 $x-y$의 값을 구하시오.

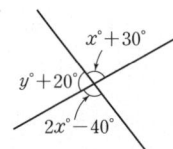

13 오른쪽 그림과 같이 세 직선 l, m, n이 한 점에서 만날 때 생기는 맞꼭지각은 모두 몇 쌍인지 구하시오.

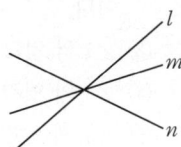

14 오른쪽 그림과 같이 $\angle A = 90°$인 직각삼각형 ABC에서 $\overline{AP} \perp \overline{BC}$일 때, 점 A와 $\overline{BC}$ 사이의 거리를 구하시오.

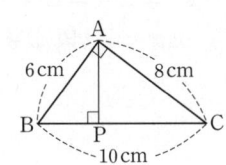

🌱 **서술형 문제**

15 오른쪽 그림에서 $\overline{AB} = 3\overline{BC}$이고 두 점 M, N은 각각 $\overline{AB}$, $\overline{BC}$의 중점이다. $\overline{MN} = 8\,\text{cm}$일 때, $\overline{AN}$의 길이를 구하시오.

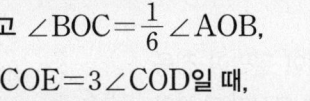

(단, 풀이 과정을 자세히 쓰시오.)

풀이 과정 |

답 |

16 오른쪽 그림에서 $\overline{AE} \perp \overline{BO}$이고 $\angle BOC = \dfrac{1}{6} \angle AOB$, $\angle COE = 3\angle COD$일 때, $\angle BOD$의 크기를 구하시오.

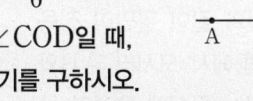

(단, 풀이 과정을 자세히 쓰시오.)

풀이 과정 |

답 |

1 다음 설명 중 옳지 <u>않은</u> 것은?

① 평면에서 만나지 않는 두 직선은 평행하다.
② 공간에서 두 직선이 만나지도 않고 평행하지도 않는 경우가 있다.
③ 한 평면 위에 있지 않은 서로 다른 두 직선은 꼬인 위치에 있다.
④ 공간에서 서로 만나지 않는 두 직선은 평행하다.
⑤ 한 평면과 수직인 서로 다른 두 직선은 평행하다.

2 오른쪽 그림과 같은 직육면체에 대한 다음 설명 중 옳은 것을 모두 고르면? (정답 2개)

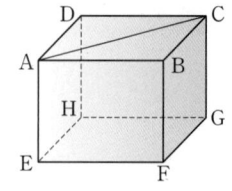

① $\overline{AB}$와 $\overline{GH}$는 꼬인 위치에 있다.
② $\overline{AB}$와 $\overline{CG}$는 평행하다.
③ 면 ABCD와 면 EFGH는 수직이다.
④ $\overline{AC}$와 꼬인 위치에 있는 모서리는 6개이다.
⑤ $\overline{BF}$와 면 ABCD는 수직이다.

3 오른쪽 그림과 같이 밑면이 정육각형인 육각기둥에서 모서리 AB와 꼬인 위치에 있는 동시에 모서리 IJ와 평행한 모서리는?

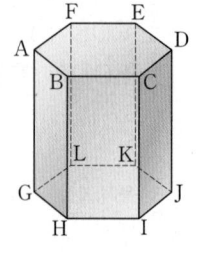

① $\overline{AF}$　　② $\overline{DE}$
③ $\overline{GH}$　　④ $\overline{GL}$
⑤ $\overline{LK}$

4 오른쪽 그림과 같은 삼각기둥에 대한 다음 설명 중 옳지 <u>않은</u> 것은?

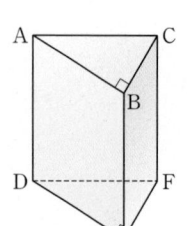

① $\overline{AD} /\!/ \overline{BE}$
② $\overline{AD} \perp \overline{DE}$
③ $\overline{AB}$와 면 BEFC는 수직이다.
④ $\overline{DE}$와 면 ABC는 수직이다.
⑤ $\overline{BE}$와 $\overline{AC}$는 꼬인 위치에 있다.

5 오른쪽 그림과 같은 전개도로 삼각기둥을 만들었을 때, 다음을 구하시오.

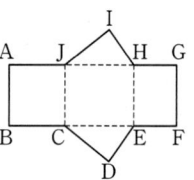

(1) $\overline{AB}$와 평행한 모서리
(2) $\overline{IH}$와 꼬인 위치에 있는 모서리
(3) 면 CDE와 수직인 면

6 공간에서 서로 다른 세 직선 l, m, n과 서로 다른 세 평면 P, Q, R에 대하여 다음 설명 중 옳지 <u>않은</u> 것을 모두 고르면? (정답 2개)

① $l /\!/ m$, $m /\!/ n$이면 $l /\!/ n$이다.
② $l /\!/ P$, $l /\!/ Q$이면 $P /\!/ Q$이다.
③ $l \perp P$, $m \perp P$이면 $l /\!/ m$이다.
④ $P \perp R$, $Q \perp R$이면 $P /\!/ Q$이다.
⑤ $P /\!/ Q$, $Q /\!/ R$이면 $P /\!/ R$이다.

7 오른쪽 그림에 대한 다음 설명 중 옳은 것은?

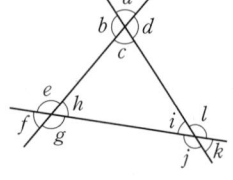

① $\angle b$의 동위각은 $\angle i$뿐이다.
② $\angle e$의 동위각은 $\angle a$, $\angle i$이다.
③ $\angle c$의 엇각은 $\angle e$, $\angle j$이다.
④ $\angle g$의 엇각은 $\angle b$뿐이다.
⑤ $\angle h$의 엇각은 $\angle c$, $\angle j$이다.

8 오른쪽 그림에서 $l /\!/ m$일 때, $\angle x - \angle y$의 값을 구하시오.

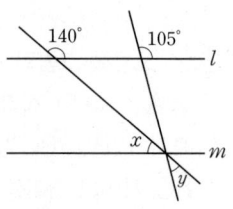

9 오른쪽 그림에서 $l /\!/ m$일 때, $\angle x$의 크기를 구하시오.

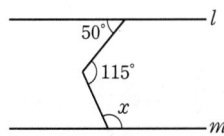

10 오른쪽 그림에서 $l /\!/ m$일 때, $\angle x$의 크기를 구하시오.

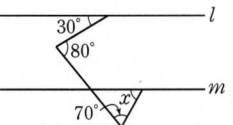

11 오른쪽 그림에서 $l /\!/ m$일 때, $\angle x$의 크기를 구하시오.

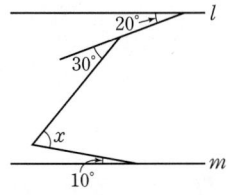

12 오른쪽 그림에서 평행한 직선은 모두 몇 쌍인지 구하시오.

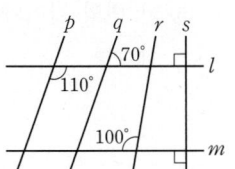

13 오른쪽 그림에서 $\overleftrightarrow{PQ} /\!/ \overleftrightarrow{RS}$ 이고 $\overline{AB}$, $\overline{BC}$는 각각 $\angle PAC$, $\angle ACR$의 이등분선일 때, $\angle ABC$의 크기를 구하시오.

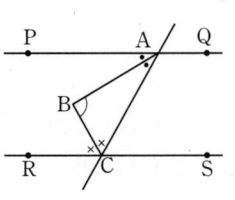

🌱 서술형 문제

14 오른쪽 그림과 같이 직육면체를 $\overline{AP} = \overline{BQ}$가 되도록 잘라 낸 입체도형에서 모서리 AB와 평행한 모서리의 개수를 a개, 면 ABFE와 수직인 모서리의 개수를 b개라 할 때, $a+b$의 값을 구하시오.

(단, 풀이 과정을 자세히 쓰시오.)

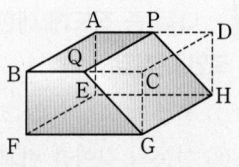

풀이 과정 |

답 |

15 오른쪽 그림과 같이 직사각형 모양의 종이를 접었을 때, $\angle x$의 크기를 구하시오. (단, 풀이 과정을 자세히 쓰시오.)

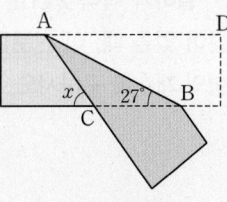

풀이 과정 |

답 |

다시 보는 핵심 문제 5~7강

1 다음 중 작도에 대한 설명으로 옳지 <u>않은</u> 것을 모두 고르면? (정답 2개)

① 선분의 연장선을 그을 때 자를 사용한다.

② 선분의 길이를 비교할 때 컴퍼스를 사용한다.

③ 주어진 각의 크기를 잴 때 각도기를 사용한다.

④ 주어진 선분의 길이를 옮길 때 자를 사용한다.

⑤ 눈금 없는 자와 컴퍼스만을 사용하여 도형을 그리는 것을 작도라 한다.

2 오른쪽 그림은 점 P를 지나고 직선 l에 평행한 직선을 작도한 것이다. 다음 중 옳지 <u>않은</u> 것을 모두 고르면? (정답 2개)

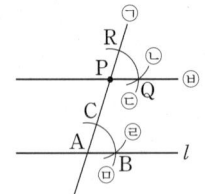

① $\overline{AB}=\overline{PQ}$

② $\overline{AB}=\overline{BC}$

③ $\overline{BC}=\overline{QR}$

④ $\angle RPQ=\angle CAB$

⑤ 작도 순서는 ㉠ → ㉢ → ㉤ → ㉡ → ㉣ → ㉥이다.

3 길이가 각각 2 cm, 3 cm, 5 cm, 7 cm인 네 개의 선분이 있을 때, 이 선분들로 작도할 수 있는 서로 다른 삼각형의 개수를 구하시오.

4 아래 그림은 두 변의 길이와 그 끼인각의 크기가 주어졌을 때, $\overline{BC}$를 밑변으로 하는 삼각형을 작도한 것이다. 다음 중 작도 순서로 알맞은 것은?

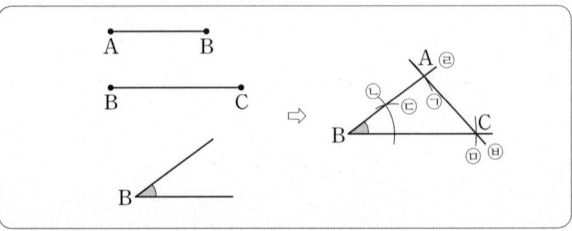

① ㉠ → ㉡ → ㉢ → ㉤ → ㉣ → ㉥

② ㉡ → ㉠ → ㉢ → ㉤ → ㉥ → ㉣

③ ㉡ → ㉢ → ㉠ → ㉤ → ㉥ → ㉠

④ ㉡ → ㉢ → ㉠ → ㉣ → ㉤ → ㉥

⑤ ㉢ → ㉡ → ㉣ → ㉠ → ㉤ → ㉠

5 다음 중 △ABC가 하나로 정해지지 <u>않는</u> 것은?

① $\overline{AB}=5\,cm$, $\angle A=30°$, $\angle C=60°$

② $\overline{AB}=4\,cm$, $\overline{BC}=5\,cm$, $\overline{AC}=8\,cm$

③ $\overline{AB}=5\,cm$, $\overline{BC}=5\,cm$, $\angle B=60°$

④ $\overline{AB}=5\,cm$, $\overline{AC}=3\,cm$, $\angle B=30°$

⑤ $\overline{BC}=3\,cm$, $\angle B=60°$, $\angle C=50°$

6 △ABC에서 $\overline{BC}=6\,cm$, $\overline{AC}=4\,cm$일 때, 한 가지 조건만을 추가하여 △ABC를 하나로 작도하려고 한다. 다음 보기 중 그 조건이 될 수 있는 것을 모두 고르시오.

> • 보기 •
>
> ㄱ. $\angle B=60°$ ㄴ. $\angle C=116°$
>
> ㄷ. $\overline{AB}=2\,cm$ ㄹ. $\overline{AB}=7\,cm$

7 다음 중 서로 합동이라고 할 수 <u>없는</u> 것을 모두 고르면? (정답 2개)

① 넓이가 서로 같은 두 원

② 세 내각의 크기가 서로 같은 두 삼각형

③ 반지름의 길이가 서로 같은 두 원

④ 네 변의 길이가 서로 같은 두 사각형

⑤ 한 변의 길이와 그 양 끝 각의 크기가 서로 같은 두 삼각형

8 사각형 ABCD와 사각형 GHEF가 합동일 때, 다음 중 옳지 <u>않은</u> 것은?

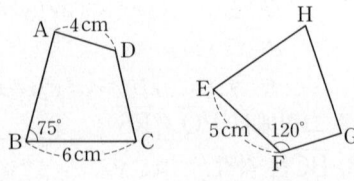

① $\overline{CD}=5\,cm$ ② $\overline{FG}=4\,cm$

③ $\overline{GH}=6\,cm$ ④ $\angle D=120°$

⑤ $\angle H=75°$

9 오른쪽 그림에서 $\overline{AB}=\overline{DF}$, $\angle A=\angle D$일 때, 다음 중 △ABC와 △DFE 가 서로 합동이 되기 위해 필요한 조건을 모두 고르면?

(정답 2개)

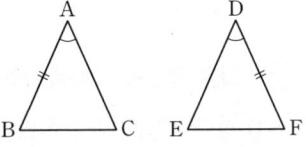

① $\overline{AB}=\overline{DE}$ ② $\overline{AC}=\overline{DE}$ ③ $\angle B=\angle E$
④ $\angle B=\angle F$ ⑤ $\angle C=\angle F$

10 오른쪽 그림에서 △ABC는 정삼각형이고 $\overline{AD}=\overline{CE}$일 때, 다음 중 △ABD≡△CAE임을 설명할 수 있는 조건은?

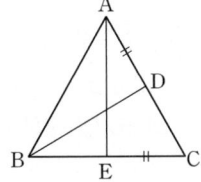

① $\overline{AB}=\overline{CA}$, $\overline{AD}=\overline{CE}$, $\overline{BD}=\overline{AE}$
② $\overline{AB}=\overline{CA}$, $\overline{AD}=\overline{CE}$, $\angle BAD=\angle ACE$
③ $\overline{AD}=\overline{CE}$, $\overline{BD}=\overline{AE}$, $\angle ADB=\angle CEA$
④ $\overline{AB}=\overline{CA}$, $\angle ABD=\angle CAE$, $\angle BAD=\angle ACE$
⑤ $\overline{AD}=\overline{CE}$, $\angle ADB=\angle CEA$, $\angle BAD=\angle ACE$

11 오른쪽 그림과 같이 정사각형 ABCD의 내부에 $\overline{BC}$를 한 변으로 하는 정삼각형 EBC가 있다. 서로 합동인 두 삼각형을 찾아 기호로 나타내고, 합동 조건을 말하시오.

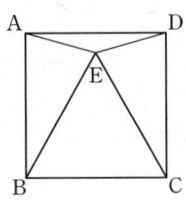

12 오른쪽 그림에서 △ABC 와 △ECD는 정삼각형이고 점 C는 $\overline{BD}$ 위의 점일 때, $\angle APB$의 크기를 구하시오.

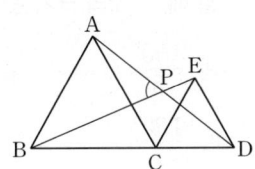

1 · 2   3 · 4   5 · 6 · 7   8 · 9   10 · 11   12 · 13   14 · 15 · 16   17 · 18   19 · 20

서술형 문제

13 삼각형의 세 변의 길이가 각각 $4\,cm$, $8\,cm$, $(x+2)\,cm$일 때, x의 값의 범위를 구하시오.

(단, 풀이 과정을 자세히 쓰시오.)

풀이 과정 |

답 |

14 오른쪽 그림에서 △ABC와 △EBD는 정삼각형이다. $\overline{AE}=5\,cm$, $\overline{BE}=2\,cm$, $\overline{BC}=6\,cm$ 일 때, $\overline{DC}$의 길이를 구하시오. (단, 풀이 과정을 자세히 쓰시오.)

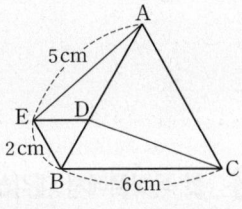

풀이 과정 |

답 |

다시 보는 핵심 문제

1 한 꼭짓점에서 그을 수 있는 대각선의 개수가 7개인 다각형이 있다. 이 다각형의 변의 개수를 a개, 대각선의 개수를 b개라 할 때, $a+b$의 값을 구하시오.

2 다음 조건을 모두 만족시키는 다각형의 이름을 말하시오.

조건
㉮ 모든 변의 길이가 같고, 모든 내각의 크기가 같다.
㉯ 한 꼭짓점에서 그을 수 있는 대각선의 개수는 9개이다.

3 한 꼭짓점에서 대각선을 모두 그었을 때 생기는 삼각형의 개수가 13개인 다각형의 꼭짓점의 개수를 구하시오.

4 오른쪽 그림과 같이 6개의 학교가 있다. 이웃하는 학교 사이에는 자전거 도로를 만들고 이웃하지 않은 학교 사이에는 자동차 도로를 각각 하나씩 만들려고 한다. 만들어야 하는 자전거 도로와 자동차 도로의 개수를 각각 구하시오.

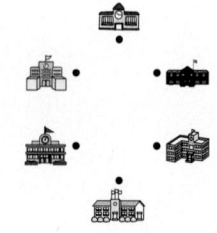

5 다음 중 정다각형에 대한 설명으로 옳지 <u>않은</u> 것은?

① 정다각형은 무수히 많다.
② 모든 내각의 크기는 같다.
③ 모든 변의 길이는 같다.
④ 모든 외각의 크기는 같다.
⑤ 한 꼭짓점에서 그은 대각선의 길이는 모두 같다.

6 오른쪽 그림에서 $\angle BAD = \angle CAD$일 때, $\angle x$의 크기를 구하시오.

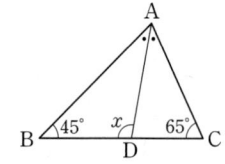

7 오른쪽 그림에서 $\angle x$의 크기를 구하시오.

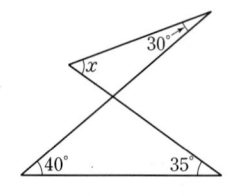

8 오른쪽 그림에서 $\angle BAD = \angle DAE$이고 $\overline{BD} = \overline{AD} = \overline{DE} = \overline{CE}$일 때, $\angle x$의 크기는?

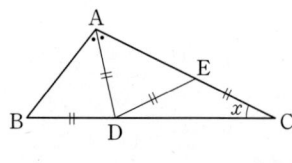

① $\dfrac{160°}{5}$　　② $\dfrac{180°}{5}$　　③ $\dfrac{200°}{5}$

④ $\dfrac{160°}{7}$　　⑤ $\dfrac{180°}{7}$

9 오른쪽 그림에서 ∠B와 ∠C의 이등분선의 교점을 P 라 할 때, ∠x의 크기를 구하시오.

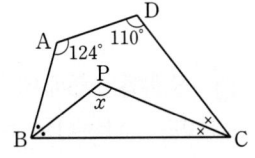

10 다음 그림에서 ∠a+∠b의 값을 구하시오.

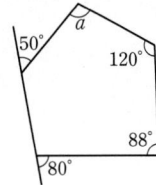 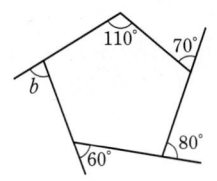

11 오른쪽 그림에서 ∠a+∠b+∠c+∠d+∠e +∠f+∠g+∠h+∠i+∠j 의 값을 구하시오.

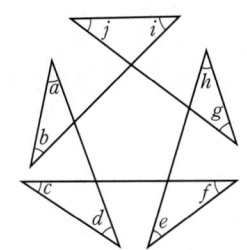

12 내각의 크기의 합이 1080°인 정다각형의 한 외각의 크기는?

① 90° ② 60° ③ 45°
④ 36° ⑤ 30°

13 다음 설명 중 옳은 것은?
① n각형의 한 꼭짓점에서 그을 수 있는 대각선의 개수는 $(n-2)$개이다.
② n각형의 한 꼭짓점에서 대각선을 모두 그었을 때 생기는 삼각형의 개수는 $(n-3)$개이다.
③ n각형에서 내각의 크기의 합은 $180°\times(n-3)$이다.
④ n각형에서 외각의 크기의 합은 360°이다.
⑤ 정n각형의 한 외각의 크기는 $\dfrac{180°}{n}$이다.

서술형 문제

14 한 내각의 크기와 한 외각의 크기의 비가 5 : 1인 정다각형의 대각선의 개수를 구하시오.
(단, 풀이 과정을 자세히 쓰시오.)

풀이 과정 |

답 |

15 오른쪽 그림에서 ∠x-∠y+∠z의 값을 구하시오. (단, 풀이 과정을 자세히 쓰시오.)

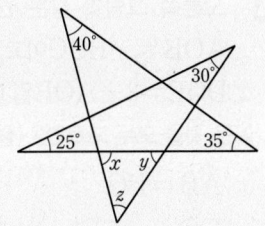

풀이 과정 |

답 |

1 오른쪽 그림과 같은 원 O에서 ∠x의 크기를 구하시오.

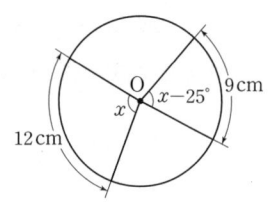

2 오른쪽 그림과 같은 원 O에서 x, y의 값을 각각 구하시오.

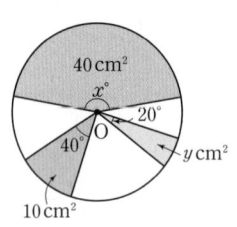

3 오른쪽 그림과 같은 원 O에서 ∠AOB=∠BOC이고, ∠DOE=3∠AOB일 때, 다음 중 옳은 것을 모두 고르면? (정답 2개)

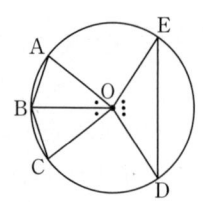

① $\overset{\frown}{AB}=\overset{\frown}{BC}$

② $\overset{\frown}{AC}=\dfrac{3}{4}\overset{\frown}{DE}$

③ $\overline{DE}=3\overline{AB}$

④ △OAB≡△OBC

⑤ (△ODE의 넓이)=3×(△OAB의 넓이)

4 오른쪽 그림에서 $\overline{AB}$는 원 O의 지름이고, $\overline{DO}=\overline{DP}$이다. ∠P=25°일 때, $\overset{\frown}{AC}:\overset{\frown}{BD}$는?

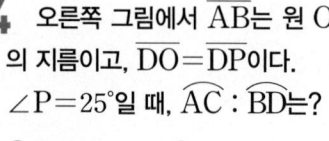

① 2:1   ② 3:1
③ 4:1   ④ 5:2
⑤ 7:3

5 오른쪽 그림에서 $\overline{AD}$는 원의 지름이고, $\overline{AB}=\overline{BC}=\overline{CD}$이다. $\overline{AD}=12$ cm일 때, 색칠한 부분의 둘레의 길이와 넓이를 각각 구하시오.

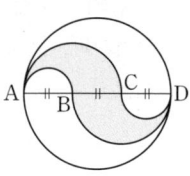

6 반지름의 길이가 6 cm, 호의 길이가 3π cm인 부채꼴의 넓이를 구하시오.

7 오른쪽 그림에서 색칠한 부분의 넓이를 구하시오.

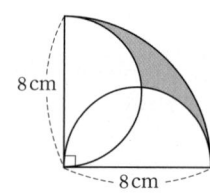

8 오른쪽 그림은 반지름의 길이가 6 cm인 반원을 점 A를 중심으로 30°만큼 회전시킨 것이다. 이때 색칠한 부분의 넓이를 구하시오.

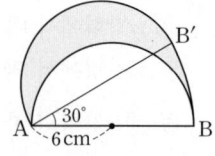

9 오른쪽 그림은 직사각형과 부채꼴이 겹쳐진 것이다. 색칠한 두 부분의 넓이가 서로 같고 $\overline{AB}=10\,cm$일 때, $\overline{BC}$의 길이를 구하시오.

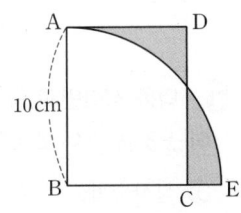

10 오른쪽 그림과 같이 밑면의 반지름의 길이가 $6\,cm$인 4개의 원기둥 모양의 통을 끈으로 묶으려고 한다. 이때 필요한 끈의 최소 길이를 구하시오. (단, 끈의 매듭의 길이는 생각하지 않는다.)

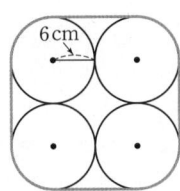

11 다음 그림과 같이 직각삼각형 ABC를 직선 l 위에서 꼭짓점 B를 중심으로 꼭짓점 C가 C′에 오도록 회전시켰다. $\overline{BC}=6\,cm$, $\angle ABC=60°$일 때, 꼭짓점 C가 움직인 거리를 구하시오.

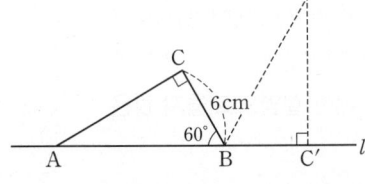

12 다음 그림과 같이 한 변의 길이가 $2\,m$인 정육각형 모양의 우리의 한 모퉁이에 길이가 $5\,m$인 줄로 강아지를 묶어 두었다. 이 강아지가 우리 밖에서 최대한 움직일 수 있는 영역의 넓이를 구하시오.
(단, 줄의 매듭의 길이와 강아지의 크기는 생각하지 않는다.)

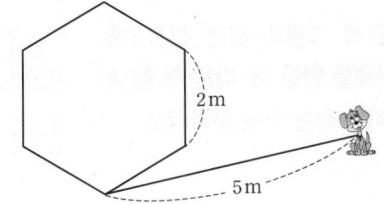

🌱 **서술형** 문제

13 오른쪽 그림과 같은 반원 O에서 $\overline{AC}/\!/\overline{OD}$이고 $\angle BOD=20°$, $\overarc{BD}=8\,cm$일 때, $\overarc{AC}$의 길이를 구하시오. (단, 풀이 과정을 자세히 쓰시오.)

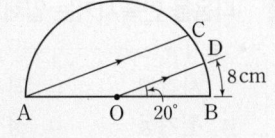

풀이 과정ㅣ

답ㅣ

14 오른쪽 그림에서 부채꼴 A의 넓이가 50일 때, B, C, D의 넓이를 차례로 구하시오.
(단, 풀이 과정을 자세히 쓰시오.)

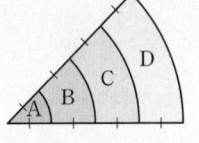

풀이 과정ㅣ

답ㅣ

1 다음을 만족시키는 입체도형을 보기에서 모두 고르시오.

> **• 보기 •**
> ㄱ. 사각뿔   ㄴ. 직육면체   ㄷ. 삼각기둥
> ㄹ. 원기둥   ㅁ. 정십이면체   ㅂ. 구
> ㅅ. 정사면체   ㅇ. 원뿔   ㅈ. 오각뿔대

(1) 다면체이다.

(2) 회전체이다.

(3) 삼각형인 면이 있다.

2 다음 중 각뿔대에 대한 설명으로 옳지 <u>않은</u> 것을 모두 고르면? (정답 2개)

① 두 밑면은 서로 합동이다.
② 두 밑면은 서로 평행하다.
③ 옆면의 모양은 모두 사다리꼴이다.
④ 밑면에 수직인 평면으로 자른 단면은 사다리꼴이다.
⑤ 각뿔을 밑면에 평행하게 자르면 각뿔대를 얻을 수 있다.

3 다음 중 면의 개수와 꼭짓점의 개수가 같은 다면체는?

① 사각기둥   ② 육각기둥   ③ 정육면체
④ 칠각뿔   ⑤ 팔각뿔대

4 다음 조건을 모두 만족시키는 다면체의 꼭짓점의 개수를 구하시오.

> **조건**
> ㈎ 두 밑면은 서로 평행하고 합동이다.
> ㈏ 옆면의 모양은 직사각형이다.
> ㈐ 모서리의 개수는 18개이다.

5 다음 정다면체 중 한 꼭짓점에 모인 면의 개수가 3개가 <u>아닌</u> 것을 모두 고르면? (정답 2개)

① 정사면체   ② 정육면체
③ 정팔면체   ④ 정십이면체
⑤ 정이십면체

6 다음 중 정다면체에 대한 설명으로 옳지 <u>않은</u> 것은?

① 정육면체의 면의 모양은 정사각형이다.
② 정사면체는 정삼각형이 한 꼭짓점에 3개씩 모여 있다.
③ 정육면체와 정팔면체의 모서리의 개수는 같다.
④ 정십이면체의 면의 모양은 정삼각형이다.
⑤ 정사면체의 꼭짓점의 개수는 4개이다.

7 오른쪽 그림은 합동인 정삼각형으로 이루어진 어떤 입체도형의 전개도이다. 다음 중 이 입체도형에 대한 설명으로 옳지 <u>않은</u> 것은?

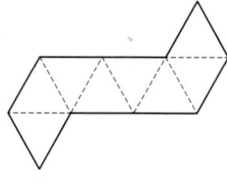

① 정팔면체이다.
② 꼭짓점의 개수는 6개이다.
③ 모서리의 개수는 12개이다.
④ 한 꼭짓점에 모인 면의 개수는 4개이다.
⑤ 한 꼭짓점에 모인 모서리의 개수는 3개이다.

8 오른쪽 그림과 같은 전개도로 정육면체를 만들 때, 다음 중 점 A와 겹치는 점을 모두 구하시오.

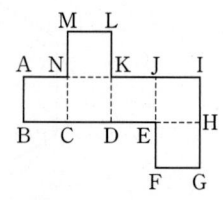

9 다음 중 직선 *l*을 회전축으로 하여 1회전 시킬 때, 오른쪽 그림과 같은 입체도형이 생기는 것은?

① 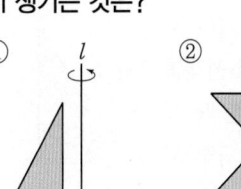 ②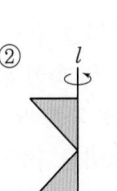

③ ④ ⑤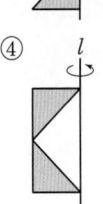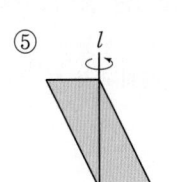

10 다음 중 회전체에 대한 설명으로 옳지 <u>않은</u> 것은?

① 구의 회전축은 무수히 많다.

② 원뿔의 회전축은 1개뿐이다.

③ 원뿔대의 두 밑면은 서로 평행하고 합동이다.

④ 회전체를 회전축을 포함하는 평면으로 자른 단면은 회전축에 대한 선대칭도형이다.

⑤ 평면도형을 한 직선을 회전축으로 하여 1회전 시킬 때 생기는 입체도형을 회전체라 한다.

11 다음 중 직사각형의 한 변을 회전축으로 하여 1회전 시킬 때 생기는 회전체와 이 회전체를 회전축에 수직인 평면으로 자른 단면의 모양을 바르게 짝 지은 것은?

① 원뿔 – 삼각형　　　② 원기둥 – 원

③ 원기둥 – 직사각형　④ 사각기둥 – 원

⑤ 사각기둥 – 직사각형

12 오른쪽 그림은 어떤 회전체를 회전축을 포함하는 평면과 회전축에 수직인 평면으로 각각 자른 단면의 모양이다. 이 회전체의 이름을 말하시오.

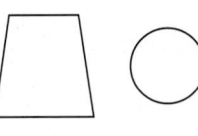

13 오른쪽 그림과 같이 $\overline{AB}=\overline{AC}$인 이등변삼각형 ABC를 $\overline{BC}$를 회전축으로 하여 1회전 시킨 후, 회전축을 포함하는 평면으로 자른 단면의 모양은?

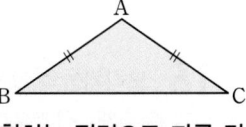

① 직사각형　　② 정사각형　　③ 이등변삼각형

④ 마름모　　　⑤ 원

14 반지름의 길이가 3 cm인 구를 평면으로 자른 단면 중에서 그 크기가 가장 큰 단면의 넓이는?

① $3\pi \text{ cm}^2$　　② $6\pi \text{ cm}^2$　　③ $9\pi \text{ cm}^2$

④ $12\pi \text{ cm}^2$　⑤ $15\pi \text{ cm}^2$

15 오른쪽 그림과 같은 사각형 ABCD를 $\overline{BC}$를 회전축으로 하여 1회전 시킬 때 생기는 입체도형을 회전축을 포함하는 평면으로 자른 단면의 넓이를 구하시오.

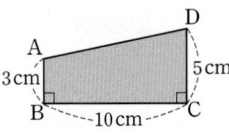

🌱 서술형 문제

16 오각기둥의 모서리의 개수를 a개, 육각뿔의 면의 개수를 b개, 칠각뿔대의 꼭짓점의 개수를 c개라 할 때, $a+b-c$의 값을 구하시오.

(단, 풀이 과정을 자세히 쓰시오.)

풀이 과정 |

답 |

17 오른쪽 그림과 같이 각 면이 모두 합동인 정삼각형으로 이루어진 입체도형이 정다면체가 아닌 이유를 설명하시오. (단, 정다면체가 되기 위한 조건 두 가지를 말하고, 풀이 과정을 자세히 쓰시오.)

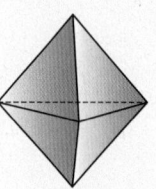

풀이 과정 |

18 오른쪽 그림과 같은 직각삼각형을 직선 l을 회전축으로 하여 1회전 시켜서 회전체를 만들었다. 이 회전체를 회전축에 수직인 평면으로 자를 때 생기는 가장 큰 단면의 넓이를 구하시오. (단, 풀이 과정을 자세히 쓰시오.)

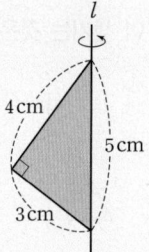

풀이 과정 |

답 |

19 오른쪽 그림과 같은 원뿔대의 전개도에서 옆면의 둘레의 길이를 구하시오. (단, 원뿔의 전개도를 그리고, 풀이 과정을 자세히 쓰시오.)

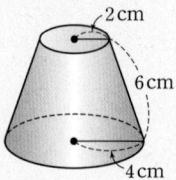

풀이 과정 |

답 |

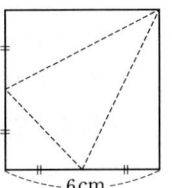

1 밑면의 반지름의 길이가 5 cm인 원기둥의 겉넓이가 180π cm²일 때, 이 원기둥의 높이를 구하시오.

2 오른쪽 그림과 같이 직육면체에서 삼각기둥을 잘라 낸 기둥의 부피를 구하시오.

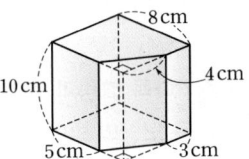

3 오른쪽 그림과 같은 전개도로 만든 원기둥의 부피는?

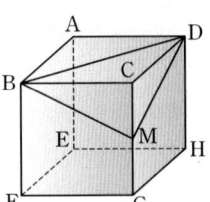

① 384π cm³

② 432π cm³

③ 576π cm³

④ 592π cm³

⑤ 608π cm³

4 밑면의 반지름의 길이가 12 cm, 높이가 10 cm인 원기둥 모양의 빈 수조에 1초에 20π cm³씩 물을 넣을 때, 물을 가득 채우려면 몇 초가 걸리는지 구하시오.
(단, 수조의 두께는 생각하지 않는다.)

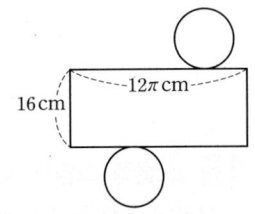

5 오른쪽 그림과 같이 한 변의 길이가 6 cm인 정사각형 모양의 종이를 점선을 따라 접으면 삼각뿔을 만들 수 있다. 이 삼각뿔의 부피를 구하시오.

6 오른쪽 그림과 같은 정육면체에서 점 M은 $\overline{CG}$의 중점이다. 이 정육면체를 세 점 B, M, D를 지나는 평면으로 잘라서 생긴 각뿔의 부피와 나머지 부분의 부피의 비를 가장 간단한 자연수의 비로 나타내시오.

7 밑넓이의 비가 2 : 3인 각기둥과 각뿔의 부피가 서로 같을 때, 각기둥과 각뿔의 높이의 비를 가장 간단한 자연수의 비로 나타내시오.

8 모선의 길이가 18 cm, 밑면의 반지름의 길이가 12 cm인 원뿔의 전개도에서 부채꼴의 중심각의 크기는?

① $150°$ ② $180°$ ③ $210°$

④ $240°$ ⑤ $270°$

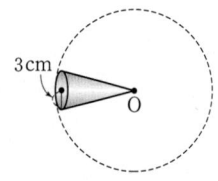

9 오른쪽 그림과 같이 밑면의 반지름의 길이가 3 cm인 원뿔을 점 O를 중심으로 4바퀴를 굴렸더니 처음의 자리로 되돌아왔다. 이때 이 원뿔의 옆넓이를 구하시오.

10 오른쪽 그림과 같은 평면도형을 직선 l을 회전축으로 하여 1회전 시킬 때 생기는 입체도형의 부피를 구하시오.

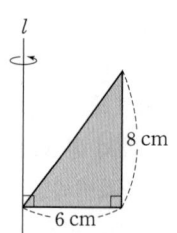

11 오른쪽 그림과 같이 직육면체 위에 옆면이 모두 합동인 사각뿔대가 붙어 있는 입체도형의 겉넓이를 구하시오.

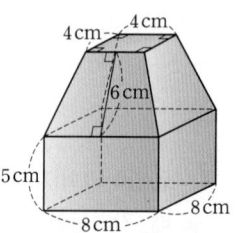

12 오른쪽 그림과 같은 사다리꼴을 직선 l을 회전축으로 하여 1회전 시킬 때 생기는 입체도형의 겉넓이를 구하시오.

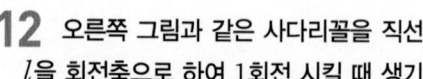

13 오른쪽 그림과 같은 평면도형을 직선 l을 회전축으로 하여 1회전 시킬 때 생기는 입체도형의 겉넓이를 구하시오.

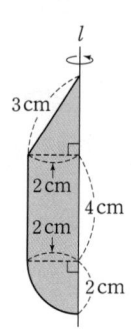

14 다음 그림과 같이 밑면의 반지름의 길이가 8 cm인 원기둥 모양의 병에 물이 담겨 있다. 물의 부피가 반지름의 길이가 6 cm인 구의 부피와 같을 때, x의 값을 구하시오.
(단, 병의 두께는 생각하지 않는다.)

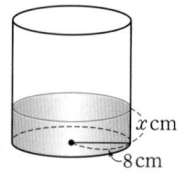 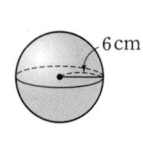

15 오른쪽 그림과 같이 한 모서리의 길이가 10 cm인 정육면체 안에 꼭 맞는 구와 사각뿔이 있다. 이때 정육면체, 구, 사각뿔의 부피의 비는?

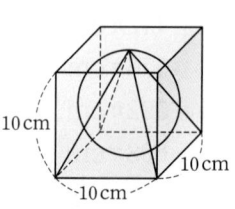

① $3 : \pi : 2$
② $3 : 4\pi : 1$
③ $6 : \pi : 2$
④ $6 : \pi : 3$
⑤ $6 : 3\pi : 2$

16 밑면의 지름의 길이와 높이가 같고, 부피가 12π cm^{3}인 원기둥이 있다. 이 원기둥 안에 꼭 맞는 구와 원뿔의 부피의 합을 구하시오.

17 다음 그림과 같은 전개도로 만든 입체도형의 겉넓이와 부피를 각각 구하시오. (단, 입체도형의 이름을 말하고, 풀이 과정을 자세히 쓰시오.)

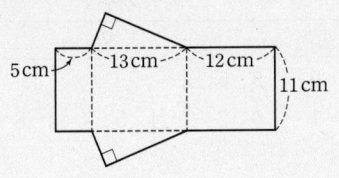

풀이 과정 |

답 |

18 오른쪽 그림과 같은 직각삼각형 ABC를 변 AC를 회전축으로 하여 1회전 시킬 때 생기는 회전체의 부피를 $V_1 \text{ cm}^3$, 변 BC를 회전축으로 하여 1회전 시킬 때 생기는 회전체의 부피를 $V_2 \text{ cm}^3$라 하자. 이때 $V_1 : V_2$를 가장 간단한 자연수의 비로 나타내시오.
(단, 풀이 과정을 자세히 쓰시오.)

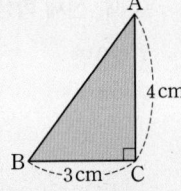

풀이 과정 |

답 |

19 다음 그림과 같이 야구공의 겉면은 서로 합동인 두 조각의 가죽으로 이루어져 있다. 야구공을 지름의 길이가 7 cm인 구로 생각할 때, 가죽 한 조각의 넓이를 구하시오. (단, 풀이 과정을 자세히 쓰시오.)

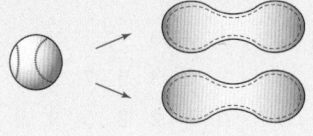

풀이 과정 |

답 |

20 오른쪽 그림과 같이 반지름의 길이가 3 cm인 공 2개가 원기둥 모양의 통 안에 꼭 맞게 들어 있을 때, 공 2개를 제외한 통의 빈 공간의 부피를 구하시오.
(단, 풀이 과정을 자세히 쓰시오.)

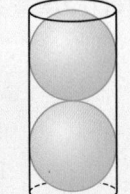

풀이 과정 |

답 |

1 아래 줄기와 잎 그림은 지수네 반 학생들의 영어 성적을 조사하여 그린 것이다. 다음 중 옳지 <u>않은</u> 것은?

영어 성적　　　(4|8은 48점)

줄기	잎
4	8
5	1　3　9
6	2　3　3　5　7　9
7	0　0　2　2　5　9　9
8	3　3　4　5　7
9	2　5　6

① 전체 학생 수는 25명이다.
② 잎이 가장 많은 줄기는 7이다.
③ 잎의 개수가 3개인 줄기는 2개이다.
④ 영어 성적이 80점 이상인 학생 수는 9명이다.
⑤ 영어 성적이 85점인 지수는 반에서 상위 20 %에 속한다.

[2~3] 다음 줄기와 잎 그림은 은찬이네 반 학생들의 오래 매달리기 기록을 조사하여 그린 것이다. 물음에 답하시오.

오래 매달리기 기록　　(0|2는 2초)

줄기	잎
0	2　4　4　7
1	0　3　5　6　8　9
2	1　1　3　4　6　7　8
3	0　2　4　5　7　8　9　9
4	1　5　7　8
5	3　6　8

2 은찬이의 기록이 27초일 때, 은찬이보다 기록이 좋은 학생은 몇 명인지 구하시오.

3 기록이 10초 미만인 학생은 전체의 몇 %인지 구하시오.

[4~5] 다음 줄기와 잎 그림은 기성이네 반 학생들이 체험 활동에서 주워 온 밤의 개수를 조사하여 그린 것이다. 물음에 답하시오.

밤의 개수　　　(0|5는 5개)

줄기	잎
0	5　6　7
1	0　2　2　4　5　7　7　8　9
⋮	⋮
5	0　2
6	3

4 주워 온 밤의 개수가 적은 학생 10명이 밤을 삶기로 할 때, 밤의 개수가 몇 개인 학생까지 참여해야 하는지 구하시오.

5 주워 온 밤의 개수가 50개 이상인 학생이 전체의 10 %일 때, 전체 학생 수는?

① 20명　　　② 25명　　　③ 30명
④ 35명　　　⑤ 40명

6 다음 중 도수분포표에 대한 설명으로 옳지 <u>않은</u> 것을 모두 고르면? (정답 2개)

① 변량을 일정한 간격으로 나눈 구간을 계급이라 한다.
② 도수분포표를 만들 때 계급의 개수가 많을수록 자료의 분포 상태를 알기 쉽다.
③ 각 계급의 도수의 총합은 변량의 총개수와 같다.
④ 각 계급에 속하는 자료의 수를 도수라 한다.
⑤ 계급의 크기는 각 계급에 따라 다르다.

7 다음 자료는 어느 사진 동호회 회원 16명이 하루 동안 찍은 사진의 수이다. 이 자료를 도수분포표로 나타낼 때, 빈칸에 알맞은 수로 옳지 <u>않은</u> 것은?

(단위: 장)

52	49	77	35
45	78	64	70
89	86	72	61
73	64	75	31

⇨

사진 수(장)	회원 수(명)
$30^{이상} \sim 45^{미만}$	①
45 ~ 60	②
60 ~ 75	③
75 ~ 90	④
합계	⑤

① 2   ② 3   ③ 6
④ 4   ⑤ 16

[8~9] 오른쪽 도수분포표는 규진이네 반 학생들의 통학 시간을 조사하여 나타낸 것이다. 다음 물음에 답하시오.

통학 시간(분)	학생 수(명)
$5^{이상} \sim 15^{미만}$	1
15 ~ 25	5
25 ~ 35	15
35 ~ 45	
45 ~ 55	2
합계	30

8 다음 중 옳지 <u>않은</u> 것은?

① 계급의 개수는 5개이다.
② 계급의 크기는 10분이다.
③ 도수가 가장 큰 계급은 25분 이상 35분 미만이다.
④ 통학 시간이 가장 짧은 학생의 통학 시간은 5분이다.
⑤ 통학 시간이 21분인 학생이 속하는 계급의 도수는 5명이다.

9 통학 시간이 25분 이상 55분 미만인 학생은 전체의 몇 %인지 구하시오.

🌱 **서술형** 문제

10 다음 줄기와 잎 그림은 명환이네 반 남학생과 여학생이 1년 동안 읽은 책의 수를 조사하여 함께 그린 것이다. 반 전체에서 책을 많이 읽은 상위 20 %의 학생들에게 상품을 준다고 할 때, 상품을 받는 남학생 수와 여학생 수를 각각 구하시오. (단, 풀이 과정을 자세히 쓰시오.)

책의 수   (0|4는 4권)

잎(남학생)	줄기	잎(여학생)
8 6 5 4	0	4 7
7 6 5 3 2	1	0 4 7 8 9
9 8 6	2	0 2 5 5 8 9

풀이 과정 |

답 |

11 오른쪽 도수분포표는 어느 반 학생 38명의 한 달 동안의 학교 도서관 이용 횟수를 조사하여 나타낸 것이다. 도서관 이용 횟수가 10회 이상 15회 미만인 학생 수가 15회 이상 20회 미만

이용 횟수(회)	학생 수(명)
$0^{이상} \sim 5^{미만}$	8
5 ~ 10	12
10 ~ 15	x
15 ~ 20	y
20 ~ 25	4
25 ~ 30	2
합계	38

인 학생 수의 3배일 때, 도서관 이용 횟수가 10번째로 많은 학생이 속하는 계급을 구하시오.

(단, 풀이 과정을 자세히 쓰시오.)

풀이 과정 |

답 |

[1~2] 오른쪽 히스토그램은 재민이네 반 학생들의 수학 성적을 조사하여 나타낸 것이다. 다음 물음에 답하시오.

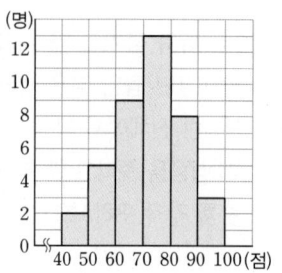

1 도수가 가장 큰 계급의 도수를 a명, 도수가 5명 이하인 계급의 개수를 b개라 할 때, $a-b$의 값을 구하시오.

2 수학 성적이 하위 5 % 이내에 속하는 학생들은 방과 후에 보충 학습을 할 계획이다. 방과 후에 보충 학습을 해야 하는 학생들의 점수는 최대 몇 점 미만인지 구하시오.

[3~4] 오른쪽 그래프는 성령이네 학교 학생들의 멀리 던지기 기록을 조사하여 나타낸 히스토그램의 일부이다. 멀리 던지기 기록이 50 m 이상인 학생이 전체의 16 %일 때, 다음 물음에 답하시오.

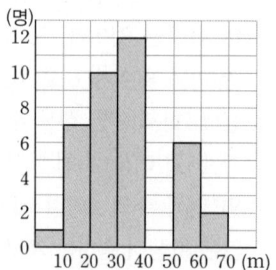

3 전체 학생 수를 구하시오.

4 멀리 던지기 기록이 40 m 이상 50 m 미만인 학생 수를 구하시오.

[5~6] 오른쪽 도수분포다각형은 1학년 1반과 2반의 논술 평가 점수를 조사하여 함께 나타낸 것이다. 다음 물음에 답하시오.

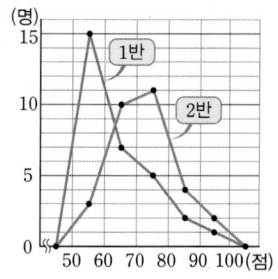

5 다음 중 옳은 것은?

① 1반에서 도수가 가장 큰 계급의 도수는 11명이다.
② 2반에서 점수가 90점 이상인 학생 수는 1명이다.
③ 1반 전체 학생 수가 2반 전체 학생 수보다 많다.
④ 2반보다 1반 학생 수가 많은 계급은 2개이다.
⑤ 점수가 60점 이상 70점 미만인 학생 수는 1반보다 2반이 3명 더 많다.

6 1반의 대현이와 2반의 채영이는 논술 평가에서 같은 점수를 받았다. 대현이가 1반에서 상위 10 %에 들 때, 채영이는 2반에서 적어도 상위 몇 %에 드는지 구하시오.

[7~8] 오른쪽 상대도수의 분포표는 어느 반 학생들의 몸무게를 조사하여 나타낸 것인데 일부가 찢어져 보이지 않는다. 다음 물음에 답하시오.

몸무게(kg)	도수(명)	상대도수
$35^{이상}$ ~ $40^{미만}$	6	0.15
40 ~ 45	8	A
45 ~ 50	11	
50 ~ 55		
합계		

7 전체 학생 수는?

① 25명 ② 40명 ③ 48명
④ 50명 ⑤ 56명

8 A의 값을 구하시오.

9 오른쪽 그래프는 어느 중학교 학생들의 집에 있는 책의 수에 대한 상대도수의 분포를 나타낸 것이다. 상대도수가 가장 큰 계급의 학생 수가 28명일 때, 책의 수가 300권 이상 350권 미만인 학생 수를 구하시오.

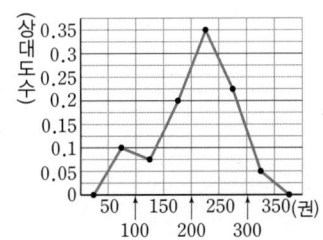

10 오른쪽 그래프는 선우네 중학교 1학년 학생 50명의 사회 성적에 대한 상대도수의 분포를 나타낸 것인데 일부가 찢어져 보이지 않는다. 사회 성적이 70점 미만인 학생 수를 구하시오.

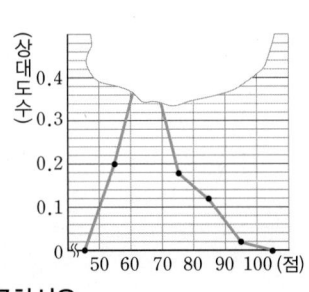

11 오른쪽 그래프는 어느 중학교 1학년 여학생과 남학생의 봉사 활동 시간에 대한 상대도수의 분포를 함께 나타낸 것이다. 다음 중 옳지 <u>않은</u> 것을 모두 고르면? (정답 2개)

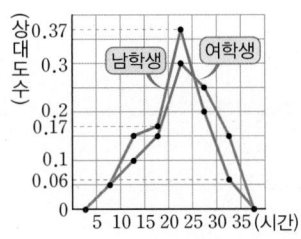

① 여학생보다 남학생의 상대도수가 더 높은 계급은 3개이다.

② 각각의 그래프와 가로축으로 둘러싸인 부분의 넓이는 남학생이 더 크다.

③ 봉사 활동을 많이 하는 학생은 여학생이 남학생보다 상대적으로 더 많은 편이다.

④ 1학년 전체 남학생 수가 100명일 때, 15시간 미만 봉사 활동을 한 남학생 수는 20명이다.

⑤ 25시간 이상 봉사 활동을 한 여학생 수가 30명일 때, 1학년 전체 여학생 수는 90명이다.

서술형 문제

12 오른쪽 도수분포다각형은 고운이네 모둠 학생들의 활쏘기 점수를 조사하여 나타낸 것인데 일부가 찢어져 보이지 않는다. 활쏘기 점수가 8점 이상인 학생이 전체의 30 %일 때, 도수분포다각형과 가로축으로 둘러싸인 부분의 넓이를 구하시오. (단, 풀이 과정을 자세히 쓰시오.)

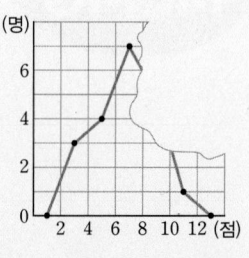

풀이 과정 |

답 |

13 오른쪽 도수분포표는 어느 학교 학생들이 지난 일주일 동안 받은 전자 우편 수를 조사하여 나타낸 것이다.
$A : B = 5 : 4$일 때, 전자 우편 수가 80통 이상 100통 미만인 계급의 상대도수를 구하시오. (단, 풀이 과정을 자세히 쓰시오.)

전자 우편 수(통)	학생 수(명)
0^{이상} ~ 20^{미만}	6
20 ~ 40	A
40 ~ 60	50
60 ~ 80	81
80 ~ 100	B
합계	200

풀이 과정 |

답 |

내공의 힘

핵심만 빠르게~ 단기간에 **내신 공부의 힘**을 키운다

정답과 해설

중등 **수학**
1·2

📖 **책 속의 가접 별책** (특허 제 0557442호)

정답과 해설'은 본책에서 쉽게 분리할 수 있도록 제작되었으므로
유통 과정에서 분리될 수 있으나 파본이 아닌 정상제품입니다.

visang

01강 점, 선, 면

예제   p. 6

1 (1) 8개   (2) 12개
(1) 교점의 개수는 꼭짓점의 개수와 같으므로 8개이다.
(2) 교선의 개수는 모서리의 개수와 같으므로 12개이다.

2 ①, ②
③ $\overrightarrow{BC}$는 시작점이 다르다.
④ $\overrightarrow{CA}$는 시작점과 뻗어 나가는 방향이 모두 다르다.
⑤ $\overline{AC}$는 선분이다.

3 8 cm
$\overline{MB} = \dfrac{1}{2}\overline{AB}$
　　$= \dfrac{1}{2} \times 6 = 3 (\text{cm})$
$\overline{BN} = \dfrac{1}{2}\overline{BC}$
　　$= \dfrac{1}{2} \times 10 = 5 (\text{cm})$
$\therefore \overline{MN} = \overline{MB} + \overline{BN}$
　　　$= 3 + 5 = 8 (\text{cm})$

핵심 유형 익히기   p. 7

1 10
$a = 4$, $b = 6$이므로 $a + b = 4 + 6 = 10$
확인 입체도형에서
(교점의 개수)=(꼭짓점의 개수)
(교선의 개수)=(모서리의 개수)

2 ④
④ $\overrightarrow{BC}$와 $\overrightarrow{CB}$는 시작점과 뻗어 나가는 방향이 모두 다르므로 서로 다른 반직선이다.

3 ㄴ, ㄷ, ㄹ
ㄴ. 서로 다른 두 점을 지나는 직선은 오직 하나뿐이다.
ㄷ. 시작점과 뻗어 나가는 방향이 모두 같아야 같은 반직선이다.
ㄹ. $\overrightarrow{AB}$와 $\overrightarrow{BA}$의 공통 부분은 $\overline{AB}$이다.

---

4 12개
(i) 점 A에서 그을 수 있는 반직선은 $\overrightarrow{AB}$, $\overrightarrow{AC}$, $\overrightarrow{AD}$의 3개이다.
(ii) 점 B에서 그을 수 있는 반직선은 $\overrightarrow{BA}$, $\overrightarrow{BC}$, $\overrightarrow{BD}$의 3개이다.
(iii) 점 C에서 그을 수 있는 반직선은 $\overrightarrow{CA}$, $\overrightarrow{CB}$, $\overrightarrow{CD}$의 3개이다.
(iv) 점 D에서 그을 수 있는 반직선은 $\overrightarrow{DA}$, $\overrightarrow{DB}$, $\overrightarrow{DC}$의 3개이다.
따라서 (i)~(iv)에 의해 두 점을 이어서 만들 수 있는 반직선의 개수는
$3 + 3 + 3 + 3 = 12(개)$
│다른 풀이│ 어느 세 점도 한 직선 위에 있지 않은 n개의 점에 대하여 두 점을 이어서 만들 수 있는 반직선의 개수는 $n(n-1)$개이므로
$4 \times (4-1) = 12(개)$

5 9 cm
$\overline{MB} = \dfrac{1}{2}\overline{AB}$, $\overline{BN} = \dfrac{1}{2}\overline{BC}$이므로
$\overline{MN} = \overline{MB} + \overline{BN} = \dfrac{1}{2}\overline{AB} + \dfrac{1}{2}\overline{BC}$
　　$= \dfrac{1}{2}(\overline{AB} + \overline{BC}) = \dfrac{1}{2}\overline{AC}$
　　$= \dfrac{1}{2} \times 18 = 9 (\text{cm})$

6 18 cm
$\overline{MB} = \dfrac{1}{2}\overline{AB} = \dfrac{1}{2} \times 24 = 12 (\text{cm})$
$\overline{NM} = \dfrac{1}{2}\overline{AM} = \dfrac{1}{2}\overline{MB}$
　　$= \dfrac{1}{2} \times 12 = 6 (\text{cm})$
$\therefore \overline{NB} = \overline{NM} + \overline{MB}$
　　　$= 6 + 12 = 18 (\text{cm})$

02강 각

예제   p. 8

1 (1) 예각   (2) 둔각
(3) 직각   (4) 평각
(1) $0° < (예각) < 90°$이므로 30°는 예각이다.
(2) $90° < (둔각) < 180°$이므로 115°는 둔각이다.

---

2 $\angle x = 55°$, $\angle y = 125°$
맞꼭지각의 크기는 서로 같으므로
$\angle x = 55°$
$\angle y = 180° - 55° = 125°$

3 (1) $\overline{AD}$, $\overline{BC}$
(2) 점 B
(3) 4 cm
(1) $\angle A = \angle B = 90°$이므로 $\overline{AB}$와 수직인 변은 $\overline{AD}$, $\overline{BC}$이다.
(2) 점 A에서 $\overline{BC}$에 내린 수선의 발은 점 B이다.
(3) 점 D와 $\overline{BC}$ 사이의 거리는 $\overline{AB} = 4$ cm이다.

핵심 유형 익히기   p. 9

1 ①
① 예각   ② 직각   ③ 둔각
④ 둔각   ⑤ 평각

2 ⑤
$\angle AOC + \angle BOD = 180° - 90° = 90°$
이므로
$\angle AOC = 90° \times \dfrac{3}{3+2} = 54°$

3 $\angle a = 60°$, $\angle b = 120°$, $\angle c = 60°$
$\angle a + 120° = 180°$
$\therefore \angle a = 60°$
맞꼭지각의 크기는 서로 같으므로
$\angle b = 120°$, $\angle c = \angle a = 60°$

4 15
맞꼭지각의 크기는 서로 같으므로
$x + 20 = 3x - 10$
$2x = 30$
$\therefore x = 15$

5 ④
점과 직선 사이의 거리는 점에서 직선에 내린 수선의 발까지의 거리이므로 점 P와 직선 l 사이의 거리를 나타내는 선분은 $\overline{PH}$이다.

족집게 문제   p. 10~13

1 13	**2** ㄱ, ㄷ, ㄹ	**3** ⑤
4 10개	**5** 28 cm	**6** 9 cm
7 20°	**8** ④	**9** 140°
10 $\angle a = 50°$, $\angle b = 40°$		**11** 30
12 점 B, 점 A	**13** 5 cm	
14 ③, ⑤	**15** 8	**16** ⑤ **17** 3 cm
18 ㄴ, ㄹ	**19** 60°	**20** 7 : 6 **21** 36°
22 ②	**23** 18 cm, 과정은 풀이 참조	
24 60°, 과정은 풀이 참조		

1 $a = 8$, $b = 5$이므로 $a + b = 8 + 5 = 13$

2 ㄷ. $\overrightarrow{CB}$와 $\overrightarrow{CA}$는 시작점과 뻗어 나가는 방향이 모두 같으므로 같은 반직선이다.
따라서 같은 것끼리 짝 지은 것은 ㄱ, ㄷ, ㄹ이다.

3 ① 시작점과 뻗어 나가는 방향이 모두 같을 때 두 반직선은 서로 같다.
② 한 점을 지나는 선분은 무수히 많다.
③ 서로 다른 두 점은 하나의 직선을 결정한다.
④ 서로 다른 두 점을 지나는 직선은 오직 하나뿐이다.

4 서로 다른 직선은 $\overleftrightarrow{AB}$, $\overleftrightarrow{AC}$, $\overleftrightarrow{AD}$, $\overleftrightarrow{AE}$, $\overleftrightarrow{BC}$, $\overleftrightarrow{BD}$, $\overleftrightarrow{BE}$, $\overleftrightarrow{CD}$, $\overleftrightarrow{CE}$, $\overleftrightarrow{DE}$의 10개를 그을 수 있다.

| 다른 풀이 | $\dfrac{5 \times (5-1)}{2} = 10$(개)

확인 어느 세 점도 한 직선 위에 있지 않은 n개의 점에 대하여 두 점을 지나는 서로 다른 직선의 개수는 $\dfrac{n(n-1)}{2}$개이다.

5 $\overline{AB} = 2\overline{MB}$, $\overline{BC} = 2\overline{BN}$이므로
$\overline{AC} = \overline{AB} + \overline{BC}$
$\quad\quad = 2\overline{MB} + 2\overline{BN}$
$\quad\quad = 2(\overline{MB} + \overline{BN}) = 2\overline{MN}$
$\quad\quad = 2 \times 14 = 28$(cm)

6
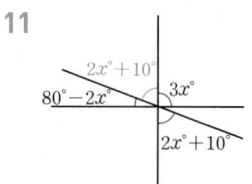
$\overline{MB} = \dfrac{1}{2}\overline{AB} = \dfrac{1}{2} \times 12 = 6$(cm)
$\overline{MN} = \dfrac{1}{2}\overline{MB} = \dfrac{1}{2} \times 6 = 3$(cm)
$\therefore \overline{AN} = \overline{AM} + \overline{MN} = \overline{MB} + \overline{MN}$
$\quad\quad = 6 + 3 = 9$(cm)

7 $\angle y + 35° = 90°$에서 $\angle y = 55°$
$\angle x + 55° = 90°$에서 $\angle x = 35°$
$\therefore \angle y - \angle x = 55° - 35° = 20°$

8 $\angle x : \angle y : \angle z = 1 : 3 : 2$이므로
$\angle z = 180° \times \dfrac{2}{1+3+2}$
$\quad\quad = 180° \times \dfrac{1}{3} = 60°$

확인 평각의 크기는 180°이다.

9
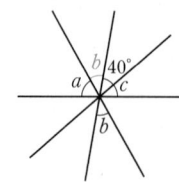
$\angle a + \angle b + 40° + \angle c = 180°$
$\therefore \angle a + \angle b + \angle c = 140°$

10 $90° + \angle a = 140°$(맞꼭지각)
$\therefore \angle a = 50°$
$140° + \angle b = 180°$ $\quad \therefore \angle b = 40°$

11
$(80-2x) + (2x+10) + 3x = 180$
$3x = 90$ $\quad \therefore x = 30$

13 $\overline{BM} = \dfrac{1}{2}\overline{AB} = \dfrac{1}{2} \times 10 = 5$(cm)
$\overline{BM} \perp l$이므로 점 B에서 직선 l까지의 거리는 5 cm이다.

14 ① $\overline{AB}$와 $\overline{CD}$는 만나지 않는다.
② $\overline{AD}$의 수선은 $\overline{AB}$, $\overline{DC}$이다.
④ 점 A와 $\overline{BC}$ 사이의 거리는 2 cm이다.

15 세 점 A, B, C는 한 직선 위에 있으므로 만들 수 있는 직선은 1개이다.
$\therefore x = 1$
만들 수 있는 반직선은 $\overrightarrow{AB}$, $\overrightarrow{BC}$, $\overrightarrow{BA}$, $\overrightarrow{CA}$의 4개이므로 $y = 4$
만들 수 있는 선분은 $\overline{AB}$, $\overline{AC}$, $\overline{BC}$의 3개이므로 $z = 3$
$\therefore x + y + z = 1 + 4 + 3 = 8$

16 ⑤ $\overline{AC} = \dfrac{2}{3}\overline{AD}$

17 $2\overline{AB} = \overline{BD}$이므로
$\overline{AD} = \overline{AB} + \overline{BD} = \overline{AB} + 2\overline{AB} = 3\overline{AB}$

이때 $\overline{AD} = 18$ cm이므로
$18 = 3\overline{AB}$
$\therefore \overline{AB} = 6$ cm
$3\overline{BC} = \overline{CD}$이므로
$\overline{BD} = \overline{BC} + \overline{CD}$
$\quad\quad = \overline{BC} + 3\overline{BC} = 4\overline{BC}$
이때 $\overline{BD} = \overline{AD} - \overline{AB}$
$\quad\quad = 18 - 6 = 12$(cm)
이므로
$12 = 4\overline{BC}$ $\quad \therefore \overline{BC} = 3$ cm

18 ㄱ, ㅂ – 예각
ㄴ, ㄹ – 둔각
ㄷ, ㅁ – 직각

19 $\angle AOC = 2\angle COD$,
$\angle BOE = 2\angle DOE$이므로
$\angle AOC + \angle COD + \angle DOE$
$\quad\quad\quad\quad\quad\quad + \angle BOE$
$= 2\angle COD + \angle COD + \angle DOE$
$\quad\quad + 2\angle DOE$
$= 3\angle COD + 3\angle DOE$
$= 3(\angle COD + \angle DOE)$
$= 3\angle COE = 180°$ (평각)
$\therefore \angle COE = 60°$

20 주어진 조건을 만족시키도록 5개의 점 A, B, C, M, N을 한 직선 위에 나타내면 다음 그림과 같다.

$\overline{AB} : \overline{BC} = 4 : 3$이므로
$\overline{AB} = 4a$, $\overline{BC} = 3a (a > 0)$라 하자.
$\overline{AB}$의 중점이 M, $\overline{BC}$의 중점이 N이므로
$\overline{MB} = \dfrac{1}{2}\overline{AB} = \dfrac{1}{2} \times 4a = 2a$
$\overline{BN} = \dfrac{1}{2}\overline{BC} = \dfrac{1}{2} \times 3a = \dfrac{3}{2}a$
$\therefore \overline{MN} : \overline{BC} = \left(2a + \dfrac{3}{2}a\right) : 3a$
$\quad\quad\quad\quad\quad = \dfrac{7}{2}a : 3a$
$\quad\quad\quad\quad\quad = \dfrac{7}{2} : 3$
$\quad\quad\quad\quad\quad = 7 : 6$

21 $\angle COD = \angle x$라 하면
$\angle AOD = 6\angle x$
$\angle AOC = \angle AOD - \angle COD$
$\quad\quad\quad = 6\angle x - \angle x = 5\angle x$
이므로
$5\angle x = 90°$ $\quad \therefore \angle x = 18°$

∠DOE=∠y라 하면

∠BOD=4∠y

∠COB=∠COD+∠BOD

　　　　=18°+4∠y

이므로

18°+4∠y=90°

4∠y=72°　∴∠y=18°

∴∠COE=∠x+∠y

　　　　=18°+18°

　　　　=36°

22 시침은 1시간에 30°씩 움직이므로 1분에 $\dfrac{30°}{60}=0.5°$씩 움직이고,

분침은 1시간에 360°씩 움직이므로 1분에 $\dfrac{360°}{60}=6°$씩 움직인다.

즉, 시침이 시계의 12를 가리킬 때부터 6시간 40분 동안 움직인 각도는

30°×6+0.5°×40=200°

또 분침이 시계의 12를 가리킬 때부터 40분 동안 움직인 각도는

6°×40=240°

따라서 시침과 분침이 이루는 각 중 작은 쪽의 각의 크기는

(분침이 움직인 각의 크기)

　　－(시침이 움직인 각의 크기)

=240°−200°=40°

23 $\overline{AC}:\overline{CB}=2:3$이므로

$\overline{AC}=\dfrac{2}{5}\overline{AB}=\dfrac{2}{5}×30$

　　=12(cm)

$\overline{CB}=\dfrac{3}{5}\overline{AB}=\dfrac{3}{5}×30$

　　=18(cm)　　　　…(i)

$\overline{AM}=\overline{MC}$이므로

$\overline{MC}=\dfrac{1}{2}\overline{AC}=\dfrac{1}{2}×12$

　　=6(cm)　　　　…(ii)

$\overline{CN}:\overline{NB}=2:1$이므로

$\overline{CN}=\dfrac{2}{3}\overline{CB}=\dfrac{2}{3}×18$

　　=12(cm)　　　　…(iii)

∴$\overline{MN}=\overline{MC}+\overline{CN}$

　　=6+12

　　=18(cm)　　　　…(iv)

채점 기준	비율
(i) $\overline{AC}$, $\overline{CB}$의 길이 구하기	30%
(ii) $\overline{MC}$의 길이 구하기	20%
(iii) $\overline{CN}$의 길이 구하기	30%
(iv) $\overline{MN}$의 길이 구하기	20%

24 ∠AOB+∠BOC=90°,

∠BOC+∠COD=90°

이므로

(∠AOB+∠BOC)

　　+(∠BOC+∠COD)

=90°+90°=180°　　…(i)

∠AOB+∠COD+2∠BOC=180°

60°+2∠BOC=180°

2∠BOC=120°

∴∠BOC=60°　　…(ii)

채점 기준	비율
(i) $\overline{OA}\perp\overline{OC}$, $\overline{OB}\perp\overline{OD}$임을 이용하여 식 세우기	50%
(ii) ∠BOC의 크기 구하기	50%

03강 점, 직선, 평면의 위치 관계

예제
p. 14

1 (1) 점 A　　(2) 점 B

2 (1) $\overline{CD}$, $\overline{EF}$, $\overline{GH}$

(2) $\overline{CG}$, $\overline{DH}$, $\overline{EH}$, $\overline{FG}$

(3) $\overline{EF}$, $\overline{FG}$, $\overline{GH}$, $\overline{HE}$

핵심 유형 익히기
p. 15

1 ④

④ 점 E는 직선 l 위에 있다.

2 ④

④ 꼬인 위치에 있는 두 직선은 한 평면 위에 있지 않다.

3 (1) $\overline{AB}$, $\overline{AC}$, $\overline{DE}$, $\overline{DF}$

(2) $\overline{AB}$

(3) $\overline{CF}$, $\overline{DF}$, $\overline{EF}$

4 (1) 면 ABCD, 면 BFGC

(2) 면 ABFE, 면 CGHD

(3) 면 AEHD, 면 EFGH

5 ①

①, ② l∥m, l∥n이면 두 직선 m, n은 평행하다. 즉, m∥n이다.

③, ④ l⊥m, l⊥n이면 두 직선 m, n은 한 점에서 만나거나 평행하거나 꼬인 위치에 있을 수 있다.

⑤ l∥m, l⊥n이면 두 직선 m, n은 한 점에서 만나거나 꼬인 위치에 있을 수 있다.

따라서 옳은 것은 ①이다.

6 ③

① 모서리 AB와 모서리 CG는 꼬인 위치에 있다.

② 모서리 AB와 모서리 BF는 한 점에서 만난다.

④ 면 ABCD와 면 CGHD는 한 직선에서 만난다(수직이다).

⑤ 면 ABCD와 면 EFGH는 평행하다.

따라서 옳은 것은 ③이다.

04강 평행선의 성질

예제
p. 16

1 (1) ∠e　　(2) ∠f

2 (1) ∠x=45°, ∠y=60°

(2) ∠x=60°

(1) ∠x=45°(엇각)

∠y=60°(동위각)

(2) 다음 그림과 같이 l∥m∥n인 직선 n을 그으면

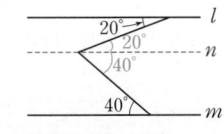

∠x=20°+40°=60°

3 ④

확인 동위각 또는 엇각의 크기가 같으면 두 직선은 평행하다.

핵심 유형 익히기
p. 17

1 ⑤

두 직선 l, n이 직선 m과 만나는 경우 ∠a의 동위각은 ∠e이고,

두 직선 m, n이 직선 l과 만나는 경우 ∠a의 동위각은 ∠h이다.

따라서 ∠a의 동위각은 ∠e, ∠h이다.

2 $\angle a=40°$, $\angle b=75°$, $\angle c=65°$

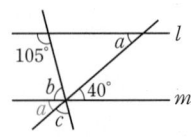

위의 그림에서 $l /\!/ m$이므로
$\angle a=40°$ (엇각)
$\angle a+\angle c=105°$ (동위각)이므로
$\angle c=105°-40°=65°$
$\angle b=180°-(\angle a+\angle c)$
$\quad\;\;=180°-105°=75°$

3 (1) **75°** (2) **35°**

(1) 다음 그림과 같이 $l /\!/ m /\!/ n$인 직선 n을 그으면

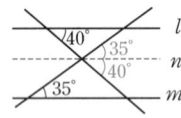

$\angle x=35°+40°=75°$

(2) 다음 그림과 같이 $l /\!/ m /\!/ n$인 직선 n을 그으면

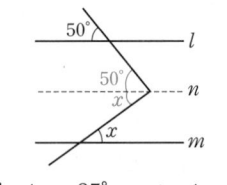

$50°+\angle x=85°$ $\quad \therefore \angle x=35°$

4 (1) **15°** (2) **85°**

(1) 다음 그림과 같이 $l /\!/ m /\!/ p /\!/ q$인 두 직선 p, q를 그으면

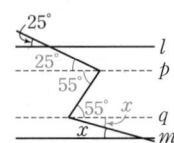

$55°+\angle x=70°$ $\quad \therefore \angle x=15°$

(2) 다음 그림과 같이 $l /\!/ m /\!/ p /\!/ q$인 두 직선 p, q를 그으면

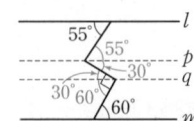

$\angle x=55°+30°=85°$

5 $l /\!/ o$, $m /\!/ n$

동위각의 크기가 100°(또는 80°)로 같으므로 $l /\!/ o$이고, 엇각의 크기가 83°로 같으므로 $m /\!/ n$이다.

기초 내공 다지기 p. 18~19

1 (1) 점 A, 점 C (2) 점 B, 점 D
2 (1) $\overline{AD}$, $\overline{BC}$ (2) $\overline{AB}$, $\overline{CD}$
  (3) $\overline{AB}$
3 (1) 점 A, 점 B (2) 점 C, 점 D
4 (1) $\overline{AB}$, $\overline{AD}$, $\overline{BD}$
  (2) $\overline{AC}$, $\overline{AD}$, $\overline{BC}$, $\overline{BD}$
  (3) $\overline{BC}$
5 (1) $\overline{AE}$, $\overline{AF}$, $\overline{FJ}$, $\overline{EJ}$
  (2) $\overline{AF}$, $\overline{EJ}$, $\overline{DI}$
  (3) $\overline{AF}$, $\overline{BG}$, $\overline{CH}$, $\overline{DI}$, $\overline{EJ}$
  (4) 면 ABCDE, 면 CHID
  (5) 면 FGHIJ
  (6) 면 ABCDE, 면 FGHIJ
6 (1) $\angle e$ (2) $\angle b$
  (3) $\angle c$ (4) $\angle b$
7 (1) 110° (2) 100°
  (3) 70° (4) 80°
8 (1) $\angle x=65°$, $\angle y=115°$
  (2) $\angle x=109°$, $\angle y=93°$
  (3) $\angle x=69°$, $\angle y=42°$
9 $m /\!/ n$, $p /\!/ q$

9 엇각의 크기가 59°로 같으므로 $m /\!/ n$이고, 동위각의 크기가 59°로 같으므로 $p /\!/ q$이다.

족집게 문제 p. 20~23

1 ㄱ, ㄹ **2** ②, ⑤ **3** ④ **4** ①, ④
5 6개 **6** ①, ⑤ **7** ④, ⑤ **8** 130°
9 140° **10** 85° **11** 105° **12** 50°
13 ③ **14** ④, ⑤ **15** ㄷ **16** ③, ④
17 ② **18** 235° **19** 90° **20** ④
21 45° **22** 155°
23 $\angle x=25°$, $\angle y=70°$, $\angle z=55°$
24 2, 과정은 풀이 참조
25 $\angle x=20°$, $\angle y=100°$, 과정은 풀이 참조

---

1 ㄴ. 직선 l은 점 A를 지나지 않는다.
  ㄷ. 점 E는 직선 l 위의 점이 아니다.

2 ② 두 직선의 위치 관계이다.
  ⑤ 두 직선 또는 두 평면의 위치 관계이다.

3 ④ 모서리 DF와 꼬인 위치에 있는 모서리는 $\overline{AB}$, $\overline{BC}$, $\overline{BE}$의 3개이다.

4 ② 한 직선에 수직인 서로 다른 두 직선은 한 점에서 만나거나 평행하거나 꼬인 위치에 있을 수 있다.
  ③ 한 평면에 평행한 서로 다른 두 직선은 한 점에서 만나거나 평행하거나 꼬인 위치에 있을 수 있다.
  ⑤ 한 평면에 수직인 서로 다른 두 평면은 한 직선에서 만나거나 평행할 수 있다.

5 $\overline{AB}$, $\overline{AD}$, $\overline{BC}$, $\overline{BF}$, $\overline{CD}$, $\overline{DH}$의 6개이다.

7 ④ $\angle f$의 엇각은 $\angle b$이고, $\angle b=180°-65°=115°$이다.
  ⑤ $l /\!/ m$인 경우에만 $\angle e=65°$ (동위각), $\angle a=65°$ (맞꼭지각)이므로 $\angle a=\angle e$이다.

8

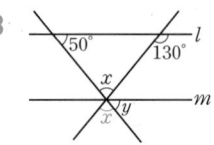

$\angle x+\angle y=130°$ (동위각)

9 다음 그림과 같이 $l /\!/ m /\!/ n$인 직선 n을 그으면

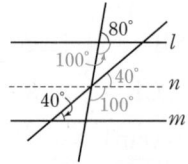

$\angle x=100°+40°=140°$

10 다음 그림과 같이 $l /\!/ m /\!/ n$인 직선 n을 그으면

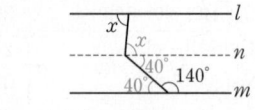

$\angle x+40°=125°$ $\quad \therefore \angle x=85°$

11 다음 그림과 같이 $l /\!/ m /\!/ p /\!/ q$인 두 직선 p, q를 그으면

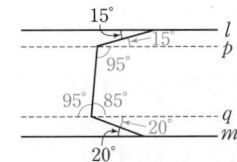

$\angle x = 85° + 20° = 105°$

12 $\angle GEF = \angle CEF$ (접은 각)
$= \dfrac{1}{2} \times (180° - 80°) = 50°$
$\therefore \angle GFE = \angle CEF = 50°$ (엇각)

13

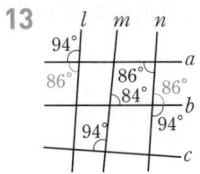

동위각의 크기가 $86°$로 같으므로 $l /\!/ n$
이고, 엇각의 크기가 $86°$로 같으므로
$a /\!/ b$이다.

14 ④ 공간에서 만나지 않는 서로 다른 두
직선은 평행하거나 꼬인 위치에 있
을 수 있다.
⑤ 공간에서 한 직선에 평행한 서로 다
른 두 평면은 평행하거나 한 직선에
서 만날 수 있다.

15 ㄱ. $l /\!/ P$, $m /\!/ P$이면 두 직선 l, m
은 한 점에서 만나거나 평행하거나
꼬인 위치에 있을 수 있다.
ㄴ. $l /\!/ m$, $l \perp n$이면 두 직선 m, n은
한 점에서 만나거나 꼬인 위치에
있을 수 있다.
ㄹ. $P \perp Q$, $Q \perp R$이면 두 평면 P, Q
는 한 직선에서 만나거나 평행할
수 있다.

16 ① $\overline{AB}$와 만나는 모서리는 $\overline{AC}$, $\overline{AD}$,
$\overline{BC}$, $\overline{BE}$, $\overline{BF}$의 5개이다.
② $\overline{AB}$와 평행한 모서리는 $\overline{DE}$, $\overline{FG}$
의 2개이다.
③ $\overline{AB}$와 꼬인 위치에 있는 모서리는
$\overline{CF}$, $\overline{CG}$, $\overline{DG}$, $\overline{EF}$의 4개이다.
④ 면 CFG와 수직인 모서리는 $\overline{AC}$,
$\overline{DG}$, $\overline{EF}$의 3개이다.
⑤ 면 CFG와 수직인 면은 면 ABC,
면 ADGC, 면 BEF, 면 DEFG의
4개이다.
따라서 옳지 않은 것은 ③, ④이다.

17 다음 그림과 같이 $l /\!/ m /\!/ p /\!/ q$인 두
직선 p, q를 그으면

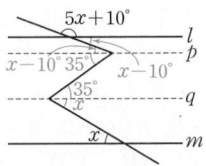

$(5\angle x + 10°) + (\angle x - 10°) = 180°$
$6\angle x = 180°$ $\therefore \angle x = 30°$

18 다음 그림과 같이 $l /\!/ m /\!/ p /\!/ q /\!/ r$인
세 직선 p, q, r를 그으면

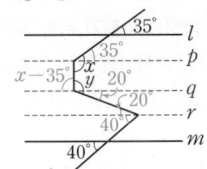

$(\angle x - 35°) + (\angle y - 20°) = 180°$
$\therefore \angle x + \angle y = 180° + 55°$
$= 235°$

19 $\angle ECF = \angle DCE = 35°$ (접은 각)
이므로
$\angle y = 90° - (35° + 35°) = 20°$
$\angle CED = \angle BCE$ (엇각)
$= 20° + 35° = 55°$
$\angle CEF = \angle CED = 55°$ (접은 각)
이므로
$\angle x = 180° - (55° + 55°) = 70°$
$\therefore \angle x + \angle y = 70° + 20°$
$= 90°$

20

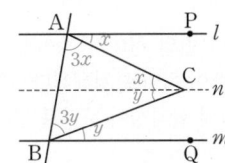

주어진 전개도로 만들어지는 정육면체
는 위의 그림과 같다.
①, ②, ③, ⑤ $\overline{AN}$, $\overline{BC}$, $\overline{CF}$, $\overline{NK}$는
$\overline{JG}$와 꼬인 위치에 있다.
④ $\overline{ML}$과 $\overline{JG}$는 한 점에서 만난다.
따라서 모서리 JG와 꼬인 위치에 있는
모서리가 아닌 것은 ④이다.

21 다음 그림과 같이 $l /\!/ m /\!/ n$인 직선 n을
그으면

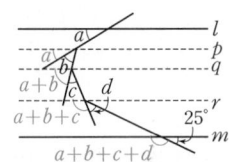

$\angle PAC = \dfrac{1}{4} \angle PAB$이므로
$\angle PAC = \angle x$라 하면
$\angle BAC = 3\angle x$
$\angle CBQ = \dfrac{1}{4} \angle ABQ$이므로
$\angle CBQ = \angle y$라 하면
$\angle ABC = 3\angle y$
삼각형 ABC에서
$4\angle x + 4\angle y = 180°$,
$4(\angle x + \angle y) = 180°$
$\therefore \angle x + \angle y = 45°$
$\therefore \angle ACB = \angle x + \angle y = 45°$

22 다음 그림과 같이 $l /\!/ m /\!/ p /\!/ q /\!/ r$인
세 직선 p, q, r를 그으면

$\angle a + \angle b + \angle c + \angle d + 25° = 180°$
$\therefore \angle a + \angle b + \angle c + \angle d$
$= 180° - 25° = 155°$

23

$\angle CDB = \angle x$ (접은 각)이므로
$2\angle x = 50°$ (동위각) $\therefore \angle x = 25°$
$50° + 60° + \angle y = 180°$
$\therefore \angle y = 70°$
$\angle BED = \angle y = 70°$ (엇각)
접은 각의 크기가 같으므로
$\angle BED + 2\angle z = 180°$
$70° + 2\angle z = 180°$
$2\angle z = 110°$ $\therefore \angle z = 55°$

24 $\overline{AE}$와 꼬인 위치에 있는 모서리는
$\overline{BC}$, $\overline{CD}$, $\overline{FG}$, $\overline{GH}$의 4개이므로
$a = 4$ $\cdots$ (i)
$\overline{BC}$와 평행한 면은 면 AEHD,
면 EFGH의 2개이므로
$b = 2$ $\cdots$ (ii)
$\therefore a - b = 4 - 2 = 2$ $\cdots$ (iii)

채점 기준	비율
(i) a의 값 구하기	40%
(ii) b의 값 구하기	40%
(iii) $a - b$의 값 구하기	20%

25 삼각형 ABC는 정삼각형이므로
$\angle ACB = \angle BAC = 60°$이다. ···(i)
$\angle y = \angle ACB + 40°$ (엇각)
$\quad = 60° + 40° = 100°$ ···(ii)
$\angle x + \angle BAC + \angle y = 180°$이므로
$\angle x + 60° + 100° = 180°$
$\therefore \angle x = 180° - 160° = 20°$ ···(iii)

채점 기준	비율
(i) $\angle ACB = \angle BAC = 60°$임을 설명하기	30 %
(ii) $\angle y$의 크기 구하기	40 %
(iii) $\angle x$의 크기 구하기	30 %

05강 간단한 도형의 작도

예제   p. 24

1 ②
② 작도에서 사용하는 자는 눈금이 없는 것이므로 길이를 잴 때는 컴퍼스를 사용한다.

2 ㉡ → ㉣ → ㉠ → ㉢ → ㉤

핵심 유형 익히기   p. 25

1 ①, ②
③ 선분의 길이를 다른 직선 위로 옮길 때는 컴퍼스를 사용한다.
④ 작도는 눈금 없는 자와 컴퍼스만을 사용하여 도형을 그리는 것이다.
⑤ 주어진 점으로부터 일정한 거리에 있는 점들을 그릴 때는 컴퍼스를 사용한다.

2 풀이 참조
컴퍼스로 -1과 0 사이의 거리를 재고, 이를 이용하여 -5에 대응하는 점은 -1로부터 왼쪽으로 4번, 2에 대응하는 점은 0으로부터 오른쪽으로 2번 이동한 곳에 나타낸다.

---

3 ④
①, ② 두 점 O, P를 중심으로 반지름의 길이가 같은 원을 그렸으므로
$\overline{OA} = \overline{OB} = \overline{PA'} = \overline{PB'}$
③ 점 B′은 점 A′을 중심으로 $\overline{AB}$의 길이를 반지름으로 하는 원 위에 있으므로 $\overline{AB} = \overline{A'B'}$
따라서 옳지 않은 것은 ④이다.

4 ⑤

5 동위각
> **확인** 평행선이 되기 위한 조건
> 서로 다른 두 직선과 다른 한 직선이 만날 때
> • 동위각의 크기가 같으면 두 직선은 평행하다.
> • 엇각의 크기가 같으면 두 직선은 평행하다.

06강 삼각형의 작도

예제   p. 26

1 ②
② $\angle A$의 대변은 $\overline{BC}$이다.

2 ⑤
① $4 < 2 + 3$
② $5 < 3 + 4$
③ $6 < 3 + 4$
④ $7 < 4 + 5$
⑤ $9 = 4 + 5$이므로 삼각형을 작도할 수 없다.
따라서 세 변의 길이가 될 수 없는 것은 ⑤이다.

3 ④
① 한 변의 길이와 그 양 끝 각의 크기가 주어졌으므로 삼각형이 하나로 정해진다.
②, ③ 두 변의 길이와 그 끼인각의 크기가 주어졌으므로 삼각형이 하나로 정해진다.
④ $\angle C$는 $\overline{AB}$, $\overline{AC}$의 끼인각이 아니므로 삼각형이 하나로 정해지지 않는다.
⑤ 세 변의 길이가 주어졌으므로 삼각형이 하나로 정해진다.
따라서 삼각형이 하나로 정해지지 않는 것은 ④이다.

핵심 유형 익히기   p. 27

1 5 cm, 11 cm
나머지 한 변의 길이가
2 cm일 때, $8 > 2 + 4$
4 cm일 때, $8 = 4 + 4$
5 cm일 때, $8 < 4 + 5$
11 cm일 때, $11 < 8 + 4$
13 cm일 때, $13 > 8 + 4$
따라서 나머지 한 변의 길이로 알맞은 것은 5 cm, 11 cm이다.
> **확인** 삼각형의 세 변의 길이 사이의 관계
> (가장 긴 변의 길이)
>   < (나머지 두 변의 길이의 합)

2 $1 < a < 7$
(i) 가장 긴 변의 길이가 4일 때
$\quad 4 < 3 + a$
$\quad \therefore a > 1$
(ii) 가장 긴 변의 길이가 a일 때
$\quad a < 3 + 4$
$\quad \therefore a < 7$
따라서 (i), (ii)에 의해
$1 < a < 7$

3 ④
$\triangle ABC$의 작도 순서는 다음의 2가지 경우가 있다.
(i) ③ $\angle B$를 그린다.
$\quad \to$ ① $\overline{AB}$를 긋는다.
$\quad \to$ ② $\overline{BC}$를 긋는다.
$\quad \to$ ④ $\overline{AC}$를 긋는다.
(ii) ③ $\angle B$를 그린다.
$\quad \to$ ② $\overline{BC}$를 긋는다.
$\quad \to$ ① $\overline{AB}$를 긋는다.
$\quad \to$ ④ $\overline{AC}$를 긋는다.
따라서 (i), (ii)에 의해 맨 마지막에 해당하는 것은 ④이다.

4 ②, ④
① $12 > 5 + 5$이므로 삼각형이 그려지지 않는다.
② 두 변의 길이와 그 끼인각의 크기가 주어졌으므로 삼각형이 하나로 정해진다.
③ 삼각형이 하나로 정해지지 않는다.
④ $\angle A$와 $\angle C$가 주어졌으므로
$\angle B = 180° - (\angle A + \angle C)$
즉, 한 변의 길이와 그 양 끝 각의 크기가 주어진 경우와 같으므로 삼각형이 하나로 정해진다.

⑤ ∠A는 $\overline{AB}$와 $\overline{BC}$의 끼인각이 아니므로 삼각형이 하나로 정해지지 않는다.
따라서 △ABC가 하나로 정해지는 것은 ②, ④이다.

5 ④
④ △ABC에서 $\overline{AB}$의 양 끝 각은 ∠A, ∠B이지만 ∠A와 ∠C의 크기를 알면 삼각형의 내각의 크기의 합이 180°임을 이용하여 ∠B의 크기를 구할 수 있으므로 △ABC가 하나로 정해진다.

07강 삼각형의 합동

예제
p. 28

1 (1) **10 cm** (2) **60°**
(1) $\overline{PQ}$의 대응변은 $\overline{AB}$이고
$\overline{AB}=10\,\text{cm}$이므로
$\overline{PQ}=10\,\text{cm}$
(2) ∠R의 대응각은 ∠C이고
∠C $=180°-(∠A+∠B)$
$=180°-(50°+70°)=60°$
이므로 ∠R=60°

2 ④
④ 삼각형의 세 내각의 크기의 합이 180°이므로 나머지 한 각의 크기는 $180°-(90°+40°)=50°$이다.
따라서 보기의 삼각형과 ASA 합동이다.

핵심 유형 익히기
p. 29

1 ④
④ 다음 그림의 두 직사각형은 넓이는 같지만 서로 합동인 것은 아니다.

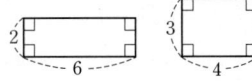

2 ④
① SAS 합동
② SSS 합동
③ ASA 합동

④ 두 삼각형의 세 각의 크기가 같으면 삼각형의 모양은 같지만 크기가 다를 수 있으므로 합동이 아니다.
⑤ ASA 합동
따라서 △ABC≡△DEF가 되는 조건이 아닌 것은 ④이다.

3 ㄴ, ㄹ
ㄴ. SAS 합동
ㄹ. SSS 합동

4 SAS 합동
△ABO와 △CDO에서
$\overline{AO}=\overline{CO}$, $\overline{BO}=\overline{DO}$,
∠AOB=∠COD(맞꼭지각)
∴ △ABO≡△CDO (SAS 합동)

5 △ADE, ASA 합동
△ABC와 △ADE에서
$\overline{AB}=\overline{AD}$, ∠ABC=∠ADE,
∠A는 공통
∴ △ABC≡△ADE (ASA 합동)

족집게 문제
p. 30~33

1 ㄴ, ㄱ, ㄹ	**2** ㄷ, ㅁ, ㄹ, ㄴ, ㄱ	
3 ⑤	**4** ③	**5** ①	**6** ①, ③
7 ④	**8** 75°	**9** ①	**10** ③
11 ②	**12** 12 m, ASA 합동	
13 ③	**14** $a>5$	**15** 8 cm
16 △CAE, 12 cm	**17** ⑤	
18 풀이 참조	**19** 8개	
20 ㄱ, ㄷ, ㄹ	**21** $25\,\text{cm}^2$	
22 7개, 과정은 풀이 참조		
23 90°, 과정은 풀이 참조		

1 작도 순서는 다음과 같다.
ㄷ 직선을 긋는다.
ㄴ 직선 위에 길이가 a인 선분을 옮긴다.
ㄱ 선분의 오른쪽 끝 점을 중심으로 반지름의 길이가 a인 원을 그린다.
ㅁ 선분의 왼쪽 끝 점을 중심으로 반지름의 길이가 a인 원을 그린다.
ㄹ ㄱ, ㅁ에서 그린 원의 교점과 선분의 양 끝 점을 각각 연결한다.
따라서 작도 순서는
ㄷ → ㄴ → ㄱ → ㅁ → ㄹ

확인 위의 작도 순서에서 ㄱ, ㅁ의 순서는 바뀌어도 된다.

3 ⑤ 엇각의 크기가 같으면 두 직선은 평행함을 이용한 것이다.

4 ① $10<5+7$ ② $10<6+8$
③ $17>8+9$ ④ $12<12+12$
⑤ $45<20+26$
따라서 삼각형을 작도할 수 없는 것은 ③이다.

5 ① $x=6$이면 세 변의 길이가 4, 7, 11이므로 $11=4+7$
즉, 삼각형이 될 수 없다.
| 다른 풀이 | 가장 긴 변의 길이는 $x+5$이므로
$x+5<(x-2)+(x+1)$
∴ $x>6$

6 ① ∠A는 $\overline{AB}$와 $\overline{BC}$의 끼인각이 아니므로 △ABC가 하나로 작도되지 않는다.
② 두 변의 길이와 그 끼인각의 크기가 주어졌으므로 △ABC가 하나로 작도된다.
③ $6=2+4$이므로 △ABC가 작도되지 않는다.
④ $6<2+5$이므로 △ABC가 하나로 작도된다.
⑤ $7<6+2$이므로 △ABC가 하나로 작도된다.
따라서 필요한 조건이 아닌 것은 ①, ③이다.

7 ① ∠B는 $\overline{AB}$와 $\overline{AC}$의 끼인각이 아니므로 삼각형이 하나로 정해지지 않는다.
② $10>4+5$이므로 삼각형이 그려지지 않는다.
③ ∠A는 $\overline{AB}$와 $\overline{BC}$의 끼인각이 아니므로 삼각형이 하나로 정해지지 않는다.
④ 한 변의 길이와 그 양 끝 각의 크기가 주어졌으므로 삼각형이 하나로 정해진다.
⑤ 삼각형이 무수히 많이 그려진다.
따라서 △ABC가 하나로 정해지는 것은 ④이다.

8 △ABC≡△DFE이므로
∠D=∠A
$=180°-(40°+65°)=75°$

9 ① ㄱ과 ㅁ은 한 변의 길이와 그 양 끝 각의 크기가 각각 같으므로 ASA 합동이다.

10 △ABC와 △ADE에서
$\overline{AB}=\overline{AD}$, ∠A는 공통,
∠ACB=∠AED이므로
∠ABC=∠ADE
∴ △ABC≡△ADE (ASA 합동)

11 △OAD와 △OCB에서
$\overline{OA}=\overline{OC}$, ∠O는 공통,
$\overline{CD}=\overline{AB}$이므로 $\overline{OD}=\overline{OB}$
∴ △OAD≡△OCB (SAS 합동)

12 △ABD와 △CDB에서
$\overline{AB}\,/\!/\,\overline{DC}$이므로
∠ABD=∠CDB (엇각)
$\overline{AD}\,/\!/\,\overline{BC}$이므로
∠ADB=∠CBD (엇각)
$\overline{BD}$는 공통
∴ △ABD≡△CDB (ASA 합동)
이때 $\overline{AB}=\overline{CD}$이므로 $\overline{CD}=12\,m$
따라서 C와 D 사이의 거리는 12m이다.

13 작도 순서는 다음과 같다.
ⓒ 점 O를 중심으로 적당한 반지름을 갖는 원을 그려 두 반직선 OX, OY와의 교점을 각각 A, B라 한다.
ⓔ 점 P를 중심으로 ⓒ의 원과 반지름의 길이가 같은 원을 그려 반직선 PQ와의 교점을 D라 한다.
ⓐ 컴퍼스로 $\overline{AB}$의 길이를 잰다.
ⓑ 점 D를 중심으로 $\overline{AB}$의 길이를 반지름으로 하는 원을 그려 ⓔ의 원과의 교점을 E라 한다.
ⓜ 점 E를 중심으로 $\overline{AB}$의 길이를 반지름으로 하는 원을 그려 ⓔ의 원과의 교점을 C라 한다.
ⓗ 반직선 PC를 긋는다.
따라서 작도 순서는
③ ⓒ → ⓔ → ⓐ → ⓑ → ⓜ → ⓗ이다.

14 가장 긴 변의 길이는 $a+8$이므로
$a+8<a+(a+3)$
∴ $a>5$

15 △ABD와 △ACE에서
$\overline{AB}=\overline{AC}$, $\overline{AD}=\overline{AE}$,
∠BAD=60°+∠CAD=∠CAE
이므로
△ABD≡△ACE (SAS 합동)
∴ $\overline{CE}=\overline{BD}$
$=\overline{BC}+\overline{CD}$
$=5+3=8\,(cm)$

16 △ABD와 △CAE에서
$\overline{AB}=\overline{CA}$
∠BAD=180°−∠BAE
$=180°−(90°+∠EAC)$
$=180°−(∠AEC+∠EAC)$
$=∠ACE$
∠BDA=∠AEC=90°이므로
∠ABD=∠CAE
∴ △ABD≡△CAE (ASA 합동)
∴ $\overline{DE}=\overline{DA}+\overline{AE}$
$=\overline{EC}+\overline{BD}$
$=3+9=12\,(cm)$

17 △ACE와 △DCB에서
$\overline{AC}=\overline{DC}$, $\overline{CE}=\overline{CB}$,
∠ACE=∠DCB=120°(②, ③)
이므로
△ACE≡△DCB (SAS 합동) (④)
∴ $\overline{AE}=\overline{DB}$ (①)

확인 △ACE와 △DCB에서
∠ACE=180°−∠ECB
$=180°−60°=120°$
∠DCB=180°−∠DCA
$=180°−60°=120°$

18 길이가 $2a-b$인 선분의 작도 순서는 다음과 같다.

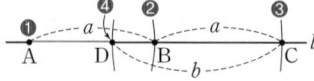

❶ 직선 l 위에 한 점 A를 잡는다.
❷ 컴퍼스로 길이 a를 재어 점 A를 중심으로 반지름의 길이가 a인 원을 그려 직선 l과의 교점을 B라 한다.
❸ 컴퍼스로 길이 a를 재어 점 B를 중심으로 반지름의 길이가 a인 원을 그려 직선 l과의 교점을 C라 한다.
❹ 컴퍼스로 길이 b를 재어 점 C를 중심으로 반지름의 길이가 b인 원을 그려 직선 l과의 교점을 D라 하면 $\overline{AD}$는 길이가 $2a-b$인 선분이다.

19 (i) 가장 긴 변의 길이가 10일 때
$10>4+5$ (×)
$10=4+6$ (×)
$10<4+8$ (○)
$10<5+6$ (○)
$10<5+8$ (○)
$10<6+8$ (○)

(ii) 가장 긴 변의 길이가 8일 때
$8<4+5$ (○)
$8<4+6$ (○)
$8<5+6$ (○)

(iii) 가장 긴 변의 길이가 6일 때
$6<4+5$ (○)
따라서 (i)~(iii)에 의해 만들 수 있는 서로 다른 삼각형의 개수는
$4+3+1=8$(개)

20 ㄱ. $\overline{BD}=\overline{AB}-\overline{AD}$,
$\overline{CE}=\overline{BC}-\overline{BE}$,
$\overline{AF}=\overline{CA}-\overline{CF}$이고
$\overline{AB}=\overline{BC}=\overline{CA}$,
$\overline{AD}=\overline{BE}=\overline{CF}$이므로
$\overline{BD}=\overline{CE}=\overline{AF}$이다.

ㄷ. △ADF와 △BED에서
$\overline{AD}=\overline{BE}$, $\overline{AF}=\overline{BD}$,
∠DAF=∠EBD=60°
∴ △ADF≡△BED (SAS 합동)
마찬가지로
△BED≡△CFE (SAS 합동)
즉, △ADF≡△BED≡△CFE
(SAS 합동)이므로
$\overline{DF}=\overline{ED}=\overline{FE}$
따라서 △DEF는 정삼각형이므로
∠DEF=60°

ㄹ. ∠BED+∠FEC
$=180°−∠DEF$
$=180°−60°$
$=120°$

21 정사각형의 두 대각선의 길이는 같고, 두 대각선은 서로 다른 것을 수직이등분하므로
$\overline{AO}=\overline{BO}=\overline{CO}=\overline{DO}$, $\overline{AC}\perp\overline{BD}$
△BOM과 △CON에서
$\overline{BO}=\overline{CO}$,
∠OBM=∠OCN=45°,
∠BOM=90°−∠COM=∠CON
∴ △BOM≡△CON (ASA 합동)
∴ (사각형 OMCN의 넓이)
$=△OMC+△OCN$
$=△OMC+△OBM$
$=△OBC$
$=(10\times10)\times\dfrac{1}{4}=25\,(cm^2)$

22 가장 긴 변의 길이가 7일 때
$7<4+x$ ∴ $x>3$ ···(i)
가장 긴 변의 길이가 x일 때
$x<4+7$ ∴ $x<11$ ···(ii)

따라서 x의 값의 범위는

$3 < x < 11$이므로 ··· (iii)

자연수 x는 4, 5, 6, 7, 8, 9, 10의

7개이다. ··· (iv)

채점 기준	비율
(i) 가장 긴 변의 길이가 7일 때, x의 값의 범위 구하기	30 %
(ii) 가장 긴 변의 길이가 x일 때, x의 값의 범위 구하기	30 %
(iii) x의 값의 범위 구하기	20 %
(iv) 자연수 x의 개수 구하기	20 %

23 △ABE와 △BCF에서

$\overline{AB}=\overline{BC}$, $\overline{BE}=\overline{CF}$,

$\angle ABE=\angle BCF=90°$이므로

△ABE≡△BCF (SAS 합동) ··· (i)

$\angle BAE+\angle AEB$

$=180°-90°$

$=90°$

이고, $\angle BAE=\angle CBF$이므로

$\angle CBF+\angle AEB=90°$ ··· (ii)

따라서 △BEP에서

$\angle APF=\angle BPE$ (맞꼭지각)

$=180°-90°$

$=90°$ ··· (iii)

채점 기준	비율
(i) △ABE≡△BCF (SAS 합동)임을 설명하기	40 %
(ii) $\angle CBF+\angle AEB=90°$임을 설명하기	30 %
(iii) $\angle APF$의 크기 구하기	30 %

08강 다각형(1)

예제 p. 34

1 정육각형

(가) 6개의 선분으로 둘러싸여 있으므로 육각형이다.

(나) 모든 변의 길이가 같고 모든 내각의 크기가 같으므로 정다각형이다.

따라서 조건을 모두 만족시키는 다각형은 정육각형이다.

2 (1) $\angle C$ (또는 $\angle BCD$ 또는 $\angle DCB$)

(2) $\angle DCE$ (또는 $\angle ECD$)

(2) $\angle C$의 외각은 변 CD와 변 BC의 연장선이 이루는 각이므로 $\angle DCE$ (또는 $\angle ECD$)이다.

3

사각형	육각형	팔각형	십각형
1개	3개	5개	7개
2개	9개	20개	35개

확인 n각형의 대각선

• 한 꼭짓점에서 그을 수 있는 대각선의 개수: $(n-3)$개

• 대각선의 개수: $\dfrac{n(n-3)}{2}$개

핵심 유형 익히기 p. 35

1 ③, ⑤

③ 네 변의 길이가 같고 네 내각의 크기가 같은 사각형이 정사각형이다.

⑤ 다각형에서 이웃하지 않는 두 꼭짓점을 이은 선분이 대각선이다.

2 내각, 외각

3 218°

다각형의 한 꼭짓점에서 내각과 외각의 크기의 합은 180°이므로

(∠A의 외각의 크기)=180°−74°

$=106°$

(∠B의 외각의 크기)=180°−68°

$=112°$

따라서 구하는 두 외각의 크기의 합은

$106°+112°=218°$

4 ⑤

구하는 다각형을 n각형이라 하면

$n-3=9$ ∴ $n=12$

따라서 십이각형이다.

5 44개

$\dfrac{11\times(11-3)}{2}=44$(개)

확인 n각형의 대각선의 개수는 $\dfrac{n(n-3)}{2}$개이다.

09강 다각형(2)

예제 p. 36

1 (1) **50°** (2) **110°**

(1) $\angle x+58°+72°=180°$

∴ $\angle x=50°$

(2) $\angle x=40°+70°$

$=110°$

2 (1) **900°** (2) **2160°**

(1) $180°\times(7-2)=900°$

(2) $180°\times(14-2)=2160°$

확인 n각형의 내각의 크기의 합은 $180°\times(n-2)$이다.

3 135°

정팔각형의 한 내각의 크기는

$\dfrac{180°\times(8-2)}{8}=\dfrac{1080°}{8}=135°$

4 72°

n각형의 외각의 크기의 합은 360°이므로

$\angle x+120°+84°+84°=360°$

∴ $\angle x=72°$

5 45°

정팔각형의 한 외각의 크기는

$\dfrac{360°}{8}=45°$

핵심 유형 익히기 p. 37

1 65°

$\angle BAC=180°-(45°+95°)$

$=40°$

이므로

$\angle CAD=\dfrac{1}{2}\angle BAC$

$=\dfrac{1}{2}\times40°=20°$

∴ $\angle x=180°-(95°+20°)$

$=65°$

2 45

삼각형의 한 외각의 크기는 그와 이웃하지 않는 두 내각의 크기의 합과 같으므로

$3x-15=75+45$

$3x=135$

$\therefore x=45$

3 ④

구하는 다각형을 n각형이라 하면

$180°\times(n-2)=1620°$

$n-2=9$

$\therefore n=11$

따라서 구하는 다각형은 십일각형이다.

4 6개

주어진 정다각형을 정n각형이라 하면

$\dfrac{180°\times(n-2)}{n}=140°$에서

$9(n-2)=7n$

$2n=18$

$\therefore n=9$

따라서 정구각형의 한 꼭짓점에서 그을 수 있는 대각선의 개수는

$9-3=6$(개)

5 90°

다각형의 외각의 크기의 합은 360°이므로

$(180°-\angle x)+50°+95°+55°+70°=360°$

$450°-\angle x=360°$

$\therefore \angle x=90°$

6 ②, ③

① $180°\times(12-2)=1800°$

② $\dfrac{180°\times(12-2)}{12}=\dfrac{1800°}{12}=150°$

③ 다각형의 외각의 크기의 합은 360°이다.

④ $\dfrac{360°}{12}=30°$

⑤ 다각형의 한 꼭짓점에서 내각과 외각의 크기의 합은 180°이다.

따라서 옳은 것은 ②, ③이다.

기초 내공 다지기 p. 38~39

1 (1) 5개 (2) 27개

(3) 54개 (4) 90개

2 (1) 육각형 (2) 칠각형

(3) 십각형 (4) 십삼각형

3 (1) 25° (2) 37.5°

(3) 153° (4) 65°

4 (1) 100° (2) 140°

(3) 105° (4) 53°

5 (1) 120° (2) 140°

(3) 144° (4) 150°

6 (1) 60° (2) 40°

(3) 36° (4) 30°

2 (1) 구하는 다각형을 n각형이라 하면

$\dfrac{n(n-3)}{2}=9$,

$n(n-3)=18=6\times3$

$\therefore n=6$, 즉 육각형

(2) 구하는 다각형을 n각형이라 하면

$\dfrac{n(n-3)}{2}=14$,

$n(n-3)=28=7\times4$

$\therefore n=7$, 즉 칠각형

(3) 구하는 다각형을 n각형이라 하면

$\dfrac{n(n-3)}{2}=35$,

$n(n-3)=70=10\times7$

$\therefore n=10$, 즉 십각형

(4) 구하는 다각형을 n각형이라 하면

$\dfrac{n(n-3)}{2}=65$,

$n(n-3)=130=13\times10$

$\therefore n=13$, 즉 십삼각형

3 (1) $\angle x=180°-(40°+115°)=25°$

(2) $\angle x+2\angle x+30°+\angle x=180°$

$4\angle x=150°$ $\therefore \angle x=37.5°$

(3) $\angle x=63°+90°=153°$

(4) $60°+\angle x=125°$ $\therefore \angle x=65°$

4 (1) $\angle x+105°+70°+85°=360°$

$\therefore \angle x=100°$

(2) $120°+85°+\angle x+90°+105°=540°$

$\therefore \angle x=140°$

(3) $\angle x+110°+145°=360°$

$\therefore \angle x=105°$

(4) $60°+50°+75°+60°+62°+\angle x=360°$

$\therefore \angle x=360°$

족집게 문제 p. 40~43

1 ③ **2** 정십삼각형 **3** ④

4 90개 **5** 120° **6** ① **7** 110°

8 100° **9** 90° **10** 72° **11** ④

12 80° **13** ⑤ **14** ③ **15** −1

16 100° **17** 30° **18** 360° **19** ④

20 120° **21** ㄱ, ㄹ **22** 35회 **23** 65°

24 540° **25** 12개, 과정은 풀이 참조

26 132°, 과정은 풀이 참조

1 ③ 다각형은 세 개 이상의 선분으로 둘러싸인 평면도형이므로 원은 다각형이 아니다.

2 ㈎ 모든 변의 길이가 같고 모든 내각의 크기가 같으면 정다각형이다.

㈏ 구하는 다각형을 n각형이라 하면

$n-3=10$에서 $n=13$

즉, 십삼각형이다.

따라서 ㈎, ㈏에 의해 구하는 다각형은 정십삼각형이다.

3 이십각형의 대각선의 개수는

$\dfrac{20\times(20-3)}{2}=170$(개)

4 주어진 다각형을 n각형이라 하면

$n-3=12$에서 $n=15$

따라서 십오각형의 대각선의 개수는

$\dfrac{15\times(15-3)}{2}=90$(개)

5

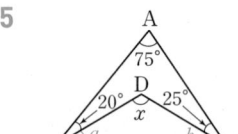

△ABC에서

$75°+(20°+\angle a)+(\angle b+25°)=180°$

이므로 $\angle a+\angle b=60°$

△DBC에서

$\angle x+(\angle a+\angle b)=180°$이므로

$\angle x+60°=180°$ $\therefore \angle x=120°$

6 삼각형의 한 외각의 크기는 그와 이웃하지 않는 두 내각의 크기의 합과 같으므로

$50+(x+30)=4x+20$

$3x=60$ $\therefore x=20$

7

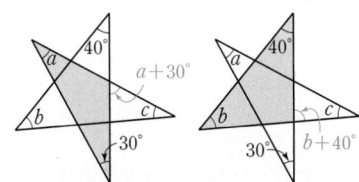

삼각형의 세 내각의 크기의 합은 $180°$
이므로
$(\angle a+30°)+(\angle b+40°)+\angle c$
$=180°$
$\therefore \angle a+\angle b+\angle c=180°-70°$
$\qquad\qquad\qquad\quad =110°$

8 육각형의 내각의 크기의 합은
$180°\times(6-2)=720°$이므로
$\angle x+116°+(180°-46°)$
$\qquad +114°+110°+(180°-34°)$
$=720°$
$\angle x+620°=720°$ $\quad \therefore \angle x=100°$

| 다른 풀이 | n각형의 외각의 크기의
합은 $360°$이므로
$34°+(180°-\angle x)+(180°-116°)$
$\quad +46°+(180°-114°)+(180°-110°)$
$=360°$
$460°-\angle x=360°$ $\quad \therefore \angle x=100°$

9 오각형의 내각의 크기의 합은
$180°\times(5-2)=540°$

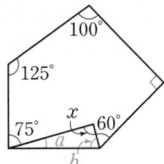

$(75°+\angle a)+(\angle b+60°)+90°$
$\qquad\qquad\qquad +100°+125°$
$=540°$
$\angle a+\angle b+450°=540°$
$\therefore \angle a+\angle b=90°$
삼각형의 세 내각의 크기의 합은 $180°$
이므로
$\angle x+(\angle a+\angle b)=180°$
$\angle x+90°=180°$ $\quad \therefore \angle x=90°$

10

A, B, P, E, C, D 정오각형 그림

정오각형의 한 내각의 크기는
$\dfrac{180°\times(5-2)}{5}=108°$

$\triangle$ABC는 $\overline{BA}=\overline{BC}$인 이등변삼각형
이므로
$\angle BAC=\dfrac{1}{2}\times(180°-108°)$
$\qquad\qquad =\dfrac{1}{2}\times72°=36°$
또 $\triangle$ABE는 $\overline{AB}=\overline{AE}$인 이등변삼
각형이므로
$\angle ABE=\dfrac{1}{2}\times(180°-108°)$
$\qquad\qquad =\dfrac{1}{2}\times72°=36°$
따라서 $\triangle$ABP에서
$\angle x=\angle BAC+\angle ABE$
$\qquad =36°+36°=72°$

11 ① 육각형
② n각형이라 하면 $\dfrac{n(n-3)}{2}=20$
$n(n-3)=40=8\times5$
$\therefore n=8$, 즉 팔각형
③ n각형이라 하면
$180°\times(n-2)=720°$
$n-2=4$ $\quad \therefore n=6$, 즉 육각형
④ 모든 다각형의 외각의 크기의 합은
$360°$이므로 몇 각형인지 알 수 없다.
⑤ n각형이라 하면 $n-3=5$
$\therefore n=8$, 즉 팔각형
따라서 몇 각형인지 알 수 없는 것은
④이다.

12 다각형의 외각의 크기의 합은 $360°$이
므로
$70°+\angle x+(180°-120°)+45°$
$\qquad\qquad\qquad\qquad +55°+50°$
$=360°$
$\angle x+280°=360°$ $\quad \therefore \angle x=80°$

13 구하는 정다각형을 정n각형이라 하면
한 외각의 크기는
$180°\times\dfrac{1}{3+1}=45°$이므로
$\dfrac{360°}{n}=45°$ $\quad \therefore n=8$
따라서 구하는 다각형은 정팔각형이다.

14 주어진 다각형을 n각형이라 하면 한 꼭
짓점에서 그은 대각선에 의해
$(n-2)$개의 삼각형으로 나누어지므로
$n-2=7$ $\quad \therefore n=9$
따라서 구각형의 대각선의 개수는
$\dfrac{9\times(9-3)}{2}=27$(개)

15 주어진 다각형을 n각형이라 하면 한 꼭
짓점에서 그을 수 있는 대각선의 개수
는 $(n-3)$개이므로
$a=n-3$
이 대각선에 의해 만들어지는 삼각형의
개수는 $(n-2)$개이므로
$b=n-2$
$\therefore a-b=n-3-(n-2)$
$\qquad\quad =-1$

16

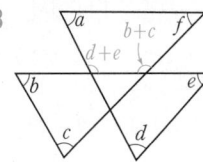

$\triangle$ABC는 이등변삼각형이므로
$\angle ACB=\angle B=25°$
$\triangle$ABC에서
$\angle EAC=\angle B+\angle ACB$
$\qquad\qquad =25°+25°=50°$
$\triangle$ACE는 이등변삼각형이므로
$\angle AEC=\angle EAC=50°$
$\triangle$BCE에서
$\angle ECD=\angle B+\angle BEC$
$\qquad\qquad =25°+50°=75°$
$\triangle$ECD는 이등변삼각형이므로
$\angle EDC=\angle ECD=75°$
따라서 $\triangle$EBD에서
$\angle x=\angle B+\angle EDB$
$\qquad =25°+75°=100°$

17 $\triangle$ABC에서
$60°+2\bullet=2\circ$이므로
$2\circ-2\bullet=60°$
$2(\circ-\bullet)=60°$
$\therefore \circ-\bullet=30°$
따라서 $\triangle$DBC에서
$\angle x+\bullet=\circ$이므로
$\angle x=\circ-\bullet=30°$

18

$a, b+c, d+e, f, b, e, c, d$ 삼각형 그림

삼각형의 한 외각의 크기는 그와 이웃
하지 않는 두 내각의 크기의 합과 같
고, 사각형의 내각의 크기의 합은 $360°$
이므로
$\angle a+\angle b+\angle c+\angle d+\angle e+\angle f$
$=\angle a+(\angle d+\angle e)+(\angle b+\angle c)$
$\qquad\qquad\qquad\qquad\qquad +\angle f$
$=360°$

19 다음 그림과 같이 보조선을 그으면

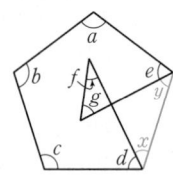

$\angle f + \angle g = \angle x + \angle y$이므로

$$\angle a + \angle b + \angle c + \angle d + \angle e$$
$$+ (\angle f + \angle g)$$
$$= \angle a + \angle b + \angle c + \angle d + \angle e$$
$$+ (\angle x + \angle y)$$
$$= (오각형의 내각의 크기의 합)$$
$$= 180° \times (5-2) = 540°$$

20

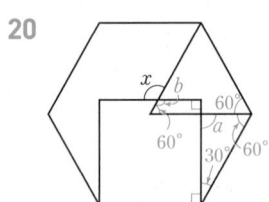

정삼각형의 한 내각의 크기는 $60°$,
정사각형의 한 내각의 크기는 $90°$,
정육각형의 한 내각의 크기는

$\dfrac{180° \times (6-2)}{6} = 120°$이므로

$\angle a = 180° - (30° + 60°) = 90°$
$\angle b = 360° - (90° + 60° + 90°) = 120°$
$\therefore \angle x = \angle b = 120°$ (맞꼭지각)

21 ㄱ. 주어진 다각형을 n각형이라 하면
$180° \times (n-2) = 1800°$에서
$n - 2 = 10$ $\therefore n = 12$
즉, 십이각형의 대각선의 개수는
$\dfrac{12 \times (12-3)}{2} = 54$ (개)

ㄴ. 구하는 정다각형을 정n각형이라
하면
$\dfrac{180° \times (n-2)}{n} = 144°$에서
$5(n-2) = 4n$ $\therefore n = 10$
즉, 정십각형이다.

ㄷ. 주어진 정다각형을 정n각형이라
하면
$\dfrac{360°}{n} = 45°$에서 $n = 8$
즉, 정팔각형의 변의 개수는 8개이다.

ㄹ. 주어진 다각형을 n각형이라 하면
$n - 3 = 6$에서 $n = 9$
즉, 구각형의 내각의 크기의 합은
$180° \times (9-2) = 1260°$
따라서 옳은 것은 ㄱ, ㄹ이다.

22 전체 악수의 횟수는 십각형의 대각선의
개수와 같다.
이때 십각형의 대각선의 개수는
$$\dfrac{10 \times (10-3)}{2} = 35(개)$$
따라서 악수는 모두 35회 한다.

23

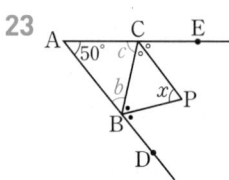

$\triangle ABC$에서
$\angle b + \angle c = 180° - 50° = 130°$
이때 $\angle CBP = \angle DBP$,
$\angle BCP = \angle ECP$에서
$(\angle b + 2\bullet) + (\angle c + 2\circ)$
$= 180° + 180° = 360°$
이므로
$(\angle b + \angle c) + 2(\bullet + \circ) = 360°$
$130° + 2(\bullet + \circ) = 360°$
$2(\bullet + \circ) = 230°$
$\therefore \bullet + \circ = 115°$
따라서 $\triangle BPC$에서
$\angle x + (\bullet + \circ) = 180°$이므로
$\angle x + 115° = 180°$
$\therefore \angle x = 65°$

24

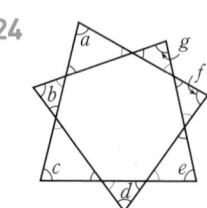

$\angle a + \angle b + \angle c + \angle d + \angle e + \angle f + \angle g$
$= (7개의 삼각형의 내각의 크기의 합)$
$\quad - (칠각형의 외각의 크기의 합) \times 2$
$= 180° \times 7 - 360° \times 2$
$= 1260° - 720° = 540°$

25 주어진 다각형을 n각형이라 하자.
대각선의 개수가 90개이므로
$\dfrac{n(n-3)}{2} = 90$ $\cdots$(i)
$n(n-3) = 180$
이때 $15 \times 12 = 180$이므로 $n = 15$
즉, 십오각형이다. $\cdots$(ii)
따라서 한 꼭짓점에서 그을 수 있는 대
각선의 개수는
$15 - 3 = 12$(개) $\cdots$(iii)

채점 기준	비율
(i) 대각선의 개수가 90개임을 이용하여 식 세우기	30%
(ii) 대각선의 개수가 90개인 다각형의 이름 말하기	40%
(iii) 한 꼭짓점에서 그을 수 있는 대각선의 개수 구하기	30%

26

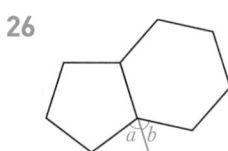

위의 그림과 같이 서로 붙어 있는 변을
연장하고 정오각형에서 한 외각의 크기
를 $\angle a$, 정육각형에서 한 외각의 크기
를 $\angle b$라 하자.
n각형에서 외각의 크기의 합은 $360°$이
므로
$\angle a = \dfrac{360°}{5} = 72°$ $\cdots$(i)
$\angle b = \dfrac{360°}{6} = 60°$ $\cdots$(ii)
$\therefore \angle x = \angle a + \angle b$
$\quad\quad = 72° + 60° = 132°$ $\cdots$(iii)

채점 기준	비율
(i) 정오각형의 한 외각의 크기 구하기	40%
(ii) 정육각형의 한 외각의 크기 구하기	40%
(iii) $\angle x$의 크기 구하기	20%

10강 **원과 부채꼴(1)**

예제 p. 44

1 (1) $\angle BOC$ (또는 $\angle COB$)
(2) $\overparen{AC}$ (또는 $\overparen{CA}$)
(3) $\angle BOD$ (또는 $\angle DOB$)

2 (1) 지름   (2) $180°$

3 (1) 8   (2) 4
(1) $120° : 30° = x : 2$
$\therefore x = 8$
(2) $45° : 135° = x : 12$
$\therefore x = 4$

 핵심 유형 익히기   p. 45

1 ④

④ $\overset{\frown}{BC}$와 $\overline{OB}$, $\overline{OC}$로 이루어진 도형을 부채꼴이라 한다.

2 10 cm

한 원에서 가장 긴 현은 원의 지름이므로
$5 \times 2 = 10$(cm)

3 30 cm²

원 O의 넓이를 x cm²라 하면
$60° : 360° = 5 : x$
$\therefore x = 30$
따라서 원 O의 넓이는 30 cm²이다.

4 ③, ④

① $\angle AOB = \angle BOC = 90°$이므로
   $\overset{\frown}{AB} = \overset{\frown}{BC}$

② $\angle AOB = 90°$, $\angle COD = 30°$이므로
   $\overset{\frown}{AB} : \overset{\frown}{CD} = 90° : 30°$
               $= 3 : 1$
   $\therefore \overset{\frown}{AB} = 3\overset{\frown}{CD}$

③ 현의 길이는 중심각의 크기에 정비례하지 않는다.
   $\therefore \overline{AB} \neq 3\overline{CD}$

④
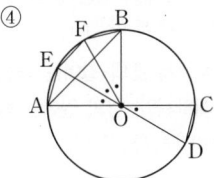

(△COD의 넓이)
$= $(△AOE의 넓이)
$= $(△EOF의 넓이)
$= $(△BOF의 넓이)
$\therefore$ (△AOB의 넓이)
          $< 3 \times$(△COD의 넓이)

⑤ (부채꼴 AOB의 넓이)
    : (부채꼴 COD의 넓이)
$= \angle AOB : \angle COD$
$= 90° : 30° = 3 : 1$
$\therefore$ (부채꼴 AOB의 넓이)
    $= 3 \times$(부채꼴 COD의 넓이)
따라서 옳지 않은 것은 ③, ④이다.

5 72°

$\overset{\frown}{AB} : \overset{\frown}{BC} = 3 : 2$이므로
$\angle AOB : \angle BOC = 3 : 2$
$\therefore \angle BOC = 180° \times \dfrac{2}{3+2} = 72°$

6 12 cm

다음 그림과 같이 $\overline{OC}$를 그으면

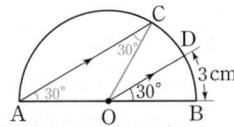

$\overline{AC} /\!/ \overline{OD}$이므로
$\angle OAC = \angle BOD$
           $= 30°$(동위각)
$\overline{OA} = \overline{OC}$이므로 △AOC는 이등변삼각형이다.
$\therefore \angle OCA = \angle OAC$
           $= 30°$
또 삼각형의 세 내각의 크기의 합은 180°이므로 △AOC에서
$\angle AOC = 180° - (30° + 30°)$
           $= 120°$
이때 부채꼴의 호의 길이는 중심각의 크기에 정비례하므로
$\overset{\frown}{AC} : 3 = \angle AOC : \angle BOD$
           $= 120° : 30°$
$\therefore \overset{\frown}{AC} = 12$ cm

11강 원과 부채꼴 (2)

예제   p. 46

1 $l = 10\pi$ cm, $S = 25\pi$ cm²
$l = 2\pi \times 5 = 10\pi$(cm)
$S = \pi \times 5^2 = 25\pi$(cm²)

2 $l = 12\pi$ cm, $S = 12\pi$ cm²
$l = 2\pi \times 4 + 2\pi \times 2 = 12\pi$(cm)
$S = \pi \times 4^2 - \pi \times 2^2 = 12\pi$(cm²)

3 $l = 2\pi$ cm, $S = 6\pi$ cm²
$l = 2\pi \times 6 \times \dfrac{60}{360} = 2\pi$(cm)
$S = \pi \times 6^2 \times \dfrac{60}{360} = 6\pi$(cm²)

4 $l = 2\pi$ cm, $S = 3\pi$ cm²
$l = 2\pi \times 3 \times \dfrac{120}{360} = 2\pi$(cm)
$S = \pi \times 3^2 \times \dfrac{120}{360} = 3\pi$(cm²)

5 15π cm²
$\dfrac{1}{2} \times 3\pi \times 10 = 15\pi$(cm²)

6 18π cm²
$\dfrac{1}{2} \times 4\pi \times 9 = 18\pi$(cm²)

 핵심 유형 익히기   p. 47

1 49π cm²

원의 반지름의 길이를 r cm라 하면 둘레의 길이가 14π cm이므로
$2\pi r = 14\pi$ $\therefore r = 7$
따라서 원의 반지름의 길이는 7 cm이므로 넓이는
$\pi \times 7^2 = 49\pi$(cm²)

2 $l = 10\pi$ cm, $S = 6\pi$ cm²

가장 큰 반원부터 지름의 길이가 차례로 10 cm, 6 cm, 4 cm이므로 반지름의 길이는 각각 5 cm, 3 cm, 2 cm이다.
따라서
$l = (2\pi \times 5) \times \dfrac{1}{2} + (2\pi \times 3) \times \dfrac{1}{2}$
    $+ (2\pi \times 2) \times \dfrac{1}{2}$
  $= 5\pi + 3\pi + 2\pi = 10\pi$(cm)
$S = (\pi \times 5^2) \times \dfrac{1}{2} - \left\{(\pi \times 3^2) \times \dfrac{1}{2}\right.$
                    $\left.+ (\pi \times 2^2) \times \dfrac{1}{2}\right\}$
  $= \dfrac{25}{2}\pi - \left(\dfrac{9}{2}\pi + 2\pi\right)$
  $= \dfrac{25}{2}\pi - \dfrac{13}{2}\pi = 6\pi$(cm²)

3 (1) $l = (8\pi + 8)$ cm, $S = 16\pi$ cm²

(2) $l = (10\pi + 10)$ cm, $S = \dfrac{25}{2}\pi$ cm²

(1) $l = 2\pi \times 8 \times \dfrac{120}{360}$
      $+ 2\pi \times 4 \times \dfrac{120}{360} + 4 \times 2$
  $= \dfrac{16}{3}\pi + \dfrac{8}{3}\pi + 8$
  $= 8\pi + 8$(cm)
$S = \pi \times 8^2 \times \dfrac{120}{360} - \pi \times 4^2 \times \dfrac{120}{360}$
  $= \dfrac{64}{3}\pi - \dfrac{16}{3}\pi$
  $= \dfrac{48}{3}\pi = 16\pi$(cm²)

(2) $l=2\pi\times10\times\dfrac{90}{360}$

$\qquad+(2\pi\times5)\times\dfrac{1}{2}+10$

$\quad=5\pi+5\pi+10$

$\quad=10\pi+10\,(\text{cm})$

$S=\pi\times10^2\times\dfrac{90}{360}-(\pi\times5^2)\times\dfrac{1}{2}$

$\quad=25\pi-\dfrac{25}{2}\pi$

$\quad=\dfrac{25}{2}\pi\,(\text{cm}^2)$

4 $\ l=6\pi\,\text{cm},\ S=(18\pi-36)\,\text{cm}^2$

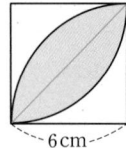

6cm

$l=\left(2\pi\times6\times\dfrac{90}{360}\right)\times2$

$\ =6\pi\,(\text{cm})$

$S=$ (leaf shape)

$\ =$ (half leaf) $\times2$

$\ =($ (quarter circle) $-$ (triangle) $)\times2$

$\ =\left(\pi\times6^2\times\dfrac{90}{360}-\dfrac{1}{2}\times6\times6\right)\times2$

$\ =(9\pi-18)\times2$

$\ =18\pi-36\,(\text{cm}^2)$

5 ③

부채꼴의 반지름의 길이를 $r\,\text{cm}$라 하면

$\dfrac{1}{2}\times6\pi\times r=21\pi$

$3\pi r=21\pi$

$\therefore r=7$

따라서 부채꼴의 반지름의 길이는
7 cm이다.

6 $3\pi\,\text{cm}$

부채꼴의 호의 길이를 $l\,\text{cm}$라 하면

$\dfrac{1}{2}\times l\times12=18\pi$

$6l=18\pi$

$\therefore l=3\pi$

따라서 부채꼴의 호의 길이는 $3\pi\,\text{cm}$
이다.

---

1 (1) 3 (2) 160
  (3) 6 (4) 54

2 (1) $l=6\pi\,\text{cm},\ S=9\pi\,\text{cm}^2$
  (2) $l=26\pi\,\text{cm},\ S=169\pi\,\text{cm}^2$
  (3) $l=10\pi\,\text{cm},\ S=25\pi\,\text{cm}^2$
  (4) $l=18\pi\,\text{cm},\ S=81\pi\,\text{cm}^2$

3 (1) $l=10\pi\,\text{cm},\ S=60\pi\,\text{cm}^2$
  (2) $l=2\pi\,\text{cm},\ S=4\pi\,\text{cm}^2$

4 (1) $3\pi\,\text{cm}^2$ (2) $28\pi\,\text{cm}^2$

5 (1) $l=24\pi\,\text{cm},\ S=48\pi\,\text{cm}^2$
  (2) $l=(5\pi+6)\,\text{cm},\ S=\dfrac{15}{2}\pi\,\text{cm}^2$
  (3) $l=(5\pi+20)\,\text{cm},$
    $S=25\pi\,\text{cm}^2$
  (4) $l=(12\pi+12)\,\text{cm},\ S=18\pi\,\text{cm}^2$

5 (1) $l=2\pi\times8+2\pi\times4$
   $\ =24\pi\,(\text{cm})$
   $S=\pi\times8^2-\pi\times4^2$
   $\ =48\pi\,(\text{cm}^2)$

(2) $l=2\pi\times9\times\dfrac{60}{360}$

  $\qquad+2\pi\times6\times\dfrac{60}{360}+3\times2$

  $\ =5\pi+6\,(\text{cm})$

  $S=\pi\times9^2\times\dfrac{60}{360}$

  $\qquad-\pi\times6^2\times\dfrac{60}{360}$

  $\ =\dfrac{15}{2}\pi\,(\text{cm}^2)$

(3) $l=2\pi\times10\times\dfrac{90}{360}+10\times2$

  $\ =5\pi+20\,(\text{cm})$

  $S=\pi\times10^2\times\dfrac{90}{360}$

  $\ =25\pi\,(\text{cm}^2)$

(4) $l=2\pi\times12\times\dfrac{90}{360}$

  $\qquad+2\pi\times6\times\dfrac{1}{2}+12$

  $\ =12\pi+12\,(\text{cm})$

  $S=\pi\times12^2\times\dfrac{90}{360}-\pi\times6^2\times\dfrac{1}{2}$

  $\ =18\pi\,(\text{cm}^2)$

---

1 ④   **2** ②
3 $x=105,\ y=8$ **4** $150°$
5 $\dfrac{4}{3}\pi\,\text{cm}$ **6** $\left(\dfrac{9}{2}\pi+12\right)\text{cm}$
7 둘레의 길이: $16\pi\,\text{cm}$,
  넓이: $32\pi\,\text{cm}^2$
8 ①   **9** $30\pi\,\text{cm}^2$
10 $90\pi\,\text{cm}^2$ **11** $\dfrac{99}{4}\pi\,\text{cm}^2$
12 (1) 6 cm (2) $30°$ **13** 28 cm
14 $22.5°$ **15** $24\,\text{cm}^2$
16 ⑤   **17** 45
18 $(144-24\pi)\,\text{cm}^2$
19 $\dfrac{79}{8}\pi\,\text{cm}^2$ **20** $(4\pi+20)\,\text{cm}$
21 $\dfrac{20}{3}\pi\,\text{cm}$ **22** $\dfrac{32}{3}\pi\,\text{cm}$
23 $\dfrac{113}{2}\pi\,\text{m}^2$
24 2 : 7, 과정은 풀이 참조
25 둘레의 길이: $12\pi\,\text{cm}$,
  넓이: $(18\pi-36)\,\text{cm}^2$,
  과정은 풀이 참조

1 ④ 한 원에서 현의 길이는 중심각의 크
  기에 정비례하지 않는다.

  확인 부채꼴에서 호의 길이는 중심각의
  크기에 정비례하지만, 현의 길이는 중심각
  의 크기에 정비례하지 않는다.

2 ① $\angle\text{AOB}=\angle\text{BOC}$이므로
  $\overset{\frown}{\text{AB}}=\overset{\frown}{\text{BC}}$
  즉, $\overset{\frown}{\text{AC}}=2\overset{\frown}{\text{AB}}$이므로
  $\overset{\frown}{\text{AB}}=\dfrac{1}{2}\overset{\frown}{\text{AC}}$

  ② 현의 길이는 중심각의 크기에 정비
  례하지 않으므로 $\overline{\text{AC}}\neq2\overline{\text{AB}}$

  ③ 현의 길이가 같으면 중심각의 크기
  도 같으므로
  $\angle\text{AOB}=\angle\text{BOC}$

  ④ $\triangle\text{AOB}$와 $\triangle\text{BOC}$에서
  $\overline{\text{OA}}=\overline{\text{OB}},\ \overline{\text{OB}}=\overline{\text{OC}},$
  $\angle\text{AOB}=\angle\text{BOC}$이므로
  $\triangle\text{AOB}\equiv\triangle\text{BOC}$ (SAS 합동)

  ⑤ $\angle\text{AOC}=2\angle\text{AOB}$이므로
  (부채꼴 AOC의 넓이)
  $=2\times$(부채꼴 AOB의 넓이)
  따라서 옳지 않은 것은 ②이다.

3 $35° : x° = 4 : 12$
$\therefore x = 105$
$35° : 70° = 4 : y$
$\therefore y = 8$

확인 비례식에서 외항의 곱과 내항의 곱은 같다.
$a : b = c : d$에서 $a \times d = b \times c$

4 중심각의 크기는 호의 길이에 정비례하므로
$\angle AOB : \angle BOC : \angle COA = 5 : 4 : 3$
$\therefore \angle AOB = 360° \times \dfrac{5}{5+4+3}$
$= 360° \times \dfrac{5}{12} = 150°$

5 $\overline{AB} = \overline{OA} = \overline{OB}$이므로 $\triangle OAB$는 정삼각형이다.
즉, $\angle AOB = 60°$이므로
$\widehat{AB} = 2\pi \times 4 \times \dfrac{60}{360}$
$= \dfrac{4}{3}\pi \,(\mathrm{cm})$

6 $2\pi \times 12 \times \dfrac{45}{360} + 2\pi \times 6 \times \dfrac{45}{360} + 6 \times 2$
$= 3\pi + \dfrac{3}{2}\pi + 12$
$= \dfrac{9}{2}\pi + 12 \,(\mathrm{cm})$

7 작은 반원의 반지름의 길이는 $4\,\mathrm{cm}$, 큰 반원의 반지름의 길이는 $8\,\mathrm{cm}$이므로
(색칠한 부분의 둘레의 길이)
$= \left\{ (2\pi \times 4) \times \dfrac{1}{2} \right\} \times 2$
$\quad + (2\pi \times 8) \times \dfrac{1}{2}$
$= 8\pi + 8\pi$
$= 16\pi \,(\mathrm{cm})$

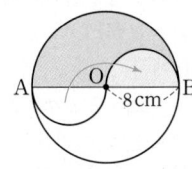

위의 그림과 같이 변형할 수 있으므로
(색칠한 부분의 넓이)
$= (\pi \times 8^2) \times \dfrac{1}{2}$
$= 32\pi \,(\mathrm{cm}^2)$

8

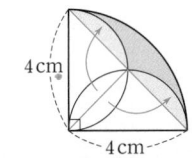

위의 그림과 같이 변형할 수 있으므로
(색칠한 부분의 넓이)

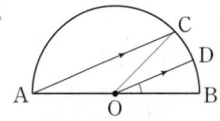

$= \pi \times 4^2 \times \dfrac{90}{360} - \dfrac{1}{2} \times 4 \times 4$
$= 4\pi - 8 \,(\mathrm{cm}^2)$

9 정오각형의 한 내각의 크기는
$\dfrac{180° \times (5-2)}{5} = 108°$
이므로
(부채꼴의 넓이)
$= \pi \times 10^2 \times \dfrac{108}{360}$
$= 30\pi \,(\mathrm{cm}^2)$

10 세 원의 반지름의 길이는 각각
$\dfrac{12}{2} = 6 \,(\mathrm{cm})$
이므로
(색칠한 부분의 넓이)
$= \left(\pi \times 6^2 - \pi \times 6^2 \times \dfrac{60}{360} \right) \times 3$
$= 30\pi \times 3$
$= 90\pi \,(\mathrm{cm}^2)$

11 (작은 부채꼴의 넓이)
$= \dfrac{1}{2} \times \dfrac{5}{2}\pi \times 3$
$= \dfrac{15}{4}\pi \,(\mathrm{cm}^2)$
(큰 부채꼴의 넓이)
$= \dfrac{1}{2} \times 6 \times 7\pi$
$= 21\pi \,(\mathrm{cm}^2)$
따라서 두 부채꼴의 넓이의 합은
$\dfrac{15}{4}\pi + 21\pi = \dfrac{99}{4}\pi \,(\mathrm{cm}^2)$

12 (1) 반지름의 길이를 $r\,\mathrm{cm}$라 하면
$\dfrac{1}{2} \times \pi \times r = 3\pi$
$\therefore r = 6$
따라서 반지름의 길이는 $6\,\mathrm{cm}$이다.

(2) 중심각의 크기를 $x°$라 하면
$2\pi \times 6 \times \dfrac{x}{360} = \pi$
$\therefore x = 30$
따라서 중심각의 크기는 $30°$이다.

13 $\widehat{PQ} = \widehat{PR}$이므로
$\angle POQ = \angle POR$
중심각의 크기가 같으면 현의 길이도 같으므로
$\overline{PR} = \overline{PQ} = 9\,\mathrm{cm}$
한 원의 반지름의 길이는 같으므로
$\overline{OR} = \overline{OQ} = 5\,\mathrm{cm}$
따라서 색칠한 부분의 둘레의 길이는
$\overline{PQ} + \overline{PR} + \overline{OR} + \overline{OQ}$
$= 9 + 9 + 5 + 5$
$= 28 \,(\mathrm{cm})$

14

위의 그림에서
$\widehat{AC} : \widehat{CB} = 3 : 1$이므로
$\angle AOC : \angle COB = 3 : 1$
$\therefore \angle AOC = 180° \times \dfrac{3}{3+1}$
$= 135°$
$\overline{OA} = \overline{OC}$이므로
$\angle OAC = \angle OCA$
$= \dfrac{1}{2} \times (180° - 135°)$
$= 22.5°$
$\therefore \angle BOD = \angle OAC$
$= 22.5°$ (동위각)

15 가장 큰 반원부터 반지름의 길이가 각각 $5\,\mathrm{cm}$, $4\,\mathrm{cm}$, $3\,\mathrm{cm}$이므로
(색칠한 부분의 넓이)

$= (\pi \times 4^2) \times \dfrac{1}{2} + (\pi \times 3^2) \times \dfrac{1}{2}$
$\quad + \dfrac{1}{2} \times 6 \times 8 - (\pi \times 5^2) \times \dfrac{1}{2}$
$= 8\pi + \dfrac{9}{2}\pi + 24 - \dfrac{25}{2}\pi$
$= 24 \,(\mathrm{cm}^2)$

16 (색칠한 부분의 넓이)
$=(\overline{AB}$가 지름인 반원의 넓이$)$
$\quad+($부채꼴 BAB'의 넓이$)$
$\quad-(\overline{AB'}$이 지름인 반원의 넓이$)$
$=($부채꼴 BAB'의 넓이$)$
$=\pi\times16^2\times\dfrac{45}{360}$
$=32\pi\,(\text{cm}^2)$

17 색칠한 두 부분의 넓이가 서로 같으므로 반지름의 길이가 5 cm인 반원의 넓이와 반지름의 길이가 10 cm, 중심각의 크기가 $a°$인 부채꼴의 넓이는 같다.
$(\pi\times5^2)\times\dfrac{1}{2}=\pi\times10^2\times\dfrac{a}{360}$
$\dfrac{25}{2}\pi=\pi\times5\times\dfrac{a}{18}$
$\therefore a=45$

18 다음 그림에서 $\overline{BC}=\overline{BE}=\overline{CE}$이므로 △EBC는 정삼각형이다.

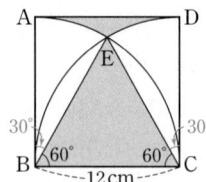

$\therefore$ (색칠한 부분의 넓이)
$=12\times12-\left(\pi\times12^2\times\dfrac{30}{360}\right)\times2$
$=144-24\pi\,(\text{cm}^2)$

19 주어진 그림은 다음 그림과 같이 변형할 수 있다.

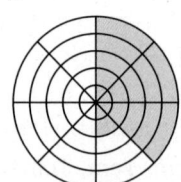

즉, 색칠한 부분의 넓이는 반지름의 길이가 5 cm이고 중심각의 크기가 135°인 부채꼴의 넓이와 반지름의 길이가 2 cm이고 중심각의 크기가 45°인 부채꼴의 넓이의 합과 같다.
$\therefore$ (색칠한 부분의 넓이)
$=\pi\times5^2\times\dfrac{135}{360}+\pi\times2^2\times\dfrac{45}{360}$
$=\dfrac{75}{8}\pi+\dfrac{1}{2}\pi$
$=\dfrac{79}{8}\pi\,(\text{cm}^2)$

20
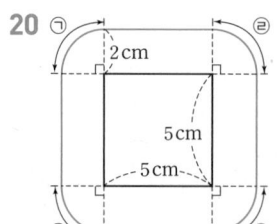

원의 중심이 지나간 자리는 위의 그림의 색선과 같고,
$\textcircled{\scriptsize ㄱ}+\textcircled{\scriptsize ㄴ}+\textcircled{\scriptsize ㄷ}+\textcircled{\scriptsize ㄹ}=2\pi\times2$
$\qquad\qquad\qquad\quad=4\pi\,(\text{cm})$
따라서 원의 중심이 움직인 거리는
$4\pi+5\times4=4\pi+20\,(\text{cm})$

21 정삼각형의 한 외각의 크기는 120°이고, 부채꼴 ABD의 반지름의 길이는 1 cm이므로
(부채꼴 ABD의 호의 길이)
$=2\pi\times1\times\dfrac{120}{360}=\dfrac{2}{3}\pi\,(\text{cm})$
부채꼴 DCE의 반지름의 길이는 2 cm이므로
(부채꼴 DCE의 호의 길이)
$=2\pi\times2\times\dfrac{120}{360}=\dfrac{4}{3}\pi\,(\text{cm})$
부채꼴 EAF의 반지름의 길이는 3 cm이므로
(부채꼴 EAF의 호의 길이)
$=2\pi\times3\times\dfrac{120}{360}=2\pi\,(\text{cm})$
부채꼴 FBG의 반지름의 길이는 4 cm이므로
(부채꼴 FBG의 호의 길이)
$=2\pi\times4\times\dfrac{120}{360}=\dfrac{8}{3}\pi\,(\text{cm})$
따라서 네 부채꼴의 호의 길이의 합은
$\dfrac{2}{3}\pi+\dfrac{4}{3}\pi+2\pi+\dfrac{8}{3}\pi$
$=\dfrac{20}{3}\pi\,(\text{cm})$

22
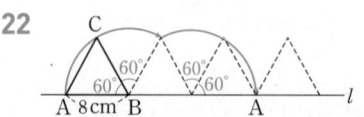

위의 그림과 같이 꼭짓점 A가 움직인 거리는 중심각의 크기가 $60°+60°=120°$이고, 반지름의 길이가 $\overline{AB}=8$ cm인 부채꼴의 호의 길이의 2배와 같다.

$\therefore$ (꼭짓점 A가 움직인 거리)
$=\left(2\pi\times8\times\dfrac{120}{360}\right)\times2$
$=\dfrac{32}{3}\pi\,(\text{cm})$

확인 회전하는 도형의 꼭짓점이 움직인 자리는 부채꼴의 호와 같다.

23 소가 축사 밖에서 최대한 움직일 수 있는 영역의 넓이는 다음 그림의 색칠한 부분의 넓이와 같다.

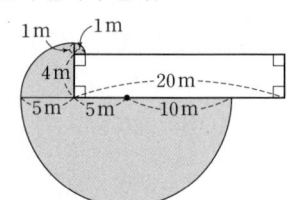

$\therefore$ (구하는 넓이)
$=\pi\times1^2\times\dfrac{90}{360}+\pi\times5^2\times\dfrac{90}{360}$
$\quad+(\pi\times10^2)\times\dfrac{1}{2}$
$=\dfrac{1}{4}\pi+\dfrac{25}{4}\pi+50\pi$
$=\dfrac{113}{2}\pi\,(\text{m}^2)$

확인 최대한 움직일 수 있는 영역의 넓이를 구할 때는 다음을 생각한다.

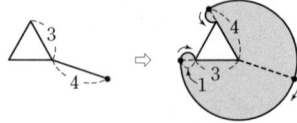

• 최대한 움직일 수 있는 영역의 모양은 부채꼴이다.
• 주어진 도형의 변의 길이보다 끈의 길이가 길면 두 변 이상에 걸쳐 움직인다.

24
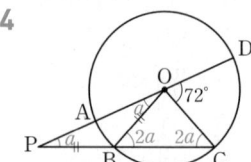

위의 그림과 같이 $\angle BPO=\angle a$라 하면 △PBO는 이등변삼각형이므로
$\angle BOP=\angle BPO=\angle a$
△PBO에서
$\angle OBC=\angle a+\angle a=2\angle a$
또 △OBC는 이등변삼각형이므로
$\angle OCB=\angle OBC=2\angle a$
△OPC에서
$\angle a+2\angle a=72°,\ 3\angle a=72°$
$\therefore \angle a=24°$
즉, $\angle AOB=24°$ $\qquad\cdots$(i)

$$\therefore \angle \mathrm{BOC} = 180° - (24° + 72°)$$
$$= 84° \qquad \cdots \text{(ii)}$$
따라서 부채꼴의 호의 길이는 중심각의 크기에 정비례하므로
$$\overset{\frown}{\mathrm{AB}} : \overset{\frown}{\mathrm{BC}} = 24° : 84°$$
$$= 2 : 7 \qquad \cdots \text{(iii)}$$

채점 기준	비율
(i) ∠AOB의 크기 구하기	40 %
(ii) ∠BOC의 크기 구하기	30 %
(iii) $\overset{\frown}{\mathrm{AB}} : \overset{\frown}{\mathrm{BC}}$를 가장 간단한 자연수의 비로 나타내기	30 %

25 (색칠한 부분의 둘레의 길이)

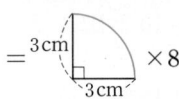

$$= \left(2\pi \times 3 \times \frac{90}{360}\right) \times 8$$
$$= 12\pi \,(\mathrm{cm}) \qquad \cdots \text{(i)}$$
(색칠한 부분의 넓이)

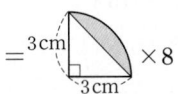

$$= \left(\pi \times 3^2 \times \frac{90}{360} - \frac{1}{2} \times 3 \times 3\right) \times 8$$
$$= \left(\frac{9}{4}\pi - \frac{9}{2}\right) \times 8$$
$$= 18\pi - 36 \,(\mathrm{cm}^2) \qquad \cdots \text{(ii)}$$

채점 기준	비율
(i) 둘레의 길이 구하기	50 %
(ii) 넓이 구하기	50 %

12강 다면체

예제 p. 54

1 (1) **오면체, 5개, 9개, 6개**
   (2) **사면체, 4개, 6개, 4개**
   (3) **칠면체, 7개, 15개, 10개**

2 (1) **직사각형** (2) **삼각형**
   (3) **사다리꼴**
   (1) 각기둥의 옆면의 모양은 직사각형이다.
   (2) 각뿔의 옆면의 모양은 삼각형이다.
   (3) 각뿔대의 옆면의 모양은 사다리꼴이다.

3 (1) **정사면체, 정팔면체, 정이십면체**
   (2) **정사면체, 정육면체, 정십이면체**

핵심 유형 익히기 p. 55

1 **②, ⑤**
   ② 사각형은 평면도형이므로 다면체가 아니다.
   ⑤ 원뿔은 다각형인 면으로 둘러싸여 있지 않으므로 다면체가 아니다.

2 **③**
   ① 사면체
   ② 육면체
   ③ 오면체
   ④ 육면체
   ⑤ 칠면체
   따라서 오면체인 것은 ③ 사각뿔이다.

3 **①, ⑤**
   ① 삼각뿔대의 옆면의 모양은 사다리꼴이다.
   ⑤ 육각뿔의 옆면의 모양은 삼각형이다.

   확인 다면체의 옆면의 모양
   • 각기둥 ⇨ 직사각형
   • 각뿔 ⇨ 삼각형
   • 각뿔대 ⇨ 사다리꼴

4 **육각뿔대**
   (나), (다)에서 구하는 입체도형은 각뿔대이다.
   (가)에서 n각뿔대의 꼭짓점의 개수는 $2n$개이므로 $2n = 12$ $\therefore n = 6$
   따라서 육각뿔대이다.

5 **④, ⑤**
   확인 정다면체의 면의 모양
   • 정삼각형 ⇨ 정사면체, 정팔면체, 정이십면체
   • 정사각형 ⇨ 정육면체
   • 정오각형 ⇨ 정십이면체

6 **⑤**
   ⑤ 정삼각형의 한 내각의 크기가 60°이므로 한 꼭짓점에 정삼각형 6개가 모이면 360°가 되어 평면이 된다.
   따라서 한 꼭짓점에 정삼각형이 6개 모인 정다면체는 만들 수 없다.

13강 회전체

예제 p. 56

1 **②, ③**
   ②, ③은 다면체이다.

2 (1) **원, 이등변삼각형**
   (2) **원, 원**

3 (1) **10 cm** (2) **10π cm**
   (1) (부채꼴의 반지름의 길이)
      = (원뿔의 모선의 길이)
      = 10 cm
   (2) (부채꼴의 호의 길이)
      = (원뿔의 밑면의 둘레의 길이)
      = 2π × 5 = 10π (cm)

핵심 유형 익히기 p. 57

1 **5개**
   주어진 도형 중 회전체는 원기둥, 원뿔, 반구, 구, 원뿔대의 5개이다.

2 (1) 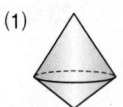 (2)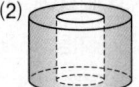
   (3)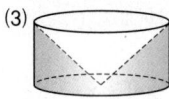

3 **④**
   ④ 다음 그림과 같이 회전체를 회전축에 수직인 평면으로 자른 단면이 모두 합동인 것은 아니다.

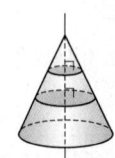 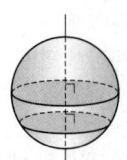

4 56 cm²

직선 l을 회전축으로 하여 1회전 시킬 때 생기는 입체도형은 원기둥으로, 원기둥을 회전축을 포함하는 평면으로 자른 단면은 다음 그림과 같은 직사각형이다.

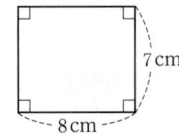

∴ (단면의 넓이)$=8×7$
$=56(\text{cm}^2)$

5 $a=2$, $b=5$, $c=6\pi$

$a=$(작은 원의 반지름의 길이)
$=2\ \text{cm}$
$b=$(모선의 길이)
$=5\ \text{cm}$
$c=$(큰 원의 둘레의 길이)
$=2\pi×3$
$=6\pi(\text{cm})$

족집게 문제 p. 58~61

1 ①	**2** ⑤	**3** ②	**4** ③, ④
5 ④	**6** ③	**7** 정이십면체	
8 풀이 참조	**9** ②, ⑤		
10 ④	**11** ②	**12** ⑤	**13** ⑤
14 2	**15** ⑤	**16** ③	**17** ③
18 ④	**19** 22개	**20** ③	**21** ⑤
22 32개, 90개, 60개		**23** ②, ③	
24 오각기둥: 15개, 10개,			
육각뿔: 12개, 7개,			
오각뿔대: 15개, 10개,			
과정은 풀이 참조			
25 12 cm², 과정은 풀이 참조			

1 ① 원기둥은 회전체이다.

2 면의 개수는 다음과 같다.
① 7개   ② 6개   ③ 6개
④ 7개   ⑤ 8개
따라서 면의 개수가 가장 많은 것은 ⑤이다.

3 ② 각뿔의 옆면의 모양은 삼각형이다.

4 ① 삼각기둥은 오면체이다.
② 오각뿔의 밑면의 모양은 오각형이고 옆면의 모양은 삼각형이다.
⑤ 삼각뿔대의 옆면의 모양은 사다리꼴이다.

5 (나), (다)에서 구하는 입체도형은 각기둥이다.
(가)에서 n각기둥의 면의 개수는 $(n+2)$개이므로
$n+2=9$ ∴ $n=7$
따라서 칠각기둥이다.

6 면의 모양과 한 꼭짓점에 모인 면의 개수를 차례로 구하면 다음과 같다.
① 정삼각형, 3개
② 정사각형, 3개
③ 정삼각형, 4개
④ 정오각형, 3개
⑤ 정삼각형, 5개
따라서 옳은 것은 ③이다.

7 각 면이 모두 합동인 정삼각형이고, 각 꼭짓점에 모인 면의 개수가 5개로 같은 다면체는 정이십면체이다.

8 다음 그림과 같이 각 꼭짓점에 모인 면의 개수가 같지 않으므로 정다면체가 아니다.

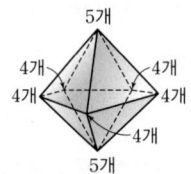

9 ② 원뿔 – 이등변삼각형
⑤ 원뿔대 – 사다리꼴
[확인] 회전체를 회전축을 포함하는 평면으로 자른 단면은 회전축에 대한 선대칭도형이다.

10 주어진 평면도형을 직선 l을 회전축으로 하여 1회전 시킬 때 생기는 입체도형은 원뿔대이므로 전개도는 ④이다.

11 ② 원뿔은 직각삼각형의 밑변 또는 높이를 회전축으로 하여 1회전 시킨 것이다.

12 ① 면의 모양은 정삼각형, 정사각형, 정오각형의 3가지이다.

⑤ 면의 모양이 정삼각형인 정다면체는 정사면체, 정팔면체, 정이십면체이다.
따라서 옳지 않은 것은 ⑤이다.

13 주어진 전개도로 정팔면체를 만들면 다음 그림과 같다.

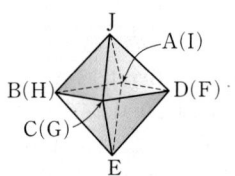

따라서 $\overline{AB}$와 겹쳐지는 모서리는 $\overline{IH}$이다.

14 꼭짓점의 개수는 10개이므로
$a=10$
모서리의 개수는 15개이므로
$b=15$
면의 개수는 7개이므로
$c=7$
∴ $a-b+c=10-15+7$
$=2$

15 ① ㅁ, ㅇ
② ㄱ, ㄴ, ㄷ, ㄹ, ㅅ, ㅈ
③ ㅁ, ㅂ, ㅇ
④ ㄱ, ㄴ
⑤ ㄷ, ㄹ, ㅁ, ㅅ, ㅇ, ㅈ
따라서 옳은 것은 ⑤이다.

16 ① 변 AC를 회전축으로 하여 1회전 시킬 때 생기는 회전체이다.
② 변 BC를 회전축으로 하여 1회전 시킬 때 생기는 회전체이다.

17 원뿔을 각각 다음과 같은 평면으로 자르면 각 단면의 모양이 나온다.

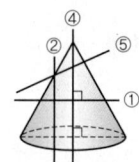

따라서 단면의 모양이 될 수 없는 것은 ③이다.

18 점 A에서 점 B까지 실로 연결할 때 실의 길이가 가장 짧게 되는 경로는 다음 그림과 같다.

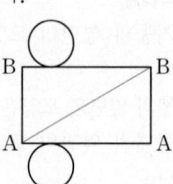

19 주어진 각뿔대를 n각뿔대라 하면 모서리의 개수는 $3n$개, 면의 개수는 $(n+2)$개이다.
모서리와 면의 개수의 차가 20개이므로
$3n-(n+2)=20$, $2n-2=20$
$2n=22$ $\therefore n=11$
따라서 십일각뿔대의 꼭짓점의 개수는
$2\times11=22$(개)

20

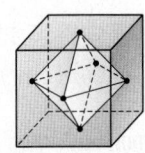

위의 그림과 같이 모든 면이 서로 합동인 정삼각형이고, 한 꼭짓점에 모인 면의 개수가 4개로 같은 다면체가 된다.
즉, 정팔면체가 만들어진다.

21 주어진 전개도로 정육면체를 만들면 다음과 같다.

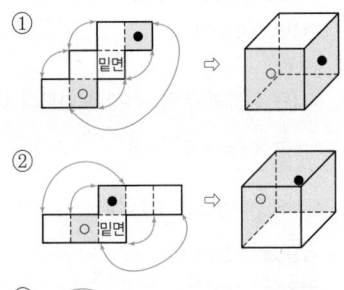

①

②

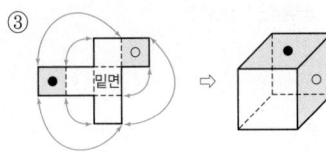

③

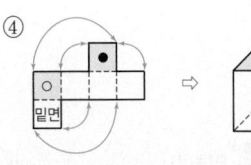

④

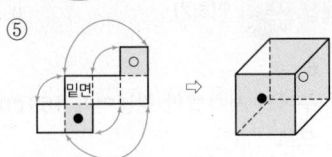

⑤

따라서 '○'와 '●'가 서로 마주 보는 면에 나타나는 것은 ⑤이다.

22 정이십면체를 각 꼭짓점에 모이는 모서리의 삼등분점을 지나도록 모두 자르면 꼭짓점은 정오각형이 되고, 면은 정육각형이 되므로 정오각형의 개수는 정이십면체의 꼭짓점의 개수인 12개, 정육각형의 개수는 정이십면체의 면의 개수인 20개이다.

따라서 [가]의 다면체는 12개의 정오각형과 20개의 정육각형으로 이루어진 삼십이면체이므로 면의 개수는 32개이다.
한 모서리에 2개의 면이 모이므로 [가]의 다면체의 모서리의 개수는
$\dfrac{5\times12+6\times20}{2}=90$(개)
한 꼭짓점에 3개의 면이 모이므로 [가]의 다면체의 꼭짓점의 개수는
$\dfrac{5\times12+6\times20}{3}=60$(개)

23 주어진 사다리꼴을 직선 l을 회전축으로 하여 1회전 시키면 다음 그림과 같은 입체도형이 만들어진다.

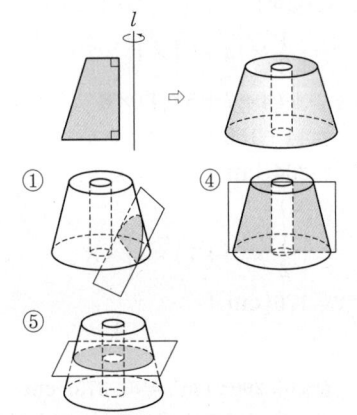

따라서 단면의 모양이 될 수 없는 것은 ②, ③이다.

24 칠면체의 면의 개수는 7개이다.
주어진 입체도형을 각각 a각기둥, b각뿔, c각뿔대라 하면
a각기둥의 면의 개수는 $(a+2)$개이므로
$a+2=7$ $\therefore a=5$
⇨ 오각기둥
b각뿔의 면의 개수는 $(b+1)$개이므로
$b+1=7$ $\therefore b=6$
⇨ 육각뿔
c각뿔대의 면의 개수는 $(c+2)$개이므로
$c+2=7$ $\therefore c=5$
⇨ 오각뿔대 $\cdots$(i)
따라서 오각기둥의
모서리의 개수는 $5\times3=15$(개),
꼭짓점의 개수는 $5\times2=10$(개)
육각뿔의
모서리의 개수는 $6\times2=12$(개),
꼭짓점의 개수는 $6+1=7$(개)
오각뿔대의
모서리의 개수는 $5\times3=15$(개),
꼭짓점의 개수는 $5\times2=10$(개) $\cdots$(ii)

채점 기준	비율
(i) 주어진 각기둥, 각뿔, 각뿔대의 이름 알기	60 %
(ii) 각 입체도형의 모서리의 개수와 꼭짓점의 개수 구하기	40 %

25 직선 l을 회전축으로 하여 1회전 시킬 때 생기는 회전체는 다음 그림과 같다.

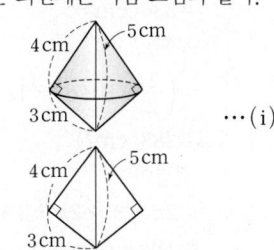

이때 회전축을 포함하는 평면으로 자른 단면은 위의 그림과 같이 밑변의 길이가 3 cm, 높이가 4 cm인 직각삼각형 두 개를 합친 사각형이다. $\cdots$(ii)
따라서 단면의 넓이는
$\left(\dfrac{1}{2}\times3\times4\right)\times2=12(\text{cm}^2)$ $\cdots$(iii)

채점 기준	비율
(i) 회전체 그리기	30 %
(ii) 단면의 모양 설명하기	40 %
(iii) 단면의 넓이 구하기	30 %

14강 기둥의 겉넓이와 부피

예제 p. 62

1 (1) $84\,\text{cm}^2$ (2) $130\pi\,\text{cm}^2$
(1) (겉넓이)
$=\left(\dfrac{1}{2}\times4\times3\right)\times2+(4+5+3)\times6$
$=12+72=84(\text{cm}^2)$
(2) (겉넓이)
$=2\pi\times5^2+2\pi\times5\times8$
$=50\pi+80\pi$
$=130\pi(\text{cm}^2)$

확인 밑면의 반지름의 길이가 r, 높이가 h인 원기둥의 겉넓이는 $2\pi r^2+2\pi rh$이다.

2 (1) $120\,\text{cm}^3$ (2) $20\pi\,\text{cm}^3$
(1) (부피)$=(5\times3)\times8$
$=120(\text{cm}^3)$
(2) (부피)$=(\pi\times2^2)\times5$
$=20\pi(\text{cm}^3)$

3 (1) 겉넓이: $336\,\mathrm{cm}^2$, 부피: $288\,\mathrm{cm}^3$
　　(2) 겉넓이: $78\pi\,\mathrm{cm}^2$, 부피: $90\pi\,\mathrm{cm}^3$
　　(1) (겉넓이)
$$=\left(\frac{1}{2}\times8\times6\right)\times2$$
$$\quad+(6+8+10)\times12$$
$$=48+288$$
$$=336(\mathrm{cm}^2)$$
　　(부피)
$$=\left(\frac{1}{2}\times8\times6\right)\times12$$
$$=288(\mathrm{cm}^3)$$
　　(2) (겉넓이)
$$=2\pi\times3^2+2\pi\times3\times10$$
$$=18\pi+60\pi$$
$$=78\pi(\mathrm{cm}^2)$$
　　(부피)$=\pi\times3^2\times10$
$$\qquad=90\pi(\mathrm{cm}^3)$$

핵심 유형 익히기　　　p. 63

1 (1) $94\,\mathrm{cm}^2$
　　(2) $(56\pi+80)\,\mathrm{cm}^2$
　　(1) (겉넓이)
$$=(4\times3)\times2+(4+3+4+3)\times5$$
$$=24+70$$
$$=94(\mathrm{cm}^2)$$
　　(2) (겉넓이)
$$=\left(\pi\times4^2\times\frac{1}{2}\right)\times2$$
$$\quad+\left(2\pi\times4\times\frac{1}{2}+8\right)\times10$$
$$=16\pi+40\pi+80$$
$$=56\pi+80(\mathrm{cm}^2)$$

2 8
$$\left\{\frac{1}{2}\times(3+5)\times3\right\}\times2$$
$$\qquad\qquad+(3+4+5+4)\times x$$
$$=152$$
$$24+16x=152$$
$$16x=128$$
$$\therefore x=8$$

3 (1) $63\,\mathrm{cm}^3$　　(2) $210\pi\,\mathrm{cm}^3$
　　(1) (부피)
$$=\left(\frac{1}{2}\times6\times3\right)\times7$$
$$=63(\mathrm{cm}^3)$$

---

　　(2) (부피)
$$=(\text{큰 원기둥의 부피})$$
$$\quad-(\text{작은 원기둥의 부피})$$
$$=\pi\times5^2\times10-\pi\times2^2\times10$$
$$=250\pi-40\pi$$
$$=210\pi(\mathrm{cm}^3)$$

4 ⑤
　　(부피)
$$=\left(\pi\times6^2\times\frac{120}{360}\right)\times8$$
$$=96\pi(\mathrm{cm}^3)$$

5 겉넓이: $204\,\mathrm{cm}^2$, 부피: $176\,\mathrm{cm}^3$
　　(겉넓이)
$$=\left\{\frac{1}{2}\times(4+7)\times4\right\}\times2$$
$$\quad+(4+7+5+4)\times8$$
$$=44+160$$
$$=204(\mathrm{cm}^2)$$
　　(부피)
$$=\left\{\frac{1}{2}\times(4+7)\times4\right\}\times8$$
$$=176(\mathrm{cm}^3)$$

6 겉넓이: $200\pi\,\mathrm{cm}^2$, 부피: $375\pi\,\mathrm{cm}^3$
　　밑면의 반지름의 길이를 $r\,\mathrm{cm}$라 하면
$$2\pi r=10\pi$$
$$\therefore r=5$$
　　따라서 밑면의 반지름의 길이가 $5\,\mathrm{cm}$
이므로
　　(겉넓이)$=2\pi\times5^2+10\pi\times15$
$$\qquad\quad=50\pi+150\pi$$
$$\qquad\quad=200\pi(\mathrm{cm}^2)$$
　　(부피)$=\pi\times5^2\times15$
$$\qquad\quad=375\pi(\mathrm{cm}^3)$$

15강 뿔의 겉넓이와 부피

예제　　　　　　　p. 64

1 (1) $96\,\mathrm{cm}^2$　　(2) $21\pi\,\mathrm{cm}^2$
　　(1) (겉넓이)
$$=6\times6+\left(\frac{1}{2}\times6\times5\right)\times4$$
$$=36+60$$
$$=96(\mathrm{cm}^2)$$

---

　　(2) (겉넓이)
$$=\pi\times3^2+\pi\times3\times4$$
$$=9\pi+12\pi$$
$$=21\pi(\mathrm{cm}^2)$$

2 (1) $320\,\mathrm{cm}^3$　　(2) $96\pi\,\mathrm{cm}^3$
　　(1) (부피)$=\frac{1}{3}\times(12\times10)\times8$
$$\qquad\qquad=320(\mathrm{cm}^3)$$
　　(2) (부피)$=\frac{1}{3}\times(\pi\times6^2)\times8$
$$\qquad\qquad=96\pi(\mathrm{cm}^3)$$

3 겉넓이: $90\pi\,\mathrm{cm}^2$, 부피: $84\pi\,\mathrm{cm}^3$
　　(겉넓이)
$$=(\text{두 밑넓이의 합})$$
$$\quad+(\text{큰 부채꼴의 넓이})$$
$$\quad-(\text{작은 부채꼴의 넓이})$$
$$=(\pi\times3^2+\pi\times6^2)+\pi\times6\times10$$
$$\quad-\pi\times3\times5$$
$$=45\pi+60\pi-15\pi$$
$$=90\pi(\mathrm{cm}^2)$$
　　(부피)
$$=(\text{큰 원뿔의 부피})-(\text{작은 원뿔의 부피})$$
$$=\frac{1}{3}\times(\pi\times6^2)\times8$$
$$\quad-\frac{1}{3}\times(\pi\times3^2)\times4$$
$$=96\pi-12\pi$$
$$=84\pi(\mathrm{cm}^3)$$

핵심 유형 익히기　　　p. 65

1 6
　　주어진 사각뿔의 겉넓이가 $160\,\mathrm{cm}^2$이
므로
$$8\times8+\left(\frac{1}{2}\times8\times x\right)\times4=160$$
$$64+16x=160$$
$$16x=96$$
$$\therefore x=6$$

2 $96\pi\,\mathrm{cm}^2$
　　(겉넓이)
$$=\pi\times6^2+\pi\times6\times10$$
$$=36\pi+60\pi$$
$$=96\pi(\mathrm{cm}^2)$$

3 ①

주어진 도형은 삼각뿔이므로

(부피)

$=\frac{1}{3}\times\left(\frac{1}{2}\times4\times6\right)\times5$

$=20(cm^3)$

4 $100\pi\,cm^3$

변 AC를 회전축으로 하여 1회전 시킬 때 생기는 입체도형은 밑면의 반지름의 길이가 5 cm, 높이가 12 cm인 원뿔이므로

(부피)$=\frac{1}{3}\times(\pi\times5^2)\times12$

$=100\pi(cm^3)$

확인 직각삼각형의 직각을 낀 한 변을 축으로 하여 1회전 시킬 때 생기는 입체도형은 원뿔이다.

5 겉넓이: $360\,cm^2$, 부피: $336\,cm^3$

(겉넓이)

$=$(두 밑넓이의 합)$+$(옆넓이)

$=(6\times6+12\times12)$

$+\left\{\frac{1}{2}\times(6+12)\times5\right\}\times4$

$=180+180$

$=360(cm^2)$

(부피)

$=$(큰 사각뿔의 부피)

$-$(작은 사각뿔의 부피)

$=\frac{1}{3}\times(12\times12)\times8$

$-\frac{1}{3}\times(6\times6)\times4$

$=384-48$

$=336(cm^3)$

16강 구의 겉넓이와 부피

예제 p. 66

1 $36\pi\,cm^2$

(겉넓이)$=4\pi\times3^2=36\pi(cm^2)$

2 ⑤

(반지름의 길이가 4 cm인 구의 겉넓이)

$=4\pi\times4^2=64\pi(cm^2)$

(반지름의 길이가 4 cm인 원의 넓이)

$=\pi\times4^2=16\pi(cm^2)$

$\therefore 64\pi\div16\pi=4$(배)

3 $\frac{32}{3}\pi\,cm^3$

(부피)$=\frac{4}{3}\pi\times2^3$

$=\frac{32}{3}\pi(cm^3)$

4 ④

(반지름의 길이가 3 cm인 구의 부피)

$=\frac{4}{3}\pi\times3^3$

$=36\pi(cm^3)$

(반지름의 길이가 1 cm인 구의 부피)

$=\frac{4}{3}\pi\times1^3$

$=\frac{4}{3}\pi(cm^3)$

$\therefore 36\pi\div\frac{4}{3}\pi=27$(배)

5 $30\pi\,cm^3$

원기둥 안에 꼭 맞게 들어 있는 구와 원기둥의 부피의 비는 $2:3$이므로

$20\pi:$(원기둥의 부피)$=2:3$

$\therefore$ (원기둥의 부피)$=30\pi(cm^3)$

확인 원기둥 안에 구와 원뿔이 꼭 맞게 들어 있을 때, 원뿔, 구, 원기둥의 부피의 비는 $1:2:3$이다.

핵심 유형 익히기 p. 67

1 ③

직선 l을 회전축으로 하여 1회전 시킬 때 생기는 입체도형은 반지름의 길이가 10 cm인 구이므로

(겉넓이)$=4\pi\times10^2$

$=400\pi(cm^2)$

2 4

(반구의 겉넓이)

$=$(구의 겉넓이)$\times\frac{1}{2}+$(원의 넓이)

$=4\pi r^2\times\frac{1}{2}+\pi r^2=3\pi r^2$

이므로

$3\pi r^2=48\pi,\ r^2=16=4^2$

$\therefore r=4$

3 ④

(부피)$=\frac{4}{3}\pi\times6^3$

$=288\pi(cm^3)$

4 27개

(반지름의 길이가 9 cm인 쇠공의 부피)

$=\frac{4}{3}\pi\times9^3$

$=972\pi(cm^3)$

(반지름의 길이가 3 cm인 쇠공의 부피)

$=\frac{4}{3}\pi\times3^3$

$=36\pi(cm^3)$

$\therefore 972\pi\div36\pi=27$(개)

5 $1:2:3$

$V_1=\frac{1}{3}\times\pi r^2\times2r=\frac{2}{3}\pi r^3$

$V_2=\frac{4}{3}\pi r^3$

$V_3=\pi r^2\times2r=2\pi r^3$

$\therefore V_1:V_2:V_3$

$=\frac{2}{3}\pi r^3:\frac{4}{3}\pi r^3:2\pi r^3$

$=\frac{2}{3}:\frac{4}{3}:2$

$=1:2:3$

6 $18\pi\,cm^3$

(물의 부피)

$=$(원기둥의 부피)$-$(구의 부피)

$=\pi\times3^2\times6-\frac{4}{3}\pi\times3^3$

$=54\pi-36\pi$

$=18\pi(cm^3)$

기초 내공 다지기 p. 68~69

1 (1) $S=204\,cm^2,\ V=120\,cm^3$

(2) $S=184\,cm^2,\ V=154\,cm^3$

(3) $S=24\pi\,cm^2,\ V=16\pi\,cm^3$

(4) $S=192\pi\,cm^2,\ V=360\pi\,cm^3$

2 (1) $256\,cm^2$ (2) $48\pi\,cm^2$

3 (1) $70\,cm^3$ (2) $21\pi\,cm^3$

4 (1) $152\,cm^2$ (2) $152\pi\,cm^2$

5 (1) $42\,cm^3$ (2) $285\pi\,cm^3$

6 (1) $S=324\pi\,cm^2,\ V=972\pi\,cm^3$

(2) $S=144\pi\,cm^2,\ V=288\pi\,cm^3$

(3) $S=75\pi\,cm^2,\ V=\frac{250}{3}\pi\,cm^3$

(4) $S=147\pi\,cm^2,$

$V=\frac{686}{3}\pi\,cm^3$

4 (1) (겉넓이)
$$=4\times4+6\times6$$
$$\quad+\left\{\frac{1}{2}\times(4+6)\times5\right\}\times4$$
$$=152(\text{cm}^2)$$

(2) (겉넓이)
$$=\pi\times4^2+\pi\times8^2$$
$$\quad+(\pi\times8\times12-\pi\times4\times6)$$
$$=152\pi(\text{cm}^2)$$

5 (1) (부피)
$$=\frac{1}{3}\times(6\times4)\times6$$
$$\quad-\frac{1}{3}\times(3\times2)\times3$$
$$=42(\text{cm}^3)$$

(2) (부피)
$$=\frac{1}{3}\times(\pi\times9^2)\times15$$
$$\quad-\frac{1}{3}\times(\pi\times6^2)\times10$$
$$=285\pi(\text{cm}^3)$$

내공 쌓는 족집게 문제   p. 70~73

1 겉넓이: $288\,\text{cm}^2$, 부피: $240\,\text{cm}^3$

2 $48\pi\,\text{cm}^2$ 3 ③

4 $640\,\text{cm}^3$ 5 11

6 $100\pi\,\text{cm}^2$ 7 $395\,\text{cm}^2$

8 $12\,\text{cm}$ 9 $12\,\text{cm}^3$ 10 ②

11 겉넓이: $210\pi\,\text{cm}^2$, 부피: $312\pi\,\text{cm}^3$

12 50초   13 ③   14 $39\pi\,\text{cm}^3$

15 ④, ⑤   16 $216\pi\,\text{cm}^2$

17 ②   18 $36\,\text{cm}^3$

19 3   20 $\dfrac{15}{2}\,\text{cm}$

21 ③   22 $450\pi\,\text{cm}^3$

23 ②   24 $300\pi\,\text{cm}^2$

25 $42\pi\,\text{cm}^2$, 과정은 풀이 참조

26 겉넓이: $208\pi\,\text{cm}^2$,

     부피: $384\pi\,\text{cm}^3$, 과정은 풀이 참조

27 $128\pi\,\text{cm}^3$, 과정은 풀이 참조

---

1 (겉넓이)
$$=\left(\frac{1}{2}\times6\times8\right)\times2+(6+10+8)\times10$$
$$=48+240=288(\text{cm}^2)$$
(부피)
$$=\left(\frac{1}{2}\times6\times8\right)\times10=240(\text{cm}^3)$$

---

2 주어진 직사각형을 직선 l을 회전축으로 하여 1회전 시킬 때 생기는 입체도형은 밑면의 반지름의 길이가 $3\,\text{cm}$, 높이가 $5\,\text{cm}$인 원기둥이므로
(겉넓이)
$$=\pi\times3^2\times2+2\pi\times3\times5$$
$$=18\pi+30\pi$$
$$=48\pi(\text{cm}^2)$$

3 (겉넓이)
$$=\left(\pi\times3^2\times\frac{240}{360}\right)\times2$$
$$\quad+\left(2\pi\times3\times\frac{240}{360}+3+3\right)\times10$$
$$=6\pi\times2+(4\pi+6)\times10$$
$$=52\pi+60(\text{cm}^2)$$

4 (밑넓이)$=\left(\dfrac{1}{2}\times8\times3\right)\times2+5\times8$
$$=24+40$$
$$=64(\text{cm}^2)$$
$\therefore$ (부피)$=64\times10=640(\text{cm}^3)$

5 $\left\{\dfrac{1}{2}\times(10+8)\times4\right\}\times x=396$
$$36x=396$$
$$\therefore x=11$$

6 주어진 전개도로 만들어지는 입체도형은 원뿔이다.
밑면의 반지름의 길이를 $r\,\text{cm}$라 하면
$$2\pi\times15\times\frac{120}{360}=2\pi\times r$$
$$10\pi=2\pi r$$
$$\therefore r=5$$
즉, 밑면의 반지름의 길이가 $5\,\text{cm}$이므로
(겉넓이)
$$=\pi\times5^2+\pi\times5\times15$$
$$=25\pi+75\pi$$
$$=100\pi(\text{cm}^2)$$

7 (겉넓이)
$$=(5\times5+10\times10)$$
$$\quad+\left\{\frac{1}{2}\times(5+10)\times9\right\}\times4$$
$$=125+270$$
$$=395(\text{cm}^2)$$

8 사각뿔의 높이를 $h\,\text{cm}$라 하면
$$\frac{1}{3}\times(4\times4)\times h=64$$
$$\frac{16}{3}h=64$$
$$\therefore h=12$$
따라서 사각뿔의 높이는 $12\,\text{cm}$이다.

---

9 물이 담긴 부분의 모양은 삼각뿔이므로
(부피)$=\dfrac{1}{3}\times\left(\dfrac{1}{2}\times4\times6\right)\times3$
$$=12(\text{cm}^3)$$

10 주어진 직각삼각형을 직선 l을 회전축으로 하여 1회전 시킬 때 생기는 입체도형은 밑면의 반지름의 길이가 $5\,\text{cm}$, 높이가 $11\,\text{cm}$인 원뿔이므로
(부피)$=\dfrac{1}{3}\times(\pi\times5^2)\times11$
$$=\frac{275}{3}\pi(\text{cm}^3)$$

11 (겉넓이)
$$=(\text{두 밑넓이의 합})$$
$$\quad+(\text{큰 부채꼴의 넓이})$$
$$\quad-(\text{작은 부채꼴의 넓이})$$
$$=(\pi\times3^2+\pi\times9^2)+\pi\times9\times15$$
$$\quad-\pi\times3\times5$$
$$=90\pi+135\pi-15\pi$$
$$=210\pi(\text{cm}^2)$$
(부피)
$$=(\text{큰 원뿔의 부피})-(\text{작은 원뿔의 부피})$$
$$=\frac{1}{3}\times(\pi\times9^2)\times12$$
$$\quad-\frac{1}{3}\times(\pi\times3^2)\times4$$
$$=324\pi-12\pi=312\pi(\text{cm}^3)$$

12 (그릇의 부피)
$$=\frac{1}{3}\times(\pi\times5^2)\times18$$
$$=150\pi(\text{cm}^3)$$
$$\therefore 150\pi\div3\pi=50$$
따라서 50초 만에 그릇에 물이 가득 찬다.

13 (겉넓이)
$$=(4\pi\times6^2)\times\frac{1}{2}+\pi\times6^2$$
$$=72\pi+36\pi=108\pi(\text{cm}^2)$$
(부피)
$$=\left(\frac{4}{3}\pi\times6^3\right)\times\frac{1}{2}=144\pi(\text{cm}^3)$$

14 (부피)
$$=(\text{반구의 부피})+(\text{원뿔의 부피})$$
$$=\left(\frac{4}{3}\pi\times3^3\right)\times\frac{1}{2}$$
$$\quad+\frac{1}{3}\times(\pi\times3^2)\times7$$
$$=18\pi+21\pi$$
$$=39\pi(\text{cm}^3)$$

---

15 ① (원기둥의 겉넓이)
$$=\pi r^2 \times 2 + 2\pi r \times 2r = 6\pi r^2$$
② 구의 겉넓이는 $4\pi r^2$이다.
③ (원기둥의 부피)
$$=\pi r^2 \times 2r = 2\pi r^3$$
④ (원뿔의 부피)
$$=\frac{1}{3} \times \pi r^2 \times 2r = \frac{2}{3}\pi r^3$$
⑤ 원기둥, 구, 원뿔의 부피의 비는
$$2\pi r^3 : \frac{4}{3}\pi r^3 : \frac{2}{3}\pi r^3$$
$$=2 : \frac{4}{3} : \frac{2}{3} = 3 : 2 : 1$$
따라서 옳은 것은 ④, ⑤이다.

16 (겉넓이)
$$=(밑넓이) \times 2 + (큰 원기둥의 옆넓이)$$
$$+(작은 원기둥의 옆넓이)$$
$$=(\pi \times 4^2 - \pi \times 2^2) \times 2 + 2\pi \times 4 \times 16$$
$$+2\pi \times 2 \times 16$$
$$=24\pi + 128\pi + 64\pi$$
$$=216\pi \,(\text{cm}^2)$$

17
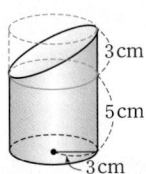
주어진 입체도형은 위의 그림과 같이 두 부분으로 나눌 수 있으므로
(부피)
$$=(\pi \times 3^2 \times 3) \times \frac{1}{2} + \pi \times 3^2 \times 5$$
$$=\frac{27}{2}\pi + 45\pi$$
$$=\frac{117}{2}\pi \,(\text{cm}^3)$$

18 (삼각뿔의 부피)
$$=\frac{1}{3} \times (\triangle BCD의 넓이) \times \overline{CG}$$
$$=\frac{1}{3} \times \left(\frac{1}{2} \times 6 \times 6\right) \times 6$$
$$=36 \,(\text{cm}^3)$$

19 (삼각뿔의 부피)=(삼각기둥의 부피)
이므로
$$\frac{1}{3} \times \left(\frac{1}{2} \times 6 \times 3\right) \times 3$$
$$=\left(\frac{1}{2} \times 3 \times x\right) \times 2$$
$$9=3x$$
$$\therefore x=3$$

20 (그릇 A의 부피)
$$=\frac{1}{3} \times (\pi \times 6^2) \times 10$$
$$=120\pi \,(\text{cm}^3)$$
그릇 B에 채워진 물의 높이를 h cm라 하면
(그릇 B에 채워진 물의 부피)
$$=\pi \times 4^2 \times h$$
$$=16\pi h \,(\text{cm}^3)$$
(그릇 B에 채워진 물의 부피)
=(그릇 A의 부피)이므로
$$16\pi h = 120\pi$$
$$\therefore h=\frac{15}{2}$$
따라서 그릇 B에 채워진 물의 높이는 $\frac{15}{2}$ cm이다.

21 구의 $\frac{1}{8}$을 잘라 내었으므로 남아 있는 부분은 구의 $\frac{7}{8}$이다.
$$\therefore (겉넓이)$$
$$=(구의 겉넓이) \times \frac{7}{8}$$
$$+(사분원의 넓이) \times 3$$
$$=(4\pi \times 4^2) \times \frac{7}{8}$$
$$+\left\{(\pi \times 4^2) \times \frac{1}{4}\right\} \times 3$$
$$=56\pi + 12\pi = 68\pi \,(\text{cm}^2)$$

22 (병의 부피)
$$=(주스의 부피)$$
$$+(병의 빈 공간의 부피)$$
$$=\pi \times 5^2 \times 10 + \pi \times 5^2 \times 8$$
$$=250\pi + 200\pi = 450\pi \,(\text{cm}^3)$$

23 만들어진 입체도형은 다음 그림과 같은 정팔면체이므로 구하는 부피는 두 개의 사각뿔의 부피의 합과 같다.
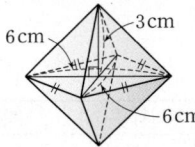
$$\therefore (부피) = \left\{\frac{1}{3} \times \left(\frac{1}{2} \times 6 \times 6\right) \times 3\right\} \times 2$$
$$=36 \,(\text{cm}^3)$$

> **확인** (마름모의 넓이)
> $$=\frac{1}{2} \times (두 대각선의 길이의 곱)$$

24 원뿔의 모선의 길이를 r cm라 하면
(원 O의 반지름의 길이)=r cm이고
(원 O의 둘레의 길이)
$$=(원뿔의 밑면의 둘레의 길이) \times 2$$
이므로
$$2\pi r = (2\pi \times 10) \times 2$$
$$2\pi r = 40\pi \quad \therefore r=20$$
즉, 원뿔의 모선의 길이가 20 cm이므로
(원뿔의 겉넓이)
$$=\pi \times 10^2 + \pi \times 10 \times 20$$
$$=100\pi + 200\pi = 300\pi \,(\text{cm}^2)$$

25 주어진 평면도형을 직선 l을 회전축으로 하여 1회전 시킬 때 생기는 입체도형은 다음 그림과 같다.
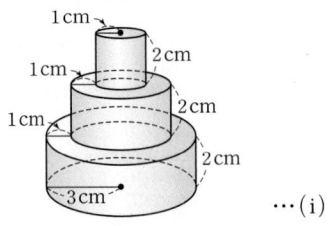
$$\cdots (\text{i})$$
$$\therefore (겉넓이)$$
$$=(\pi \times 3^2) \times 2 + 2\pi \times 1 \times 2$$
$$+2\pi \times 2 \times 2 + 2\pi \times 3 \times 2$$
$$\cdots (\text{ii})$$
$$=18\pi + 4\pi + 8\pi + 12\pi$$
$$=42\pi \,(\text{cm}^2) \qquad \cdots (\text{iii})$$

채점 기준	비율
(i) 겨냥도 그리기	20 %
(ii) 겉넓이를 구하는 식 세우기	50 %
(iii) 겉넓이 구하기	30 %

26 (겉넓이)
$$=(4\pi \times 4^2) \times \frac{1}{2} + (4\pi \times 8^2) \times \frac{1}{2}$$
$$+(\pi \times 8^2 - \pi \times 4^2) \qquad \cdots (\text{i})$$
$$=32\pi + 128\pi + 48\pi$$
$$=208\pi \,(\text{cm}^2) \qquad \cdots (\text{ii})$$
(부피)
$$=\left(\frac{4}{3}\pi \times 4^3\right) \times \frac{1}{2}$$
$$+\left(\frac{4}{3}\pi \times 8^3\right) \times \frac{1}{2} \qquad \cdots (\text{iii})$$
$$=\frac{128}{3}\pi + \frac{1024}{3}\pi$$
$$=\frac{1152}{3}\pi = 384\pi \,(\text{cm}^3) \qquad \cdots (\text{iv})$$

채점 기준	비율
(i) 겉넓이를 구하는 식 세우기	30 %
(ii) 겉넓이 구하기	20 %
(iii) 부피를 구하는 식 세우기	30 %
(iv) 부피 구하기	20 %

27 (공 3개의 부피)

$$=\left(\frac{4}{3}\pi\times 4^3\right)\times 3$$

$$=256\pi(\text{cm}^3) \qquad \cdots(\text{i})$$

(통의 부피)

$$=\pi\times 4^2\times 24$$

$$=384\pi(\text{cm}^3) \qquad \cdots(\text{ii})$$

따라서 비어 있는 부분의 부피는

(통의 부피)−(공 3개의 부피)

$$=384\pi-256\pi$$

$$=128\pi(\text{cm}^3) \qquad \cdots(\text{iii})$$

채점 기준	비율
(i) 공 3개의 부피 구하기	30 %
(ii) 통의 부피 구하기	30 %
(iii) 비어 있는 부분의 부피 구하기	40 %

17강 줄기와 잎 그림

예제　　　　　　　　　　　　p. 74

1 (1) 풀이 참조　　(2) 1, 3, 5, 9
(3) 4, 7　　　　　　(4) 51 kg

(1)

몸무게　　　　　　　(4|3은 43 kg)

줄기	잎
4	3 5 6 7 8 9 9
5	1 3 5 9
6	2 5
7	1

(2) 줄기가 5인 잎은 1, 3, 5, 9이다.
(3) 잎이 가장 많은 줄기는 잎이 7개인
4이고, 잎이 가장 적은 줄기는 잎이
1개인 7이다.
(4) 변량을 큰 것부터 차례로 나열하면
71 kg, 65 kg, 62 kg, 59 kg,
55 kg, 53 kg, 51 kg, …이므로
7번째 변량은 51 kg이다.

2 7곳

최저 기온이 3 ℃ 이하인 지역의 수는
1+3+3=7(곳)

핵심 유형 익히기　　　　　　　p. 75

1 풀이 참조

참가자의 나이　　　　(1|8은 18세)

줄기	잎
1	8 9 9
2	0 0 1 4 4 7 8 9
3	0 1 1 3 5 5
4	0 4 4 5 8
5	1 2

2 (1) 20명　　(2) 42회　　(3) 7명
(1) 전체 학생 수는
7+6+5+2=20(명)

확인　잎의 개수는 자료의 개수와 같다.

(2) 윗몸 일으키기를 가장 많이 한 학생
의 횟수는 줄기가 4, 잎이 2이므로
42회이다.
(3) 윗몸 일으키기를 30회 이상 한 학생
수는 5+2=7(명)

3 (1) 70점대　　(2) 38점　　(3) B반
(1) 잎이 가장 많은 줄기는 A반과 B반
의 잎이 각각 6개, 5개인 7이므로
70점대가 가장 많다.
(2) 성적이 가장 높은 학생의 점수는 99점,
가장 낮은 학생의 점수는 61점이므
로 두 학생의 점수 차는
99−61=38(점)
(3) 성적이 높은 학생의 점수부터 차례로
나열하면 99점, 98점, 96점, 95점,
94점, 89점, …이므로 성적이 6번
째로 높은 학생은 89점을 받은 B반
의 학생이다.

18강 도수분포표

예제　　　　　　　　　　　　p. 76

1

문자 메시지 수(개)		학생 수(명)
0이상 ~ 10미만	///	3
10 ~ 20	//// //	7
20 ~ 30	//// ///	8
30 ~ 40	//// /	6
40 ~ 50	//// /	6
합계		30

---

(1) **10개**　　　　　(2) **5개**
(3) **20개 이상 30개 미만**　　(4) **6명**
(1) 계급의 크기는
10−0=10(개)
(2) 계급의 개수는
0이상~10미만, 10~20, 20~30,
30~40, 40~50
의 5개이다.
(3) 도수가 가장 큰 계급은 도수가 8명인
20개 이상 30개 미만이다.
(4) 문자 메시지 수가 30개 이상 40개
미만인 계급의 도수는 6명이다.

2 (1) **8명**　　　　　(2) **3명**
(1) 구하는 회원 수는
20−(2+1+5+4)=8(명)
(2) 70점 이상 100점 미만인 회원은 2
명, 100점 이상 130점 미만인 회원
은 1명이므로 구하는 회원 수는
2+1=3(명)

핵심 유형 익히기　　　　　　　p. 77

1 ③
③ 자료를 수량으로 나타낸 것은 변량
이라 한다.

2 ⑤
① 4+7+9+2+3=25(명)
② 4−0=8−4=12−8
=16−12=20−16=4(회)
③ 0이상~4미만, 4~8, 8~12, 12~16,
16~20의 5개
④ 이용 횟수가 9회인 학생이 속하는
계급은 8회 이상 12회 미만이므로
도수는 9명이다.
⑤ 각 계급에 속하는 자료의 정확한 값
은 알 수 없다.
따라서 옳지 않은 것은 ⑤이다.

3 (1) **9**
(2) **0분 이상 5분 미만**
(3) **15분 이상 20분 미만**
(4) **40 %**
(1) A=40−(3+8+13+7)=9

(2) 도수가 가장 작은 계급은 사람 수가 3명인 0분 이상 5분 미만이다.

(3) 기다린 시간이 20분 이상 25분 미만인 계급의 도수는 7명, 15분 이상 20분 미만인 계급의 도수는 9명이므로 기다린 시간이 10번째로 많은 사람이 속하는 계급은 15분 이상 20분 미만이다.

(4) 기다린 시간이 15분 이상인 사람 수는 $9+7=16$(명)이므로 전체의 $\dfrac{16}{40}\times100=40(\%)$

5 수확한 수박의 전체 개수는 $2+3+6+5+4=20$(개)이고, 잎이 가장 많은 줄기는 잎이 6개인 5이다.

6 무게가 4 kg 이상 5 kg 미만인 수박은 3개, 5 kg 이상 6 kg 미만인 수박은 6개이므로 구하는 수박의 개수는 $3+6=9$(개)

7 무게가 7 kg 이상인 수박은 4개이므로 최상품은 전체의 $\dfrac{4}{20}\times100=20(\%)$

9 ⑤ 각 계급에 속하는 자료의 정확한 값은 알 수 없다.

10 종사 기간이 10년 이상 20년 미만인 상인은 8명, 20년 이상 30년 미만인 상인은 5명이므로 구하는 상인 수는 $8+5=13$(명)

11 종사 기간이 40년 이상 50년 미만인 상인은 1명, 30년 이상 40년 미만인 상인은 2명이다.
따라서 종사 기간이 3번째로 긴 상인이 속하는 계급은 30년 이상 40년 미만이므로 $a=30$, $b=40$
$\therefore a+b=70$

12 $B=100$
$A=100-(21+34+11+4)=30$
$\therefore A+B=30+100$
$\qquad\quad =130$

13 나이가 60세 이상인 사람은 $11+4=15$(명)이므로 전체의 $\dfrac{15}{100}\times100=15(\%)$

14 줄기의 개수가 너무 적거나 잎의 개수가 너무 많은 자료는 줄기와 잎 그림으로 정리하기에 적당하지 않다.
ㄱ. 태어난 달의 십의 자리의 숫자를 줄기로 하면 줄기의 개수가 너무 적다.
ㄴ, ㅁ. 자료의 개수가 너무 많으므로 잎을 일일이 나열하기 어렵다.

15

	과학 성적 (6|0은 60점)
줄기	잎
6	0 0 4 8
7	2 6 6
8	0 0 4 4 8 8
9	2 6 6

④ 60점대가 4명, 70점대가 3명이므로 성적이 10번째로 낮은 학생의 점수는 80점대의 낮은 쪽에서부터 3번째 점수인 84점이다.
⑤ 과학 성적이 70점 미만인 학생은 4명이므로 전체의 $\dfrac{4}{16}\times100=25(\%)$
따라서 옳지 않은 것은 ④이다.

16 ① $A=25-(2+5+9+3)$
$\qquad =6$
② 계급의 크기는
$150-145=5$(cm),
계급의 개수는 5개이다.
③ $A=6$이므로 도수가 가장 큰 계급은 155 cm 이상 160 cm 미만이다.
④ 키가 155 cm 미만인 학생 수는 $2+5=7$(명)이므로 전체의 $\dfrac{7}{25}\times100=28(\%)$
⑤ 키가 5번째로 큰 학생이 속하는 계급은 160 cm 이상 165 cm 미만이므로 도수는 6명이다.
따라서 옳지 않은 것은 ③, ⑤이다.

17 $a=31-(3+8+9+7+1)=3$
판매량이 60송이 미만인 날수는 $3+8+9=20$(일)이므로
$5+b=20$ $\therefore b=15$
$c=31-(5+15+2)=9$
$\therefore a+b-c=3+15-9=9$

18 저축 총액이 3만 원 미만인 학생 수는 전체의 40 %이므로
$30\times\dfrac{40}{100}=12$(명)
$\therefore A=12-5=7$,
$B=30-(5+7+4+2)$
$\qquad =12$
$\therefore B-A=12-7=5$

1 ① 변량을 몇 개의 계급으로 나누고 계급과 도수로 나타낸 표는 도수분포표이다.
② 줄기와 잎 그림은 잎을 일일이 나열해야 하므로 변량이 많은 자료를 나타낼 때는 적합하지 않다.
③ 줄기와 잎 그림을 그릴 때 잎에는 중복되는 수를 모두 쓴다.
⑤ 줄기와 잎 그림을 그릴 때 잎은 크기순으로 쓰지 않을 수도 있다.

2 $32+35+37=104$

3 홈런 개수를 큰 것부터 차례로 나열하면 44개, 37개, 35개, 32개, 28개, … 이므로 홈런을 4번째로 많이 친 선수의 홈런 개수는 32개이다.

4 홈런 개수가 15개 이하인 선수는 5개, 6개, 10개, 11개, 12개의 5명이다.

19 800원 이상인 제품의 판매량은
(전체 판매량)
  −(800원 미만인 제품의 판매량)
=50−20
=30(만 개)
이므로
$a=30\times\dfrac{1}{5}=6$
20+15+6+1+b=50이므로
42+b=50
∴ b=8
따라서 구하는 판매량은
1+8=9(만 개)

20 ① A반의 학생 수는
  4+7+5+4+3+2=25(명),
  B반의 학생 수는
  3+4+4+6+4+3=24(명)
  이므로 A반의 학생 수가 B반의 학생 수보다 더 많다.
② 전체 학생 중 책을 가장 많이 읽은 학생의 책의 수는 줄기가 5, 잎이 5이므로 55권이다.
③ 10권 이상 20권 미만의 책을 읽은 학생은 A반이 7명이고, B반이 4명이므로 B반보다 A반이 더 많다.
④ 30권 이상 40권 미만의 책을 읽은 학생의 비율은
  A반이 $\dfrac{4}{25}\times100=16(\%)$,
  B반이 $\dfrac{6}{24}\times100=25(\%)$
  이므로 A반보다 B반이 더 높다.
⑤ A, B 두 반 학생 전체를 책을 많이 읽은 순서대로 나열할 때 9번째 학생은 44권을 읽은 학생이므로 A반에 있다.
따라서 옳은 것은 ⑤이다.

21 줄기가 3인 잎의 개수를 x개라 하면
$x\times\dfrac{3}{5}=6$
∴ x=10
즉, 전체 학생 수는
6+6+10+3+5=30(명)
따라서 딸기를 30개 이상 딴 학생은
10+3+5=18(명)이므로 전체의
$\dfrac{18}{30}\times100=60(\%)$

22 1200 MB 이상 사용한 학생이 전체의 25 %이므로

$(125+x+3x+x+2x+30)\times\dfrac{25}{100}$
=2x+30
7x+155=4(2x+30)
7x+155=8x+120 ∴ x=35
ㄱ. 전체 학생 수는
  7×35+155=400(명)
ㄴ. 600 MB 이상 900 MB 미만 사용한 학생 수는 3×35=105(명)
  이므로 0 MB 이상 300 MB 미만 사용한 학생이 가장 많다.
ㄷ. 600 MB 미만 사용한 학생 수는
  125+35=160(명)이므로 전체의
  $\dfrac{160}{400}\times100=40(\%)$
ㄹ. 900 MB 이상 사용한 학생 수는
  35+2×35+30=135(명)
  이므로 절반이 안 된다.
ㅁ. x=35이므로 1500 MB 이상 1800 MB 미만 사용한 학생이 가장 적다.
따라서 옳은 것은 ㄷ, ㅁ이다.

23 주어진 자료에 대하여 백의 자리와 십의 자리의 숫자를 줄기로 하고 일의 자리의 숫자를 잎으로 하는 줄기와 잎 그림을 그리면 다음과 같다.

키   (14|4는 144 cm)

줄기	잎
14	4 5 7 7 8
15	0 2 7 8 8 9 9
16	0 1 5 8 8
17	0 2 2

··· (i)

전체 학생 20명의 30 %는
$20\times\dfrac{30}{100}=6(명)$ ··· (ii)
따라서 키가 6번째로 큰 학생의 키는 165 cm이므로 키가 큰 쪽에서 30 % 이내에 포함되려면 최소한 165 cm 이상이어야 한다. ··· (iii)

채점 기준	비율
(i) 줄기와 잎 그림 그리기	40 %
(ii) 키가 큰 쪽에서 30 % 이내에 포함되는 학생 수 구하기	40 %
(iii) 답 구하기	20 %

24 통학 거리가 3 km 이상인 학생 수를 x명이라 하면 3 km 미만인 학생 수는 3x명이므로
3x+x=36, 4x=36
∴ x=9 ··· (i)

따라서 12+a+7=27, 6+b=9이므로
a=8, b=3 ··· (ii)
∴ ab=8×3=24 ··· (iii)

채점 기준	비율
(i) 통학 거리가 3 km 이상인 학생 수 구하기	50 %
(ii) a, b의 값 구하기	40 %
(iii) ab의 값 구하기	10 %

19강 **히스토그램과 도수분포다각형**

예제   p. 82

1 (1) 계급의 크기: 5 kg, 계급의 개수: 6개
  (2) 50명   (3) 10   (4) 250
(1) 계급의 크기는
  40−35=5(kg)
  계급의 개수는 직사각형의 개수와 같으므로 6개이다.
(2) 2+6+12+16+10+4=50(명)
(3) 도수가 가장 작은 계급은 35 kg 이상 40 kg 미만이므로
  (직사각형의 넓이)
  =(각 계급의 크기)×(그 계급의 도수)
  =5×2
  =10
(4) (직사각형의 넓이의 합)
  =(계급의 크기)×(도수의 총합)
  =5×50
  =250

2 ④, ⑤
① 1+3+7+9+6+2=28(명)
② 계급의 개수는 6개이다.
③ 도수가 7명인 계급은 120회 이상 140회 미만이다.
④ 색칠한 두 삼각형은 한 변의 길이와 그 양 끝 각의 크기가 각각 같으므로 ASA 합동이다.
  ∴ $S_1=S_2$
⑤ 180회 이상 200회 미만인 학생은 2명, 160회 이상 180회 미만인 학생은 6명이므로 줄넘기 횟수가 6번째로 많은 학생이 속하는 계급은 160회 이상 180회 미만이다.
따라서 옳은 것은 ④, ⑤이다.

핵심 유형 익히기　　　　　　p. 83

1 ⑤
　⑤ (직사각형의 넓이)
　　＝(각 계급의 크기)×(그 계급의 도수)
　　이고, 일반적으로 각 계급의 크기는
　　일정하다.

　확인 직사각형의 넓이가 가장 큰 것의 계급의 도수가 가장 크다.

2 (1) **2시간**　　　(2) **10명**
　(3) **18명**　　　(4) **34 %**
　(1) $6-4=2$(시간)
　(2) 도수가 가장 큰 계급은 10시간 이상
　　12시간 미만이므로 도수는 10명이다.
　(3) 봉사 활동 시간이 14시간 이상인 학
　　생 수는 $7+6+5=18$(명)
　(4) 전체 학생 수는
　　$2+4+7+10+9+7+6+5$
　　$=50$(명)
　　봉사 활동 시간이 8시간 이상 12시
　　간 미만인 학생 수는
　　$7+10=17$(명)이므로 전체의
　　$\dfrac{17}{50}\times100=34(\%)$

3 풀이 참조

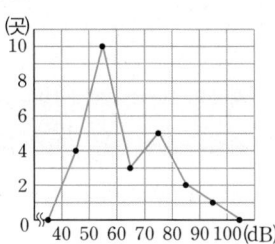

4 (1) **34명**　　　　　(2) **6개**
　(3) **9시간 이상 11시간 미만**　(4) **68**
　(1) $5+8+10+7+3+1=34$(명)
　(2) 계급의 개수는 6개이다.
　(3) 13시간 이상 15시간 미만인 회원은
　　1명, 11시간 이상 13시간 미만인
　　회원은 3명, 9시간 이상 11시간 미
　　만인 회원은 7명이므로 운동 시간
　　이 6번째로 많은 회원이 속하는 계
　　급은 9시간 이상 11시간 미만이다.
　(4) 도수분포다각형과 가로축으로 둘러
　　싸인 부분의 넓이는
　　(계급의 크기)×(도수의 총합)
　　$=2\times34=68$

　확인 도수분포다각형에서 계급의 개수를
　셀 때, 도수가 0인 양 끝의 계급은 세지 않
　는다.

20강 상대도수와 그 그래프

예제　　　　　　　　　　p. 84

1 **0.3**
　(어떤 계급의 상대도수)
　$=\dfrac{(\text{그 계급의 도수})}{(\text{도수의 총합})}$ 이므로
　$\dfrac{12}{40}=0.3$

2 $A=0.2,\ B=10,\ C=40,\ D=1$
　상대도수의 총합은 항상 1이므로
　$D=1$
　$A=1-(0.15+0.4+0.25)$
　　$=0.2$
　$C=\dfrac{6}{0.15}=40$
　$B=40\times0.25=10$

3 (1) **40명**　(2) **8명**　(3) **35 %**
　(1) $\dfrac{4}{0.1}=40$(명)
　(2) (어떤 계급의 도수)
　　＝(도수의 총합)×(그 계급의 상대도수)
　　이므로 13회 이상 16회 미만인 계
　　급의 도수는
　　$40\times0.2=8$(명)
　(3) $(0.25+0.1)\times100=35(\%)$

　확인 (백분율)＝(상대도수)×100(%)

핵심 유형 익히기　　　　　　p. 85

1 ③
　상대도수, 상대도수의 분포표, 상대도
　수의 분포를 나타낸 그래프 등은 도수
　의 총합이 다른 두 집단의 분포 상태를
　비교할 때 편리하다.

2 (1) **20명**
　(2) $A=0.3,\ B=5,\ C=1$
　(3) **30 %**
　(1) $\dfrac{2}{0.1}=20$(명)
　(2) $A=\dfrac{6}{20}=0.3$
　　$B=20\times0.25=5$
　　상대도수의 총합은 항상 1이므로
　　$C=1$

(3) $(0.1+0.2)\times100=30(\%)$

3 (1) $a=22,\ b=0.25,\ c=80,\ d=1$
　(2) **B형**
　(1) $a=100\times0.22=22$
　　$c=\dfrac{24}{0.3}=80$
　　$b=\dfrac{20}{80}=0.25$
　　상대도수의 총합은 항상 1이므로
　　$d=1$
　(2) 1학년이 2학년보다 상대도수가 더
　　큰 혈액형은 B형이다.

4 (1) **0.35**　(2) **15명**　(3) **15 %**
　(1) 도수가 가장 큰 계급은 상대도수가
　　가장 큰 계급인 70점 이상 80점 미
　　만이므로 상대도수는 0.35이다.
　(2) 도덕 성적이 80점 이상인 계급의 상
　　대도수의 합은
　　$0.15+0.1=0.25$
　　따라서 구하는 학생 수는
　　$60\times0.25=15$(명)
　(3) $(0.05+0.1)\times100=15(\%)$

　확인 상대도수는 도수에 정비례하므로
　상대도수가 가장 크면 도수도 가장 크다.

족집게 문제　　　　　p. 86~89

1 히스토그램	**2** 40명	**3** 9
4 ②	**5** $\dfrac{9}{4}$배	**6** 5명
7 6권 이상 9권 미만		**8** 70 %
9 ④	**10** 120	
11 $A=12,\ B=0.36,\ C=50$		
12 30 %	**13** 48명	**14** ⑤ **15** ②
16 50점 이상 60점 미만		**17** 23명
18 8명	**19** 80점	**20** ① **21** ④
22 5명	**23** ②, ⑤	**24** 38초
25 ㄴ, ㄷ	**26** 8명	
27 32시간 이상 34시간 미만: 275개, 　34시간 이상 36시간 미만: 300개, 　과정은 풀이 참조		
28 146등, 과정은 풀이 참조		

1 가로축에는 계급을, 세로축에는 도수를 표시하여 직사각형 모양으로 나타낸 그래프는 히스토그램이다.

2 $7+9+11+7+4+2=40$(명)

3 계급의 크기는 2시간이므로
$a=2$
10시간 이상 12시간 미만인 학생은 2명,
8시간 이상 10시간 미만인 학생은 4명,
6시간 이상 8시간 미만인 학생은 7명
이므로 체력 단련 시간이 8번째로 많은 학생이 속하는 계급은 6시간 이상 8시간 미만이다.
따라서 이 계급의 도수는 7명이므로
$b=7$
$\therefore a+b=2+7=9$

4 도수가 가장 작은 계급은 도수가 2명인 10시간 이상 12시간 미만이므로 이 계급의 학생은 전체의
$\dfrac{2}{40}\times100=5(\%)$

5 히스토그램에서 각 직사각형의 넓이는 각 계급의 도수에 정비례한다.
따라서 체력 단련 시간이 2시간 이상 4시간 미만인 계급의 직사각형의 넓이는 8시간 이상 10시간 미만인 계급의 직사각형의 넓이의 $\dfrac{9}{4}$배이다.

6 책을 15권 읽은 학생이 속하는 계급은 15권 이상 18권 미만이므로 도수는 5명이다.

> **확인** 이상과 미만의 뜻을 알고 계급의 양 끝 값이 어느 계급에 속하는지 주의한다.

7 3권 이상 6권 미만인 학생은 5명, 6권 이상 9권 미만인 학생은 7명이므로 책을 7번째로 적게 읽은 학생이 속하는 계급은 6권 이상 9권 미만이다.

8 전체 학생 수는
$5+7+10+9+5+4=40$(명)
과제를 하지 않아도 되는 학생은 책을 9권 이상 읽은 학생이므로
$10+9+5+4=28$(명)
$\therefore \dfrac{28}{40}\times100=70(\%)$

9 삼각형 B와 C는 ASA 합동이므로 그 넓이가 서로 같다.

> **확인** 삼각형 B와 C는 한 변의 길이와 그 양 끝 각의 크기가 각각 같으므로 ASA 합동이다.

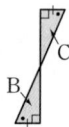

10 (계급의 크기)×(도수의 총합)
$=3\times(5+7+10+9+5+4)$
$=3\times40$
$=120$

11 $C=\dfrac{5}{0.1}=50$
$A=50\times0.24=12$
$B=\dfrac{18}{50}=0.36$

12 물을 마시는 횟수가 16회 이상 20회 미만인 학생 수는 $50\times0.08=4$(명)
따라서 물을 마시는 횟수가 12회 이상인 학생 수는 $11+4=15$(명)이므로 전체의
$\dfrac{15}{50}\times100=30(\%)$

13 청취 시간이 100분 이상 120분 미만인 학생 수는
$75\times0.16=12$(명)
따라서 청취 시간이 60분 이상 100분 미만인 학생 수는
$75-(9+12+6)=48$(명)

15 90점 이상 100점 미만인 계급의 도수는 4명, 상대도수는 0.04이므로
(전체 학생 수)$=\dfrac{4}{0.04}=100$(명)

16 도수가 15명인 계급의 상대도수는
$\dfrac{15}{100}=0.15$이므로 도수가 15명인 계급은 50점 이상 60점 미만이다.

17 90점 이상 100점 미만인 학생 수는
$100\times0.04=4$(명),
80점 이상 90점 미만인 학생 수는
$100\times0.2=20$(명),
70점 이상 80점 미만인 학생 수는
$100\times0.23=23$(명)이므로 사회 성적이 높은 쪽에서 25번째인 학생이 속하는 계급은 70점 이상 80점 미만이다.
따라서 이 계급의 도수는 23명이다.

18 키가 160 cm 이상 165 cm 미만인 학생 수는
$35\times\dfrac{20}{100}=7$(명)
따라서 키가 145 cm 이상 150 cm 미만인 학생 수는
$35-(5+6+5+4+7)=8$(명)

19 전체 학생 수는
$12+11+12+10+3+2=50$(명)
이므로 상위 10 % 이내에 포함되는 학생 수는
$50\times\dfrac{10}{100}=5$(명)
이때 영어 성적이 80점 이상인 학생 수는
$3+2=5$(명)
따라서 경시대회에 참가할 수 있는 학생의 영어 성적은 최소 80점 이상이다.

20 도수의 총합의 비가 3 : 2이므로 각각 $3a$, $2a$라 하고, 어떤 계급의 도수의 비가 3 : 5이므로 각각 $3b$, $5b$라 하자.
(단, a, b는 자연수)
(어떤 계급의 상대도수)
$=\dfrac{(\text{그 계급의 도수})}{(\text{도수의 총합})}$이므로
$\dfrac{3b}{3a}:\dfrac{5b}{2a}=1:\dfrac{5}{2}$
$\qquad\qquad =2:5$

21 ① 계급의 크기는 $20-10=10$(세)
② 전체 구매자 수는 $\dfrac{12}{0.3}=40$(명)
③ 나이가 60세 이상 70세 미만인 구매자 수는
$40\times0.05=2$(명)
따라서 50세 이상인 구매자는 전체의
$\dfrac{4+2}{40}\times100=15(\%)$
④ 도수가 가장 작은 계급은 도수가 2명인 60세 이상 70세 미만이다.
⑤ 나이가 가장 적은 구매자의 정확한 나이는 알 수 없다.
따라서 옳은 것은 ④이다.

22 전체 학생 수는 $\dfrac{4}{0.16}=25$(명)
30분 이상 40분 미만인 계급의 상대도수는
$1-(0.16+0.28+0.16+0.12+0.08)$
$=0.2$
따라서 연습 시간이 30분 이상 40분 미만인 학생 수는
$25\times0.2=5$(명)

23 ① 2학년의 그래프가 1학년의 그래프보다 오른쪽으로 더 치우쳐 있으므로 몸무게가 무거운 학생은 2학년이 1학년보다 상대적으로 더 많은 편이라 할 수 있다.

② 50 kg 이상 55 kg 미만인 계급의 상대도수는 1학년이 0.3, 2학년이 0.28이므로 학생 수는

1학년이 $50 \times 0.3 = 15$(명),

2학년이 $100 \times 0.28 = 28$(명)

따라서 2학년이 더 많다.

③ 그래프와 가로축으로 둘러싸인 부분의 넓이는

(계급의 크기) × (상대도수의 총합)

이다.

이때 1학년과 2학년 모두 계급의 크기는 5 kg, 상대도수의 총합은 1로 같으므로 넓이는 서로 같다.

④ 35 kg 이상 40 kg 미만인 계급의 상대도수는 1학년이 0.04, 2학년이 0.02이므로 학생 수는

1학년이 $50 \times 0.04 = 2$(명),

2학년이 $100 \times 0.02 = 2$(명)

⑤ 1학년 학생 중 몸무게가 60 kg 이상인 학생은 전체의

$(0.1 + 0.04) \times 100 = 14$(%)

따라서 옳지 않은 것은 ②, ⑤이다.

24 기록이 34초 이상 38초 미만인 학생이 전체의 10 %이므로

(전체 학생 수) $\times \dfrac{10}{100} = 4$

∴ (전체 학생 수) $= 40$명

30초 이상 34초 미만인 학생 수는

$40 - (4 + 6 + 8 + 10 + 8) = 4$(명)

기록이 상위 20 % 이내에 포함되는 학생 수는

$40 \times \dfrac{20}{100} = 8$(명)

이때 기록이 30초 이상 38초 미만인 학생 수는 $4 + 4 = 8$(명)

따라서 상위 20 % 이내에 포함되는 학생의 기록은 최대 38초 미만이다.

25 ㄱ. 남학생 수는

$2 + 2 + 5 + 8 + 6 + 4 = 27$(명),

여학생 수는

$1 + 2 + 7 + 9 + 3 + 1 = 23$(명)

따라서 남학생 수가 여학생 수보다 많다.

ㄴ. TV 시청 시간이 18시간 이상인 학생은 남학생이 $6 + 4 = 10$(명), 여학생이 1명이므로 전체의

$\dfrac{10 + 1}{27 + 23} \times 100 = \dfrac{11}{50} \times 100$

$= 22$(%)

ㄷ. 도수분포다각형과 가로축으로 둘러싸인 부분의 넓이는

(계급의 크기) × (도수의 총합)이다.

이때 남학생과 여학생의 계급의 크기는 각각 3시간으로 같지만 도수의 총합은 각각 27명, 23명으로 다르므로 도수분포다각형과 가로축으로 둘러싸인 부분의 넓이는 서로 같지 않다.

따라서 옳지 않은 것은 ㄴ, ㄷ이다.

26 2회 이상 4회 미만인 학생 수가 3명이므로 ㈎에서 4회 이상 6회 미만인 학생 수는

$3 \times 2 = 6$(명)

6회 미만인 학생 수가

$3 + 6 = 9$(명)

이므로 ㈏에서 6회 이상인 학생 수는

$9 \times 4 = 36$(명)

전체 학생 수는

(6회 미만인 학생 수)

$\qquad +$ (6회 이상인 학생 수)

$= 9 + 36$

$= 45$(명)

㈐에서 12회 이상인 학생 수는

$45 \times \dfrac{20}{100} = 9$(명)

이때 12회 이상 14회 미만인 학생 수는

$9 - 2 = 7$(명)

따라서 6회 이상 8회 미만인 학생 수는

$45 - (3 + 6 + 11 + 8 + 7 + 2)$

$= 8$(명)

27 34시간 이상 36시간 미만인 계급의 도수를 x개라 하면 32시간 이상 34시간 미만인 계급의 도수는

$(x - 25)$개이다. $\qquad \cdots$(ⅰ)

32시간 이상인 배터리의 개수는

$1000 \times \dfrac{80}{100} = 800$(개) $\qquad \cdots$(ⅱ)

이므로

$(x - 25) + x + 225 = 800$

$2x = 600$

∴ $x = 300$

따라서 34시간 이상 36시간 미만인 계급의 도수는 300개이고, 32시간 이상 34시간 미만인 계급의 도수는

$300 - 25 = 275$(개)이다. $\qquad \cdots$(ⅲ)

채점 기준	비율
(ⅰ) 보이지 않는 두 계급의 도수를 같은 문자를 사용하여 나타내기	30 %
(ⅱ) 32시간 이상인 배터리의 개수 구하기	30 %
(ⅲ) 답 구하기	40 %

28 1학년 1반의 학생 수는

$\dfrac{8}{0.2} = 40$(명) $\qquad \cdots$(ⅰ)

55점 이상 60점 미만인 1학년 1반 학생 수는

$40 \times 0.05 = 2$(명)

이때 50점 이상인 1학년 1반 학생 수는

$8 + 2 = 10$(명)

따라서 1학년 1반에서 10등인 학생의 점수는 최소 50점 이상이다. $\qquad \cdots$(ⅱ)

1학년 전체 학생 수는

$\dfrac{122}{0.488} = 250$(명) $\qquad \cdots$(ⅲ)

55점 이상 60점 미만인 1학년 전체 학생 수는

$250 \times 0.096 = 24$(명)

이때 50점 이상인 1학년 전체 학생 수는

$122 + 24 = 146$(명)

따라서 1학년 1반에서 10등인 학생은 1학년 전체에서 최소 146등이라고 할 수 있다. $\qquad \cdots$(ⅳ)

채점 기준	비율
(ⅰ) 1학년 1반의 학생 수 구하기	20 %
(ⅱ) 1학년 1반에서 10등인 학생의 점수 추측하기	30 %
(ⅲ) 1학년 전체 학생 수 구하기	20 %
(ⅳ) 답 구하기	30 %

다시 보는 **핵심** 문제

1 ①, ③	2 ②	3 ②	4 6개
5 5 cm	6 ⑤	7 ④	8 35

9 $\angle a=60°$, $\angle b=30°$, $\angle c=90°$

10 150°　11 ⑤　12 10　13 6쌍

14 $\dfrac{24}{5}$ cm

15 14 cm, 과정은 풀이 참조

16 40°, 과정은 풀이 참조

1 ① 반직선은 한쪽 방향으로 한없이 뻗어 나가고, 직선은 양쪽 방향으로 한없이 뻗어 나가므로 그 길이를 잴 수 없다.
즉, 반직선의 길이와 직선의 길이는 비교할 수 없다.
③ 한 직선을 지나는 평면은 무수히 많다.

2 ② $\overrightarrow{AB}$는 찾을 수 없다.

3 ② $\overrightarrow{AB}$와 $\overrightarrow{BA}$는 시작점과 뻗어 나가는 방향이 모두 다르므로 같지 않다.

4 4개의 점 중 2개의 점을 지나는 서로 다른 직선의 개수는
$\dfrac{4\times(4-1)}{2}=6$(개)

5 $\overline{AC}=10+6=16$(cm)이므로
$\overline{MC}=\dfrac{1}{2}\overline{AC}$
　　$=\dfrac{1}{2}\times16$
　　$=8$(cm)
$\overline{NC}=\dfrac{1}{2}\overline{BC}$
　　$=\dfrac{1}{2}\times6$
　　$=3$(cm)
$\therefore \overline{MN}=\overline{MC}-\overline{NC}$
　　　$=8-3$
　　　$=5$(cm)

6 ① $\overline{AC}=\overline{AB}+\overline{BN}+\overline{NC}$
　　$=4+4+4$
　　$=12$(cm)

② $\overline{AM}=\dfrac{1}{2}\overline{AB}$
　　$=\dfrac{1}{2}\times4$
　　$=2$(cm)
③ $\overline{AN}=\overline{AB}+\overline{BN}$
　　$=4+4=8$(cm)
④ $\overline{BC}=\overline{BN}+\overline{NC}$
　　$=4+4=8$(cm)
⑤ $\overline{MN}=\overline{MB}+\overline{BN}$
　　$=\dfrac{1}{2}\overline{AB}+\dfrac{1}{2}\overline{BC}$
　　$=\dfrac{1}{2}(\overline{AB}+\overline{BC})$
　　$=\dfrac{1}{2}\overline{AC}$
　　$=\dfrac{1}{2}\times12=6$(cm)
따라서 옳지 않은 것은 ⑤이다.

7 시침과 분침이 이루는 작은 쪽의 각의 크기를 구하면
① 둔각　② 평각　③ 둔각
④ 예각　⑤ 0°

8 $(x+15)+(3x-5)+30=180$
$4x=140$　　$\therefore x=35$

9 $\angle a+\angle b+\angle c=180°$이고,
$\angle a:\angle b:\angle c=2:1:3$이므로
$\angle a=180°\times\dfrac{2}{6}=60°$
$\angle b=180°\times\dfrac{1}{6}=30°$
$\angle c=180°\times\dfrac{3}{6}=90°$

10 $60°+\angle a=90°$
$\therefore \angle a=30°$
$60°+\angle b=180°$
$\therefore \angle b=120°$
$\therefore \angle a+\angle b=30°+120°$
　　　　　$=150°$

11

맞꼭지각의 크기는 서로 같으므로
$\angle x+120°+35°=180°$
$\therefore \angle x=25°$

12 맞꼭지각의 크기는 서로 같으므로
$x+30=2x-40$
$\therefore x=70$
$(y+20)+(x+30)=180$에서
$y+120=180$
$\therefore y=60$
$\therefore x-y=70-60$
　　　　$=10$

13 $3\times(3-1)=6$(쌍)

> **확인** n개의 서로 다른 직선이 한 점에서 만날 때 생기는 맞꼭지각은 $n(n-1)$쌍이다.

14 점 A와 $\overline{BC}$ 사이의 거리는 $\overline{AP}$의 길이와 같다.
삼각형 ABC는 직각삼각형이므로
$\dfrac{1}{2}\times\overline{AB}\times\overline{AC}=\dfrac{1}{2}\times\overline{BC}\times\overline{AP}$
$\dfrac{1}{2}\times6\times8=\dfrac{1}{2}\times10\times\overline{AP}$
$\therefore \overline{AP}=\dfrac{24}{5}$(cm)

15 $\overline{AB}=2\overline{MB}$, $\overline{BC}=2\overline{BN}$이므로
$\overline{AC}=\overline{AB}+\overline{BC}=2\overline{MB}+2\overline{BN}$
　　$=2(\overline{MB}+\overline{BN})=2\overline{MN}$
　　$=2\times8=16$(cm)
또 $\overline{AB}=3\overline{BC}$이므로
$\overline{AC}=\overline{AB}+\overline{BC}$
　　$=3\overline{BC}+\overline{BC}$
　　$=4\overline{BC}$
$\therefore \overline{BC}=\dfrac{1}{4}\overline{AC}$
　　　$=\dfrac{1}{4}\times16$
　　　$=4$(cm)　　　　　⋯(i)
따라서
$\overline{AB}=3\overline{BC}=3\times4=12$(cm),
$\overline{BN}=\dfrac{1}{2}\overline{BC}=\dfrac{1}{2}\times4=2$(cm)
이므로　　　　　　　　　⋯(ii)
$\overline{AN}=\overline{AB}+\overline{BN}$
　　$=12+2$
　　$=14$(cm)　　　　　⋯(iii)

채점 기준	비율
(i) $\overline{BC}$의 길이 구하기	40 %
(ii) $\overline{AB}$, $\overline{BN}$의 길이 구하기	40 %
(iii) $\overline{AN}$의 길이 구하기	20 %

16 $\angle BOC = \frac{1}{6} \angle AOB$
$= \frac{1}{6} \times 90°$
$= 15°$ $\cdots$ (i)
이때 $\angle COE = 90° - 15° = 75°$이고,
$\angle COE = 3\angle COD$이므로
$\angle COD = \frac{1}{3} \angle COE$
$= \frac{1}{3} \times 75°$
$= 25°$ $\cdots$ (ii)
$\therefore \angle BOD = \angle BOC + \angle COD$
$= 15° + 25°$
$= 40°$ $\cdots$ (iii)

채점 기준	비율
(i) $\angle BOC$의 크기 구하기	30 %
(ii) $\angle COD$의 크기 구하기	40 %
(iii) $\angle BOD$의 크기 구하기	30 %

3~4강   p. 94~95

1 ④   2 ④, ⑤   3 ④   4 ④
5 (1) $\overline{HE}$, $\overline{JC}$ (2) $\overline{CD}$, $\overline{CE}$, $\overline{JC}$
    (3) 면 ABCJ, 면 HEFG,
      면 JCEH
6 ②, ④   7 ②   8 5°   9 115°
10 60°   11 60°   12 2쌍
13 90°   14 7, 과정은 풀이 참조
15 54°, 과정은 풀이 참조

1 ④ 공간에서 서로 만나지 않는 두 직선
은 평행하거나 꼬인 위치에 있을 수
있다.

2 ① $\overline{AB}$와 $\overline{GH}$는 평행하다.
② $\overline{AB}$와 $\overline{CG}$는 꼬인 위치에 있다.
③ 면 ABCD와 면 EFGH는 평행하
다.
④ $\overline{AC}$와 꼬인 위치에 있는 모서리는
$\overline{BF}$, $\overline{DH}$, $\overline{EF}$, $\overline{FG}$, $\overline{GH}$, $\overline{HE}$의
6개이다.
⑤ $\overline{BF}$와 면 ABCD는 수직이다.
따라서 옳은 것은 ④, ⑤이다.

3 $\overline{IJ}$와 평행한 모서리는 $\overline{AF}$, $\overline{CD}$, $\overline{GL}$
이고, 이 중에서 $\overline{AB}$와 꼬인 위치에
있는 모서리는 $\overline{GL}$이다.

4 ④ $\overline{DE}$와 면 ABC는 평행하다.

5 주어진 전개도로 삼각기둥을 만들면 다
음 그림과 같다.

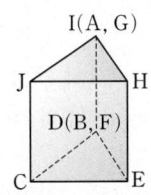

(1) $\overline{AB}$와 평행한 모서리는 $\overline{HE}$, $\overline{JC}$이
다.
(2) $\overline{IH}$와 꼬인 위치에 있는 모서리는
$\overline{CD}$, $\overline{CE}$, $\overline{JC}$이다.
(3) 면 CDE와 수직인 면은
면 ABCJ, 면 HEFG, 면 JCEH
이다.

6 ② $l /\!\!/ P$, $l /\!\!/ Q$이면 서로 다른 두 평
면 P, Q는 한 직선에서 만나거나
평행할 수 있다.
④ $P \perp R$, $Q \perp R$이면 서로 다른 두
평면 P, Q는 한 직선에서 만나거나
평행할 수 있다.

7 ① $\angle b$의 동위각은 $\angle f$, $\angle i$이다.
③ $\angle c$의 엇각은 $\angle e$, $\angle l$이다.
④ $\angle g$의 엇각은 $\angle i$뿐이다.
⑤ $\angle h$의 엇각은 $\angle b$, $\angle j$이다.

8
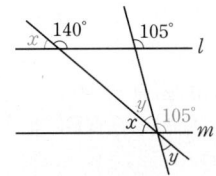

위의 그림에서
$\angle x + 140° = 180°$
$\therefore \angle x = 40°$
$\angle x + \angle y + 105° = 180°$이므로
$40° + \angle y + 105° = 180°$
$\therefore \angle y = 35°$
$\therefore \angle x - \angle y = 40° - 35° = 5°$

9 다음 그림과 같이 $l /\!\!/ m /\!\!/ n$인 직선
n을 그으면

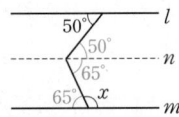

$\angle x + 65° = 180°$
$\therefore \angle x = 115°$

10 다음 그림과 같이 $l /\!\!/ m /\!\!/ n$인 직선 n
을 그으면

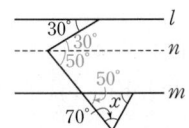

$50° + 70° + \angle x = 180°$
$\therefore \angle x = 60°$

11 다음 그림과 같이 $l /\!\!/ m /\!\!/ p /\!\!/ q$인 두
직선 p, q를 그으면

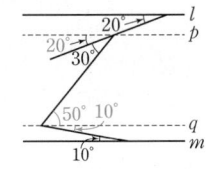

$\angle x = 50° + 10° = 60°$

12
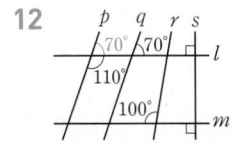

위의 그림에서 두 직선 p, q가 직선 l
과 만날 때, 동위각의 크기가 70°로 같
으므로 $p /\!\!/ q$
두 직선 l, m이 직선 s와 만날 때, 동
위각의 크기가 90°로 같으므로 $l /\!\!/ m$
따라서 평행한 직선은 2쌍이다.

13 $\overrightarrow{PQ} /\!\!/ \overrightarrow{RS}$이므로
$\angle PAC = \angle ACS$ (엇각)
$\therefore \angle PAC + \angle ACR$
$= \angle ACS + \angle ACR$
$= 180°$
이때 $\angle BAC = \frac{1}{2} \angle PAC$,
$\angle ACB = \frac{1}{2} \angle ACR$이므로
$\angle BAC + \angle ACB$
$= \frac{1}{2} \angle PAC + \frac{1}{2} \angle ACR$
$= \frac{1}{2} (\angle PAC + \angle ACR)$
$= \frac{1}{2} \times 180°$
$= 90°$
따라서 삼각형 ABC에서
$\angle ABC$
$= 180° - (\angle BAC + \angle ACB)$
$= 180° - 90°$
$= 90°$

14 모서리 AB와 평행한 모서리는
$\overline{EF}$, $\overline{HG}$, $\overline{PQ}$의 3개이므로
$a=3$ ⋯(i)
면 ABFE와 수직인 모서리는
$\overline{AP}$, $\overline{BQ}$, $\overline{EH}$, $\overline{FG}$의 4개이므로
$b=4$ ⋯(ii)
$\therefore a+b=3+4=7$ ⋯(iii)

채점 기준	비율
(i) a의 값 구하기	40 %
(ii) b의 값 구하기	40 %
(iii) $a+b$의 값 구하기	20 %

15 $\overline{AD}$ // $\overline{CB}$이므로
$\angle BAD = \angle ABC$
$= 27°$ (엇각) ⋯(i)
$\angle CAB = \angle BAD$
$= 27°$ (접은 각) ⋯(ii)
$\therefore \angle x = \angle CAD$ (엇각)
$= \angle CAB + \angle BAD$
$= 27° + 27°$
$= 54°$ ⋯(iii)

채점 기준	비율
(i) $\angle BAD$의 크기 구하기	30 %
(ii) $\angle CAB$의 크기 구하기	30 %
(iii) $\angle x$의 크기 구하기	40 %

5~7강	p. 96~97

1 ③, ④ **2** ②, ⑤ **3** 1개 **4** ④
5 ④ **6** ㄴ, ㄹ **7** ②, ④ **8** ③
9 ②, ④ **10** ②
11 △ABE≡△DCE, SAS 합동
12 60°
13 $2 < x < 10$, 과정은 풀이 참조
14 5 cm, 과정은 풀이 참조

1 ③ 작도할 때는 각도기를 사용하지 않는다.
④ 주어진 선분의 길이를 옮길 때는 컴퍼스를 사용한다.

2 ② $\overline{AB}$와 $\overline{BC}$의 길이는 서로 관계가 없다.
⑤ 작도 순서는
㉠ → ㉤ → ㉢ → ㉣ → ㉡ → ㉥
이다.

3 (i) 가장 긴 변의 길이가 7 cm일 때
$7 > 2 + 3$ (×)
$7 = 2 + 5$ (×)
$7 < 3 + 5$ (○)
(ii) 가장 긴 변의 길이가 5 cm일 때
$5 = 2 + 3$ (×)
따라서 (i), (ii)에 의해 작도할 수 있는 서로 다른 삼각형의 개수는 1개이다.

4 ㉡ → ㉢ → ㉣ ∠B를 옮긴다.
㉠ $\overline{AB}$를 옮긴다.
㉤ $\overline{BC}$를 옮긴다.
(㉠, ㉤의 순서는 바뀌어도 된다.)
㉥ 두 점 A와 C를 잇는다.
따라서 작도 순서는
㉡ → ㉢ → ㉣ → ㉠ → ㉤ → ㉥
이다.

> 확인 ㉤ → ㉡ → ㉢ → ㉣ → ㉠ → ㉥의 순서로도 작도할 수 있다.

5 ④ ∠B는 $\overline{AB}$와 $\overline{AC}$의 끼인각이 아니므로 삼각형이 하나로 정해지지 않는다.

6 $\overline{BC} = 6$ cm, $\overline{AC} = 4$ cm가 주어졌으므로
(i) 나머지 한 변 $\overline{AB}$의 길이가 주어지거나
(ii) $\overline{BC}$와 $\overline{AC}$의 끼인각 ∠C의 크기가 주어지면
삼각형을 하나로 작도할 수 있다.
그런데 (i)의 경우에서
ㄷ. $\overline{AB} = 2$ cm일 때
$6 = 2 + 4$이므로 △ABC를 작도할 수 없다.
ㄹ. $\overline{AB} = 7$ cm일 때
$7 < 6 + 4$이므로 △ABC를 하나로 작도할 수 있다.
따라서 조건이 될 수 있는 것은
ㄴ. ∠C = 116°, ㄹ. $\overline{AB} = 7$ cm
이다.

7 ② 세 내각의 크기가 같은 삼각형은 무수히 많다.
④ 다음 그림과 같은 두 사각형은 네 변의 길이가 서로 같지만 합동은 아니다.

 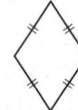

8 ① $\overline{CD} = \overline{EF} = 5$ cm
② $\overline{FG} = \overline{DA} = 4$ cm
③ $\overline{GH} = \overline{AB}$이지만 $\overline{AB}$의 길이를 알 수 없으므로 $\overline{GH}$의 길이도 알 수 없다.
④ ∠D = ∠F = 120°
⑤ ∠H = ∠B = 75°
따라서 옳지 않은 것은 ③이다.

9 ② SAS 합동
④ ASA 합동

10 △ABC는 정삼각형이므로
$\overline{AB} = \overline{CA}$,
∠BAD = ∠ACE = 60°
이때 $\overline{AD} = \overline{CE}$이므로
△ABD ≡ △CAE (SAS 합동)

11 △ABE와 △DCE에서
$\overline{AB} = \overline{DC}$, $\overline{BE} = \overline{CE}$,
∠ABE = ∠DCE = 90° − 60° = 30°
∴ △ABE ≡ △DCE (SAS 합동)

12 △BCE와 △ACD에서
△ABC와 △ECD는 정삼각형이므로
$\overline{BC} = \overline{AC}$, $\overline{CE} = \overline{CD}$,
∠BCE = 60° + ∠ACE = ∠ACD
∴ △BCE ≡ △ACD (SAS 합동)
따라서 ∠CBE = ∠CAD이므로
△ABP에서
∠APB
$= 180° − (\angle ABP + \angle PAB)$
$= 180°$
$\quad − (60° − \angle CBE + 60° + \angle CAD)$
$= 180° − (60° + 60°)$
$= 60°$

13 가장 긴 변의 길이가 8 cm일 때
$8 < 4 + (x + 2)$
$\therefore x > 2$ ⋯(i)
가장 긴 변의 길이가 $(x + 2)$ cm일 때
$x + 2 < 4 + 8$
$\therefore x < 10$ ⋯(ii)
따라서 x의 값의 범위는
$2 < x < 10$ ⋯(iii)

채점 기준	비율
(i) 가장 긴 변의 길이가 8 cm일 때 x의 값의 범위 구하기	30 %
(ii) 가장 긴 변의 길이가 $(x+2)$ cm일 때 x의 값의 범위 구하기	30 %
(iii) x의 값의 범위 구하기	40 %

14 △EBA와 △DBC에서
△ABC와 △EBD는 정삼각형이므로
$\overline{EB}=\overline{DB}$, $\overline{BA}=\overline{BC}$,
∠EBA=∠DBC=60°
∴ △EBA≡△DBC (SAS 합동)
          …(i)
∴ $\overline{DC}=\overline{EA}=5$ cm
         …(ii)

채점 기준	비율
(i) △EBA와 △DBC가 SAS 합동임을 설명하기	60 %
(ii) $\overline{DC}$의 길이 구하기	40 %

8~9강   p. 98~99

1 45   **2** 정십이각형   **3** 15개
4 자전거 도로: 6개, 자동차 도로: 9개
5 ⑤   **6** 100°   **7** 45°   **8** ⑤
9 117°   **10** 182°   **11** 360°   **12** ③
13 ④   **14** 54개, 과정은 풀이 참조
15 70°, 과정은 풀이 참조

1 주어진 다각형을 n각형이라 하면 한 꼭
짓점에서 그을 수 있는 대각선의 개수
가 7개이므로
$n-3=7$에서 $n=10$
십각형의 변의 개수는 10개이므로
$a=10$
십각형의 대각선의 개수는
$$\frac{10\times(10-3)}{2}=\frac{10\times7}{2}$$
$$=35(개)$$
이므로 $b=35$
∴ $a+b=10+35=45$

2 ⑦ 정다각형
⑭ 구하는 다각형을 n각형이라 하면
$n-3=9$에서 $n=12$
즉, 십이각형이다.
따라서 ⑦, ⑭에 의해 구하는 다각형은
정십이각형이다.

3 주어진 다각형을 n각형이라 하면 한 꼭
짓점에서 그은 대각선으로 나누어진 삼
각형의 개수가 13개이므로
$n-2=13$에서 $n=15$
따라서 십오각형이므로 꼭짓점의 개수
는 15개이다.

4
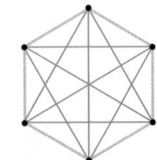
위의 그림과 같이 6개의 학교를 6개의
점으로 두고 서로 연결하면 육각형의
각 꼭짓점을 서로 연결하는 것과 같다.
즉, 육각형의 변이 자전거 도로가 되
고, 육각형의 대각선이 자동차 도로가
된다.
따라서 자전거 도로의 개수는 6개이고,
자동차 도로의 개수는
$$\frac{6\times(6-3)}{2}=9(개)$$

5 ⑤ 오른쪽 그림과 같이 정
육각형의 모든 대각선
의 길이가 같은 것은 아
니다.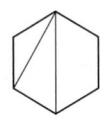

6 ∠BAC=180°-(45°+65°)
     =70°
∴ ∠CAD=$\frac{1}{2}$∠BAC
       =$\frac{1}{2}\times70°=35°$
따라서 △ADC에서
∠x=35°+65°=100°

| 다른 풀이 |
∠BAC=180°-(45°+65°)
     =70°
∴ ∠BAD=$\frac{1}{2}$∠BAC
       =$\frac{1}{2}\times70°=35°$
따라서 △ABD에서
∠x=180°-(35°+45°)
   =100°

7 맞꼭지각의 크기는 서로 같고 삼각형의
세 내각의 크기의 합은 180°이므로
∠x+30°=40°+35°
∴ ∠x=45°

| 다른 풀이 |
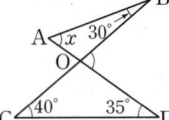
위의 그림에서
∠BOD=∠x+30°
      =40°+35°
∴ ∠x=45°

8 △EDC는 $\overline{ED}=\overline{EC}$인 이등변삼각형
이므로
∠EDC=∠C=∠x
△EDC에서
∠AED=∠x+∠x
     =2∠x
△ADE는 $\overline{DA}=\overline{DE}$인 이등변삼각
형이므로
∠DAE=∠AED
     =2∠x
또 ∠BAD=∠DAE=2∠x이고
△ABD는 $\overline{DA}=\overline{DB}$인 이등변삼각
형이므로
∠B=∠BAD=2∠x
따라서 △ABC에서
$(2∠x+2∠x)+2∠x+∠x=180°$
$7∠x=180°$
∴ ∠$x=\dfrac{180°}{7}$

9 사각형의 내각의 크기의 합은 360°이므
로
∠ABC+∠BCD
=360°-(124°+110°)
=126°
∠PBC+∠PCB
=$\frac{1}{2}$∠ABC+$\frac{1}{2}$∠BCD
=$\frac{1}{2}$(∠ABC+∠BCD)
=$\frac{1}{2}\times126°=63°$
따라서 △PBC에서
∠x=180°-(∠PBC+∠PCB)
   =180°-63°
   =117°

10 주어진 왼쪽 그림에서 오각형의 내각의
크기의 합은
180°×(5-2)=540°이므로
∠a+(180°-50°)+(180°-80°)
            +88°+120°
=540°
∠a+438°=540°
∴ ∠a=102°
주어진 오른쪽 그림에서 오각형의 외각
의 크기의 합은 360°이므로
∠b+60°+80°+70°+(180°-110°)
=360°
∠b+280°=360°   ∴ ∠b=80°
∴ ∠a+∠b=102°+80°=182°

11

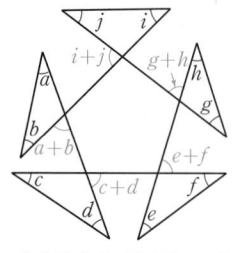

다각형에서 외각의 크기의 합은 $360°$이므로

$\angle a + \angle b + \angle c + \angle d + \angle e + \angle f$
$\qquad + \angle g + \angle h + \angle i + \angle j$
$= 360°$

확인 삼각형의 한 외각의 크기는 그와 이웃하지 않는 두 내각의 크기의 합과 같음을 이용한다.

12 주어진 정다각형을 정n각형이라 하면
$180° \times (n-2) = 1080°$에서
$n-2 = 6$ ∴ $n=8$
즉, 정팔각형이다.
따라서 정팔각형에서 한 외각의 크기는
$\dfrac{360°}{8} = 45°$

13 ① n각형의 한 꼭짓점에서 그을 수 있는 대각선의 개수는 $(n-3)$개이다.
② n각형의 한 꼭짓점에서 대각선을 모두 그었을 때 생기는 삼각형의 개수는 $(n-2)$개이다.
③ n각형에서 내각의 크기의 합은 $180° \times (n-2)$이다.
⑤ 정n각형에서 한 외각의 크기는 $\dfrac{360°}{n}$이다.

14 (한 내각의 크기) + (한 외각의 크기)
$= 180°$이고 한 내각의 크기와 한 외각의 크기의 비가 $5:1$이므로
(한 외각의 크기)
$= 180° \times \dfrac{1}{5+1}$
$= 180° \times \dfrac{1}{6}$
$= 30°$ ⋯ (i)
주어진 정다각형을 정n각형이라 하면
$\dfrac{360°}{n} = 30°$에서
$n = 12$
즉, 정십이각형이다. ⋯ (ii)
따라서 정십이각형의 대각선의 개수는
$\dfrac{12 \times (12-3)}{2} = 54$(개) ⋯ (iii)

채점 기준	비율
(i) 한 내각의 크기와 한 외각의 크기의 합이 $180°$임을 이용하여 한 외각의 크기 구하기	40 %
(ii) 정다각형의 이름 말하기	30 %
(iii) 정다각형의 대각선의 개수 구하기	30 %

15 $\angle x = 40° + 35° = 75°$ ⋯ (i)
$\angle y = 25° + 30° = 55°$ ⋯ (ii)
$\angle z = 180° - (\angle x + \angle y)$
$\qquad = 180° - (75° + 55°)$
$\qquad = 50°$ ⋯ (iii)
∴ $\angle x - \angle y + \angle z$
$\qquad = 75° - 55° + 50°$
$\qquad = 70°$ ⋯ (iv)

채점 기준	비율
(i) $\angle x$의 크기 구하기	30 %
(ii) $\angle y$의 크기 구하기	30 %
(iii) $\angle z$의 크기 구하기	30 %
(iv) $\angle x - \angle y + \angle z$의 값 구하기	10 %

10~11강 p. 100~101

1 $100°$ 2 $x=160, y=5$ 3 ①, ④
4 ②
5 둘레의 길이: 12π cm,
   넓이: 12π cm²
6 9π cm² 7 $(8\pi-16)$ cm²
8 12π cm² 9 $\dfrac{5}{2}\pi$ cm
10 $(12\pi + 48)$ cm
11 4π cm 12 20π m²
13 56 cm, 과정은 풀이 참조
14 150, 250, 350, 과정은 풀이 참조

1 $\angle x : (\angle x - 25°) = 12 : 9$이므로
$12(\angle x - 25°) = 9\angle x$
$3\angle x = 300°$
∴ $\angle x = 100°$

2 $x° : 40° = 40 : 10$
∴ $x = 160$
$40° : 20° = 10 : y$
∴ $y = 5$

확인 부채꼴의 넓이는 중심각의 크기에 정비례한다.

3 ② $\overset{\frown}{AC} = 2\overset{\frown}{AB}$, $\overset{\frown}{DE} = 3\overset{\frown}{AB}$이므로
$\overset{\frown}{AC} : \overset{\frown}{DE} = 2 : 3$
∴ $\overset{\frown}{AC} = \dfrac{2}{3}\overset{\frown}{DE}$
③ 현의 길이는 중심각의 크기에 정비례하지 않으므로
$\overline{DE} \neq 3\overline{AB}$
⑤ ($\triangle$ODE의 넓이)
$\quad < 3 \times (\triangle$OAB의 넓이$)$

4 $\overline{DO} = \overline{DP}$이므로
$\angle DOP = \angle P = 25°$
$\triangle$ODP에서
$\angle ODC = \angle DOP + \angle P$
$\qquad = 25° + 25°$
$\qquad = 50°$
$\overline{OC} = \overline{OD}$이므로
$\angle OCD = \angle ODC = 50°$
$\triangle$CPO에서
$\angle AOC = \angle OCD + \angle P$
$\qquad = 50° + 25°$
$\qquad = 75°$
∴ $\overset{\frown}{AC} : \overset{\frown}{BD} = \angle AOC : \angle BOD$
$\qquad = 75° : 25°$
$\qquad = 3 : 1$

5 $\overline{AB} = \overline{BC} = \overline{CD}$
$\quad = \dfrac{1}{3}\overline{AD}$
$\quad = \dfrac{1}{3} \times 12$
$\quad = 4$ (cm)
∴ (색칠한 부분의 둘레의 길이)
$= \left(2\pi \times 2 \times \dfrac{1}{2}\right) \times 2$
$\quad + \left(2\pi \times 4 \times \dfrac{1}{2}\right) \times 2$
$= 4\pi + 8\pi$
$= 12\pi$ (cm)
∴ (색칠한 부분의 넓이)
$= \left(\pi \times 4^2 \times \dfrac{1}{2} - \pi \times 2^2 \times \dfrac{1}{2}\right) \times 2$
$= 6\pi \times 2$
$= 12\pi$ (cm²)

6 $\dfrac{1}{2} \times 3\pi \times 6 = 9\pi$ (cm²)

확인 반지름의 길이가 r, 호의 길이가 l인 부채꼴의 넓이를 S라 하면
$S = \dfrac{1}{2}lr$

7

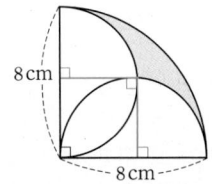

(색칠한 부분의 넓이)

$=\left(\pi\times8^{2}\times\dfrac{90}{360}\right)$

$\quad-\left\{\left(\pi\times4^{2}\times\dfrac{90}{360}\right)\times2+4\times4\right\}$

$=16\pi-(8\pi+16)$

$=8\pi-16\,(\mathrm{cm}^{2})$

8 (색칠한 부분의 넓이)

$=(\overline{\mathrm{AB'}}$이 지름인 반원의 넓이$)$

$\quad+($부채꼴 $\mathrm{B'AB}$의 넓이$)$

$\quad-(\overline{\mathrm{AB}}$가 지름인 반원의 넓이$)$

$=($부채꼴 $\mathrm{B'AB}$의 넓이$)$

$=\pi\times12^{2}\times\dfrac{30}{360}$

$=12\pi\,(\mathrm{cm}^{2})$

9 색칠한 두 부분의 넓이가 서로 같으므로

(직사각형의 넓이)=(부채꼴의 넓이)

$10\times\overline{\mathrm{BC}}=\pi\times10^{2}\times\dfrac{90}{360}$

$10\overline{\mathrm{BC}}=25\pi$

$\therefore\ \overline{\mathrm{BC}}=\dfrac{5}{2}\pi\,(\mathrm{cm})$

10

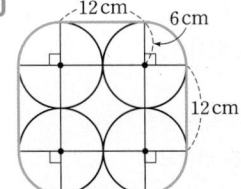

곡선 부분의 길이의 합은 반지름의 길이가 $6\,\mathrm{cm}$인 원의 둘레의 길이와 같으므로

(필요한 끈의 최소 길이)

$=2\pi\times6+12\times4$

$=12\pi+48\,(\mathrm{cm})$

11 꼭짓점 C가 움직인 거리는 $\overline{\mathrm{BC}}$를 반지름으로 하고, 중심각의 크기가 $180°-60°=120°$인 부채꼴의 호의 길이와 같으므로

$2\pi\times6\times\dfrac{120}{360}=4\pi\,(\mathrm{cm})$

---

12 정육각형의 한 내각의 크기는

$\dfrac{180°\times(6-2)}{6}=120°$

강아지가 우리 밖에서 최대한 움직일 수 있는 영역의 넓이는 다음 그림의 색칠한 부분의 넓이와 같다.

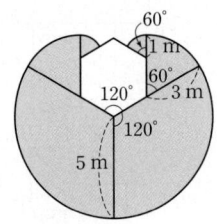

$\therefore$ (구하는 넓이)

$=\left\{\left(\pi\times5^{2}\times\dfrac{120}{360}\right)+\left(\pi\times3^{2}\times\dfrac{60}{360}\right)\right.$

$\left.\quad+\left(\pi\times1^{2}\times\dfrac{60}{360}\right)\right\}\times2$

$=\left(\dfrac{25}{3}\pi+\dfrac{3}{2}\pi+\dfrac{1}{6}\pi\right)\times2$

$=10\pi\times2$

$=20\pi\,(\mathrm{m}^{2})$

13

 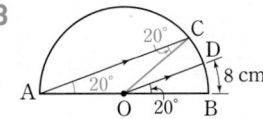

$\overline{\mathrm{AC}}/\!/\overline{\mathrm{OD}}$이므로

$\angle\mathrm{CAO}=\angle\mathrm{DOB}=20°$(동위각)

$\triangle\mathrm{AOC}$는 이등변삼각형이므로

$\angle\mathrm{OCA}=\angle\mathrm{OAC}=20°$ $\cdots$(i)

$\triangle\mathrm{AOC}$에서

$\angle\mathrm{AOC}=180°-(20°+20°)$

$\qquad\qquad=140°$ $\cdots$(ii)

따라서 $\overset{\frown}{\mathrm{AC}}:8=140°:20°$이므로

$\overset{\frown}{\mathrm{AC}}:8=7:1$

$\therefore\ \overset{\frown}{\mathrm{AC}}=56\,(\mathrm{cm})$ $\cdots$(iii)

채점 기준	비율
(i) $\angle\mathrm{CAO}$, $\angle\mathrm{OCA}$의 크기 구하기	40 %
(ii) $\angle\mathrm{AOC}$의 크기 구하기	30 %
(iii) $\overset{\frown}{\mathrm{AC}}$의 길이 구하기	30 %

14

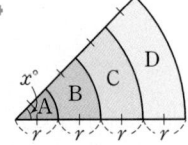

부채꼴 A의 반지름의 길이를 r, 중심각의 크기를 $x°$라 하면 부채꼴 A의 넓이가 50이므로

$\pi r^{2}\times\dfrac{x}{360}=50$ $\cdots$(i)

B, C, D의 넓이를 각각 구하면

(B의 넓이)

$=\pi\times(2r)^{2}\times\dfrac{x}{360}-($A의 넓이$)$

$=4\pi r^{2}\times\dfrac{x}{360}-50$

$=4\times50-50$

$=150$ $\cdots$(ii)

(C의 넓이)

$=\pi\times(3r)^{2}\times\dfrac{x}{360}$

$\quad-\{($A의 넓이$)+($B의 넓이$)\}$

$=9\pi r^{2}\times\dfrac{x}{360}-(50+150)$

$=9\times50-200$

$=250$ $\cdots$(iii)

(D의 넓이)

$=\pi\times(4r)^{2}\times\dfrac{x}{360}$

$\quad-\{($A의 넓이$)+($B의 넓이$)$

$\qquad\qquad\qquad+($C의 넓이$)\}$

$=16\pi r^{2}\times\dfrac{x}{360}-(50+150+250)$

$=16\times50-450$

$=350$ $\cdots$(iv)

채점 기준	비율
(i) A의 넓이를 구하는 식 세우기	25 %
(ii) B의 넓이 구하기	25 %
(iii) C의 넓이 구하기	25 %
(iv) D의 넓이 구하기	25 %

12~13강	p. 102~104

1 (1) ㄱ, ㄴ, ㄷ, ㅁ, ㅅ, ㅈ

(2) ㄹ, ㅂ, ㅇ

(3) ㄱ, ㄷ, ㅅ

2 ①, ④ **3** ④ **4** 12개 **5** ③, ⑤

6 ④ **7** ⑤ **8** 점 I, 점 M

9 ⑤ **10** ③ **11** ②

12 원뿔대 **13** ④ **14** ③

15 80 cm²

16 8, 과정은 풀이 참조

17 풀이 참조

18 $\dfrac{144}{25}\pi\ \mathrm{cm}^{2}$, 과정은 풀이 참조

19 $(12+12\pi)\,\mathrm{cm}$, 과정은 풀이 참조

1 (1) 다면체는 다각형인 면으로만 둘러 싸인 입체도형이므로
  ㄱ, ㄴ, ㄷ, ㅁ, ㅅ, ㅈ이다.
(2) 회전체는 평면도형을 한 직선을 회전축으로 하여 1회전 시킬 때 생기는 입체도형이므로
  ㄹ, ㅂ, ㅇ이다.
(3) 삼각형인 면을 포함하는 것은
  ㄱ, ㄷ, ㅅ이다.

2 ① 두 밑면은 모양이 같지만 크기는 다르므로 서로 합동이 아니다.
④ 각뿔대를 밑면에 수직인 평면으로 자른 단면은 다음 그림과 같이 삼각형 또는 사각형이다.

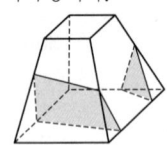

3 면의 개수와 꼭짓점의 개수를 차례로 구하면 다음과 같다.
① 6개, 8개   ② 8개, 12개
③ 6개, 8개   ④ 8개, 8개
⑤ 10개, 16개

4 (가), (나)에서 주어진 다면체는 각기둥이다.
(다)에서 주어진 다면체를 n각기둥이라 하면 모서리의 개수는 $3n$개이므로
$3n=18$ ∴ $n=6$
즉, 육각기둥이므로 꼭짓점의 개수는
$2\times 6=12$(개)

5 한 꼭짓점에 모인 면의 개수는
③ 정팔면체: 4개
⑤ 정이십면체: 5개

6 ③ 정육면체와 정팔면체의 모서리의 개수는 12개로 같다.
④ 정십이면체의 면의 모양은 정오각형이다.
따라서 옳지 않은 것은 ④이다.

7 주어진 전개도로 만들어지는 입체도형은 정팔면체이다.
⑤ 한 꼭짓점에 모인 모서리의 개수는 4개이다.

8 주어진 전개도로 만들어지는 정육면체는 다음 그림과 같으므로 점 A와 겹치는 점은 점 I와 점 M이다.

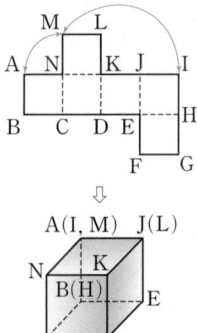

9

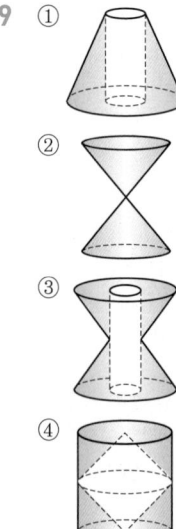

10 ③ 원뿔대의 두 밑면은 서로 평행하지만 그 크기가 다르므로 합동이 아니다.

11 직사각형의 한 변을 회전축으로 하여 1회전 시킬 때 생기는 회전체는 원기둥이고, 원기둥을 회전축에 수직인 평면으로 자른 단면의 모양은 원이다.

12

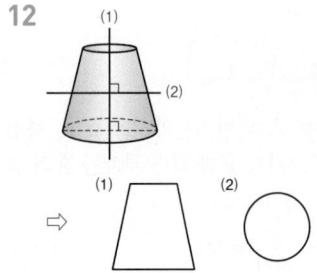

13 $\overline{AB}=\overline{AC}$인 이등변삼각형 ABC를 $\overline{BC}$를 회전축으로 하여 1회전 시킬 때 생기는 입체도형은 오른쪽 그림과 같으므로 회전축을 포함하는 평면으로 자를 때 생기는 단면의 모양은 ④ 마름모이다.

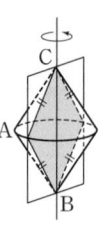

14 구를 구의 중심을 지나는 평면으로 자를 때 그 단면의 넓이가 가장 크므로 구하는 넓이는
$\pi\times 3^2=9\pi\,(\mathrm{cm}^2)$

15 $\overline{BC}$를 회전축으로 하여 1회전 시킬 때 생기는 입체도형은 원뿔대이고, 회전축을 포함하는 평면으로 자른 단면은 다음 그림과 같이 윗변의 길이가 6 cm, 아랫변의 길이가 10 cm, 높이가 10 cm 인 사다리꼴이다.

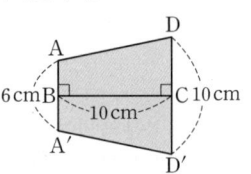

따라서 단면의 넓이는
$\dfrac{1}{2}\times(6+10)\times 10=80\,(\mathrm{cm}^2)$

16 오각기둥의 모서리의 개수는
$3\times 5=15$(개)이므로
$a=15$ ⋯(i)
육각뿔의 면의 개수는
$6+1=7$(개)이므로
$b=7$ ⋯(ii)
칠각뿔대의 꼭짓점의 개수는
$2\times 7=14$(개)이므로
$c=14$ ⋯(iii)
∴ $a+b-c=15+7-14$
        $=8$ ⋯(iv)

채점 기준	비율
(i) a의 값 구하기	30 %
(ii) b의 값 구하기	30 %
(iii) c의 값 구하기	30 %
(iv) $a+b-c$의 값 구하기	10 %

17 정다면체는 다음 두 조건을 모두 만족시켜야 한다.
① 각 면이 모두 합동인 정다각형이다.
② 각 꼭짓점에 모인 면의 개수가 같다.
                          ⋯(i)

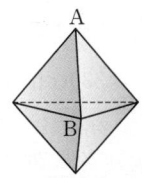

위의 그림에서 꼭짓점 A에 모인 면의 개수는 3개, 꼭짓점 B에 모인 면의 개수는 4개이다.
따라서 주어진 입체도형은 각 면이 모두 합동인 정다각형이지만 각 꼭짓점에 모인 면의 개수가 같지 않으므로 정다면체가 아니다. ···(ii)

채점 기준	비율
(i) 정다면체가 되기 위한 조건 두 가지 말하기	각 30 %
(ii) 주어진 입체도형이 정다면체가 아닌 이유 설명하기	40 %

18 주어진 직각삼각형을 직선 l을 회전축으로 하여 1회전 시킬 때 생기는 회전체는 다음 그림과 같다.

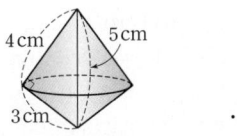

···(i)

회전체에 수직인 평면으로 자른 단면은 모두 원이고, 그중 가장 큰 단면의 반지름의 길이를 r cm라 하면

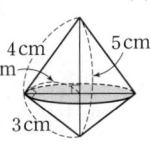

$\frac{1}{2} \times 4 \times 3 = \frac{1}{2} \times 5 \times r$

$\therefore r = \frac{12}{5}$

즉, 가장 큰 단면의 반지름의 길이는 $\frac{12}{5}$ cm이다. ···(ii)

따라서 가장 큰 단면의 넓이는

$\pi \times \left(\frac{12}{5}\right)^2 = \frac{144}{25}\pi (\text{cm}^2)$ ···(iii)

채점 기준	비율
(i) 회전체의 모양 알기	30 %
(ii) 가장 큰 단면의 반지름의 길이 구하기	40 %
(iii) 가장 큰 단면의 넓이 구하기	30 %

19 주어진 원뿔대의 전개도는 다음 그림과 같다.

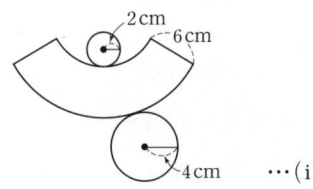

···(i)

$\therefore$ (옆면의 둘레의 길이)
$= 6 \times 2 + 2\pi \times 2 + 2\pi \times 4$
$= 12 + 12\pi (\text{cm})$ ···(ii)

채점 기준	비율
(i) 원뿔대의 전개도 그리기	40 %
(ii) 옆면의 둘레의 길이 구하기	60 %

14~16강   p. 105~107

1 13 cm   **2** 500 cm³
3 ③   **4** 72초   **5** 9 cm³
6 1 : 11   **7** 1 : 2
8 ④   **9** 36π cm²
10 192π cm³   **11** 384 cm²
12 152π cm²   **13** 30π cm²
14 $\frac{9}{2}$ **15** ③   **16** 12π cm³
17 겉넓이: 390 cm², 부피: 330 cm³, 과정은 풀이 참조
18 3 : 4, 과정은 풀이 참조
19 $\frac{49}{2}\pi$ cm², 과정은 풀이 참조
20 36π cm³, 과정은 풀이 참조

1 원기둥의 높이를 h cm라 하면
$2\pi \times 5^2 + 2\pi \times 5 \times h = 180\pi$
$50\pi + 10\pi h = 180\pi$
$10\pi h = 130\pi$
$\therefore h = 13$
따라서 원기둥의 높이는 13 cm이다.

2 (밑넓이) $= 8 \times (4+3)$
              $- \frac{1}{2} \times (8-5) \times 4$
      $= 56 - 6$
      $= 50 (\text{cm}^2)$
$\therefore$ (부피) $= 50 \times 10$
           $= 500 (\text{cm}^3)$

| 다른 풀이 |
(부피) = (직육면체의 부피)
        − (삼각기둥의 부피)
$= 8 \times (4+3) \times 10$
   $- \frac{1}{2} \times (8-5) \times 4 \times 10$
$= 560 - 60$
$= 500 (\text{cm}^3)$

---

3 밑면의 반지름의 길이를 r cm라 하면
$2\pi r = 12\pi$ $\therefore r = 6$
따라서 밑면의 반지름의 길이가 6 cm이므로
(부피) $= \pi \times 6^2 \times 16$
         $= 576\pi (\text{cm}^3)$

4 (수조의 부피) $= \pi \times 12^2 \times 10$
               $= 1440\pi (\text{cm}^3)$
$\therefore$ (걸리는 시간) $= \frac{1440\pi}{20\pi}$
                   $= 72(\text{초})$

5 주어진 정사각형 모양의 종이를 접어서 만든 삼각뿔은 다음 그림과 같다.

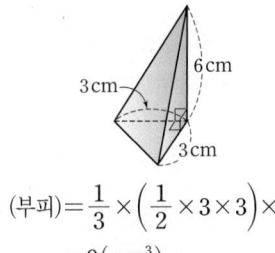

$\therefore$ (부피) $= \frac{1}{3} \times \left(\frac{1}{2} \times 3 \times 3\right) \times 6$
         $= 9(\text{cm}^3)$

6 주어진 정육면체의 한 모서리의 길이를 a라 하면
(각뿔의 부피)
$= \frac{1}{3} \times \left(\frac{1}{2} \times a \times a\right) \times \frac{1}{2} a$
$= \frac{1}{12} a^3$
(나머지 부분의 부피)
= (정육면체의 부피) − (각뿔의 부피)
$= a^3 - \frac{1}{12} a^3 = \frac{11}{12} a^3$
따라서 구하는 부피의 비는
$\frac{1}{12} a^3 : \frac{11}{12} a^3 = \frac{1}{12} : \frac{11}{12}$
                      $= 1 : 11$

7 각기둥과 각뿔의 밑넓이의 비가 2 : 3 이므로 각기둥의 밑넓이를 $2S$, 각뿔의 밑넓이를 $3S$라 하자.
이때 각기둥의 높이를 a, 각뿔의 높이를 b라 하면
(각기둥의 부피) $= 2S \times a = 2aS$
(각뿔의 부피) $= \frac{1}{3} \times 3S \times b = bS$
두 입체도형의 부피가 서로 같으므로
$2aS = bS$ $\therefore b = 2a$
따라서 각기둥과 각뿔의 높이의 비는
$a : b = a : 2a = 1 : 2$

8 중심각의 크기를 $x°$라 하면

$2\pi \times 18 \times \dfrac{x}{360} = 2\pi \times 12$

$\dfrac{x}{360} = \dfrac{2}{3}$

$\therefore x = 240$

따라서 중심각의 크기는 $240°$이다.

9 원뿔의 모선의 길이를 l cm라 하면

(원뿔의 밑면의 둘레의 길이) $\times 4$

$=$ (원 O의 둘레의 길이)

이므로

$(2\pi \times 3) \times 4 = 2\pi \times l$

$\therefore l = 12$

따라서 원뿔의 모선의 길이는 12 cm

이므로

(옆넓이) $= \pi \times 3 \times 12$

$\qquad = 36\pi \,(\text{cm}^2)$

10 직선 l을 회전축으로 하여 1회전 시킬 때
생기는 입체도형은 다음 그림과 같다.

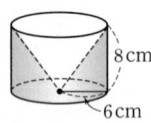

(원기둥의 부피) $= \pi \times 6^2 \times 8$

$\qquad\qquad = 288\pi \,(\text{cm}^3)$

(원뿔의 부피) $= \dfrac{1}{3} \times (\pi \times 6^2) \times 8$

$\qquad\qquad = 96\pi \,(\text{cm}^3)$

$\therefore$ (입체도형의 부피)

$= $ (원기둥의 부피) $-$ (원뿔의 부피)

$= 288\pi - 96\pi$

$= 192\pi \,(\text{cm}^3)$

11 (겉넓이)

$= 4 \times 4 + \left\{ \dfrac{1}{2} \times (4+8) \times 6 \right\} \times 4$

$\quad + (8+8+8+8) \times 5 + 8 \times 8$

$= 16 + 144 + 160 + 64$

$= 384 \,(\text{cm}^2)$

12 직선 l을 회전축으로 하여 1회전 시킬
때 생기는 입체도형은 원뿔대이므로

(겉넓이)

$= (\pi \times 8^2 + \pi \times 4^2)$

$\quad + (\pi \times 8 \times 12 - \pi \times 4 \times 6)$

$= 80\pi + 72\pi$

$= 152\pi \,(\text{cm}^2)$

13 (겉넓이)

$=$ (원뿔의 옆넓이) $+$ (원기둥의 옆넓이)

$\quad + $ (구의 겉넓이) $\times \dfrac{1}{2}$

$= \pi \times 2 \times 3 + 2\pi \times 2 \times 4$

$\quad + (4\pi \times 2^2) \times \dfrac{1}{2}$

$= 6\pi + 16\pi + 8\pi$

$= 30\pi \,(\text{cm}^2)$

14 (물의 부피) $=$ (구의 부피)이므로

$\pi \times 8^2 \times x = \dfrac{4}{3}\pi \times 6^3$

$64\pi x = 288\pi$

$\therefore x = \dfrac{9}{2}$

15 (정육면체의 부피) $= 10 \times 10 \times 10$

$\qquad\qquad\qquad = 1000 \,(\text{cm}^3)$

(구의 부피) $= \dfrac{4}{3}\pi \times 5^3$

$\qquad\qquad = \dfrac{500}{3}\pi \,(\text{cm}^3)$

(사각뿔의 부피) $= \dfrac{1}{3} \times (10 \times 10) \times 10$

$\qquad\qquad\qquad = \dfrac{1000}{3} \,(\text{cm}^3)$

따라서 구하는 부피의 비는

$1000 : \dfrac{500}{3}\pi : \dfrac{1000}{3} = 6 : \pi : 2$

16 (원기둥의 부피) : (구의 부피) : (원뿔의 부피)

$= 3 : 2 : 1 = 12\pi : 8\pi : 4\pi$

$\therefore$ (구의 부피) $+$ (원뿔의 부피)

$= 8\pi + 4\pi$

$= 12\pi \,(\text{cm}^3)$

| 다른 풀이 | 원기둥, 구, 원뿔의 부피
의 비가 $3 : 2 : 1$이므로

(구의 부피) $+$ (원뿔의 부피)

$= $ (원기둥의 부피)

$= 12\pi \,\text{cm}^3$

17 주어진 전개도로 만들어지는 입체도형은
다음 그림과 같은 삼각기둥이다. ⋯ (i)

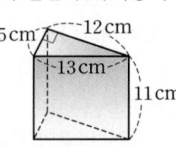

$\therefore$ (겉넓이)

$= \left(\dfrac{1}{2} \times 5 \times 12 \right) \times 2$

$\quad + (5 + 13 + 12) \times 11$

$= 60 + 330$

$= 390 \,(\text{cm}^2)$ ⋯ (ii)

(부피) $= \left(\dfrac{1}{2} \times 5 \times 12 \right) \times 11$

$\qquad = 330 \,(\text{cm}^3)$ ⋯ (iii)

채점 기준	비율
(i) 입체도형의 이름 말하기	20 %
(ii) 겉넓이 구하기	40 %
(iii) 부피 구하기	40 %

18 변 AC를 회전축으로 하
여 1회전 시킬 때 생기는
회전체는 오른쪽 그림과
같으므로

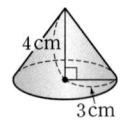

$V_1 = \dfrac{1}{3} \times (\pi \times 3^2) \times 4$

$\quad\ = 12\pi \,(\text{cm}^3)$ ⋯ (i)

변 BC를 회전축으로
하여 1회전 시킬 때
생기는 회전체는 오
른쪽 그림과 같으므로

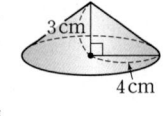

$V_2 = \dfrac{1}{3} \times (\pi \times 4^2) \times 3$

$\quad\ = 16\pi \,(\text{cm}^3)$ ⋯ (ii)

$\therefore V_1 : V_2 = 12\pi : 16\pi$

$\qquad\qquad = 3 : 4$ ⋯ (iii)

채점 기준	비율
(i) V_1의 값 구하기	40 %
(ii) V_2의 값 구하기	40 %
(iii) $V_1 : V_2$ 구하기	20 %

19 (야구공의 겉넓이)

$= 4\pi \times \left(\dfrac{7}{2} \right)^2$

$= 49\pi \,(\text{cm}^2)$ ⋯ (i)

$\therefore$ (가죽 한 조각의 넓이)

$= $ (야구공의 겉넓이) $\times \dfrac{1}{2}$

$= 49\pi \times \dfrac{1}{2}$

$= \dfrac{49}{2}\pi \,(\text{cm}^2)$ ⋯ (ii)

채점 기준	비율
(i) 야구공의 겉넓이 구하기	50 %
(ii) 가죽 한 조각의 넓이 구하기	50 %

20 (원기둥의 부피)

$= \pi \times 3^2 \times 12$

$= 108\pi \,(\text{cm}^3)$ ⋯ (i)

(공 2개의 부피)

$= \left(\dfrac{4}{3}\pi \times 3^3 \right) \times 2$

$= 72\pi \,(\text{cm}^3)$ ⋯ (ii)

∴ (빈 공간의 부피)
　＝(원기둥의 부피)－(공 2개의 부피)
　＝$108\pi - 72\pi$
　＝$36\pi (\text{cm}^3)$　　…(iii)

채점 기준	비율
(i) 원기둥의 부피 구하기	30 %
(ii) 공 2개의 부피 구하기	30 %
(iii) 통의 빈 공간의 부피 구하기	40 %

17~18강　　　　　p. 108~109

1 ④	2 16명	3 12.5 %	
4 17개	5 ③	6 ②, ⑤	7 ④
8 ④	9 80 %		
10 남학생: 3명, 여학생: 2명, 과정은 풀이 참조			
11 10회 이상 15회 미만, 과정은 풀이 참조			

1 ① 전체 학생 수는
　1＋3＋6＋7＋5＋3＝25(명)
③ 잎의 개수가 3개인 줄기는 5, 9의 2개이다.
④ 영어 성적이 80점 이상인 학생 수는
　5＋3＝8(명)
⑤ 영어 성적이 85점 이상인 학생 수는 5명이므로 전체의
　$\dfrac{5}{25} \times 100 = 20 (\%)$
즉, 지수는 반에서 상위 20%에 속한다.
따라서 옳지 않은 것은 ④이다.

2 은찬이보다 기록이 좋은 학생 수는
　3＋4＋8＋1＝16(명)

3 전체 학생 수는 32명이고 기록이 10초 미만인 학생 수는 4명이므로 전체의
　$\dfrac{4}{32} \times 100 = 12.5 (\%)$

4 주워 온 밤의 개수를 적은 것부터 차례로 나열할 때 10번째인 것은 17개이므로 밤의 개수가 17개인 학생까지 참여해야 한다.

5 전체 학생 수를 x명이라 하면 주워 온 밤의 개수가 50개 이상인 학생 수는 2＋1＝3(명)이므로
　$x \times \dfrac{10}{100} = 3$　∴ $x = 30$
따라서 전체 학생 수는 30명이다.

6 ② 계급의 개수가 너무 많거나 적으면 자료의 분포 상태를 알아보기 어려우므로 계급의 개수는 보통 5~15개 정도로 한다.
⑤ 일반적으로 계급의 크기는 일정하게 한다.

7 ① 30장 이상 45장 미만인 회원은 31장, 35장의 2명
② 45장 이상 60장 미만인 회원은 45장, 49장, 52장의 3명
③ 60장 이상 75장 미만인 회원은 61장, 64장, 64장, 70장, 72장, 73장의 6명
④ 75장 이상 90장 미만인 회원은 75장, 77장, 78장, 86장, 89장의 5명
⑤ 합계는 전체 회원 수이므로 16명
따라서 옳지 않은 것은 ④이다.

8 ③ 통학 시간이 35분 이상 45분 미만인 학생 수는
　30－(1＋5＋15＋2)＝7(명)이므로 25분 이상 35분 미만의 계급의 도수가 15명으로 가장 크다.
④ 통학 시간이 가장 짧은 학생이 5분 이상 15분 미만의 계급에 속하는 것은 알 수 있지만 정확한 통학 시간은 알 수 없다.
⑤ 통학 시간이 21분인 학생이 속하는 계급은 15분 이상 25분 미만이므로 계급의 도수는 5명이다.
따라서 옳지 않은 것은 ④이다.

9 통학 시간이 25분 이상 55분 미만인 학생 수는 15＋7＋2＝24(명)이므로 전체의 $\dfrac{24}{30} \times 100 = 80 (\%)$

10 전체 학생 수는
　4＋5＋3＋2＋5＋6＝25(명)　…(i)
이때 책을 많이 읽은 상위 20 %의 학생 수는 $25 \times \dfrac{20}{100} = 5$(명)　…(ii)
따라서 반 전체에서 상위 5명의 학생들이 읽은 책의 수는 29권, 29권, 28권, 28권, 26권이므로 남학생은 3명, 여학생은 2명이다.　…(iii)

채점 기준	비율
(i) 전체 학생 수 구하기	30 %
(ii) 책을 많이 읽은 상위 20 %의 학생 수 구하기	30 %
(iii) 상품을 받는 남학생 수와 여학생 수 각각 구하기	각 20 %

11 $x = 3y$이므로
　8＋12＋3y＋y＋4＋2＝38
　4y＋26＝38, 4y＝12
∴ $y = 3$　　…(i)
∴ $x = 3 \times 3 = 9$　　…(ii)
25회 이상 30회 미만인 학생은 2명,
20회 이상 25회 미만인 학생은 4명,
15회 이상 20회 미만인 학생은 3명,
10회 이상 15회 미만인 학생은 9명이므로 이용 횟수 10번째로 많은 학생이 속하는 계급은 10회 이상 15회 미만이다.　…(iii)

채점 기준	비율
(i) x의 값 구하기	30 %
(ii) y의 값 구하기	30 %
(iii) 이용 횟수 10번째로 많은 학생이 속하는 계급 구하기	40 %

19~20강　　　　　p. 110~111

1 10	2 50점	3 50명	4 12명
5 ⑤	6 20 %	7 ②	8 0.2
9 4명	10 34명	11 ②, ⑤	
12 40, 과정은 풀이 참조			
13 0.14, 과정은 풀이 참조			

1 도수가 가장 큰 계급은 도수가 13명인 70점 이상 80점 미만이므로 $a = 13$
도수가 5명 이하인 계급은 3개이므로 $b = 3$
∴ $a - b = 13 - 3 = 10$

2 전체 학생 수는
　2＋5＋9＋13＋8＋3＝40(명)
이므로 성적이 하위 5 %인 학생 수는
　$40 \times \dfrac{5}{100} = 2$(명)
이때 성적이 40점 이상 50점 미만인 학생 수가 2명이다.
따라서 방과 후에 보충 학습을 해야 하는 학생들의 최대 점수는 최대 50점 미만이다.

3 기록이 50 m 이상인 학생 수는
　6＋2＝8(명)
이므로 전체 학생 수를 x명이라 하면
　$x \times \dfrac{16}{100} = 8$　∴ $x = 50$
따라서 전체 학생 수는 50명이다.

4 $50-(1+7+10+12+6+2)$
$=12$(명)

5 ① 1반에서 도수가 가장 큰 계급은 50점 이상 60점 미만이므로 도수는 15명이다.
② 2반에서 점수가 90점 이상인 학생 수는 2명이다.
③ 1반 전체 학생 수는
$15+7+5+2+1=30$(명)
2반 전체 학생 수는
$3+10+11+4+2=30$(명)
즉, 1반 학생 수와 2반 학생 수는 같다.
④ 2반보다 1반의 학생 수가 많은 계급은 50점 이상 60점 미만의 1개이다.
⑤ 점수가 60점 이상 70점 미만인 1반 학생 수는 7명, 2반 학생 수는 10명이므로 1반보다 2반 학생 수가
$10-7=3$(명) 더 많다.
따라서 옳은 것은 ⑤이다.

6 1반에서 상위 10 %에 드는 학생 수는
$30\times\dfrac{10}{100}=3$(명)
이므로 대현이와 채영이의 점수는 적어도 80점 이상이다.
이때 2반에서 점수가 80점 이상인 학생 수는 $4+2=6$(명)이다.
따라서 채영이는 2반에서 적어도 상위
$\dfrac{6}{30}\times100=20(\%)$에 든다.

7 전체 학생 수는 $\dfrac{6}{0.15}=40$(명)

8 $A=\dfrac{8}{40}=0.2$
| 다른 풀이 | 각 계급의 상대도수는 도수에 정비례하므로
$6:8=0.15:A$
$6A=1.2$
$\therefore A=0.2$

9 상대도수가 가장 큰 계급은 200권 이상 250권 미만이므로
(전체 학생 수)$=\dfrac{28}{0.35}=80$(명)
300권 이상 350권 미만인 계급의 상대도수는 0.05이므로 구하는 학생 수는
$80\times0.05=4$(명)

| 다른 풀이 | 각 계급의 상대도수는 도수에 정비례하므로 구하는 학생 수를 x명이라 하면
$28:x=0.35:0.05$
$0.35x=1.4$
$\therefore x=4$
따라서 구하는 학생 수는 4명이다.

10 60점 이상 70점 미만인 계급의 상대도수는
$1-(0.2+0.18+0.12+0.02)=0.48$
따라서 성적이 70점 미만인 학생 수는
$50\times(0.2+0.48)=34$(명)

11 ① 여학생보다 남학생의 상대도수가 더 높은 계급은 $10^{\text{이상}}\sim15^{\text{미만}}$, $15\sim20$, $20\sim25$의 3개이다.
② 각각의 그래프와 가로축으로 둘러싸인 부분의 넓이는 서로 같다.
③ 여학생의 그래프가 남학생의 그래프보다 오른쪽으로 더 치우쳐 있으므로 봉사 활동을 많이 하는 학생은 여학생이 남학생보다 상대적으로 더 많은 편이라고 할 수 있다.
④ 15시간 미만 봉사 활동을 한 남학생 수는
$100\times(0.05+0.15)=20$(명)
⑤ 25시간 이상 봉사 활동을 한 여학생의 상대도수의 합은
$0.25+0.15=0.4$
이므로 1학년 전체 여학생 수는
$\dfrac{30}{0.4}=75$(명)
따라서 옳지 않은 것은 ②, ⑤이다.

12 활쏘기 점수가 8점 이상인 학생이 전체의 30 %이므로 8점 미만인 학생은 전체의 70 %이다.
전체 학생 수를 x명이라 하면 점수가 8점 미만인 학생 수는 $3+4+7=14$(명)이므로
$x\times\dfrac{70}{100}=14$ $\therefore x=20$
즉, 전체 학생 수는 20명이다.   ⋯ (i)
따라서 도수분포다각형과 가로축으로 둘러싸인 부분의 넓이는
(계급의 크기)×(도수의 총합)
$=(4-2)\times20$
$=40$ ⋯ (ii)

채점 기준	비율
(i) 전체 학생 수 구하기	50 %
(ii) 도수분포다각형과 가로축으로 둘러싸인 부분의 넓이 구하기	50 %

13 전체 학생 수가 200명이므로
$6+A+50+81+B=200$
$A+B=63$ ⋯ (i)
$A:B=5:4$이므로
$B=63\times\dfrac{4}{9}=28$ ⋯ (ii)
따라서 구하는 상대도수는
$\dfrac{28}{200}=0.14$ ⋯ (iii)

채점 기준	비율
(i) $A+B$의 값 구하기	30 %
(ii) B의 값 구하기	40 %
(iii) 상대도수 구하기	30 %

공부 기억이

오 — 래 남는
메타인지 학습

성적 향상 96.8%* **온리원중등을 만나봐**

베스트셀러 교재로 진행되는
1타 선생님 강의와
메타인지 시스템으로
완벽히 알 때까지 학습해
성적 향상을 이끌어냅니다.

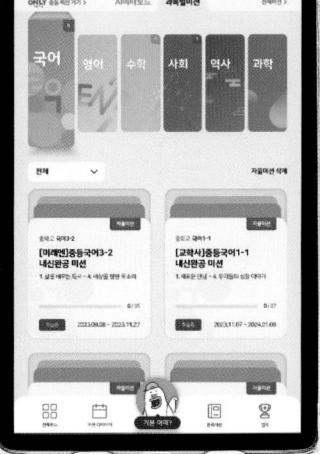

1588-6563 www.only1.co.kr

내·공·의·힘·시·리·즈   단기간에 핵심만 빠르게, 내신 만점을 위한 공부법을 제시합니다.

대표전화 1544-0554

주소 경기도 과천시 과천대로2길 54

협의 없는 무단 복제는 법으로 금지되어 있습니다.